辐射环境模拟与效应丛书

纳米器件空间辐射效应

陈　伟　罗尹虹　刘　杰　马晓华
赵元富　郭　刚　赵　雯　　著

科学出版社

北　京

内 容 简 介

航天器运行所处的宇宙空间环境中存在大量射线粒子，这些粒子会在航天器电子器件中产生空间辐射效应，导致电子系统性能下降、状态改变，甚至功能失效，影响航天器使用寿命及在轨可靠运行。航天器功能和性能要求越来越高，高可靠性、高集成度、高性能、低功耗纳米电子器件的空间应用前景广阔。纳米器件趋于物理极限的材料、工艺和结构特点对空间辐射效应产生显著影响。本书主要介绍纳米器件空间辐射效应基本概念和研究现状、纳米器件所用材料的辐射损伤微观表征、纳米器件空间辐射效应新机理及可靠性、辐射损伤在纳米电路中的传播机制和加固方法、空间辐射效应重离子模拟试验技术等内容。

本书可为从事电子器件和系统抗辐射加固设计的技术人员，以及抗辐射电子学和辐射物理研究领域相关人员提供参考。

图书在版编目（CIP）数据

纳米器件空间辐射效应 / 陈伟等著. —北京：科学出版社，2024.6
（辐射环境模拟与效应丛书）
ISBN 978-7-03-078610-4

Ⅰ. ①纳… Ⅱ. ①陈… Ⅲ. ①纳米材料-电子器件-辐射效应 Ⅳ. ①TN103 ②TL7

中国国家版本馆 CIP 数据核字(2024)第 109101 号

责任编辑：宋无汗 郑小羽 / 责任校对：崔向琳
责任印制：徐晓晨 / 封面设计：陈 敬

科学出版社 出版
北京东黄城根北街 16 号
邮政编码：100717
http://www.sciencep.com

北京九州迅驰传媒文化有限公司印刷
科学出版社发行 各地新华书店经销
*
2024 年 6 月第 一 版 开本：720 × 1000 1/16
2025 年 1 月第二次印刷 印张：18 1/4
字数：367 000

定价：198.00 元
（如有印装质量问题，我社负责调换）

"辐射环境模拟与效应丛书"编委会

丛 书 序

辐射环境模拟与效应研究主要解决在辐射环境中工作的系统和电子器件的抗辐射加固技术和基础科学问题，涉及辐射环境模拟、辐射效应、抗辐射加固等研究方向，是核科学与技术、电子科学与技术等的交叉学科。辐射环境模拟主要研究不同种类和参数辐射的产生及其应用的基础理论与关键技术；辐射效应主要研究各种辐射引起的器件与系统失效机理、抗辐射加固及性能评估方法。

辐射环境模拟与效应研究涉及国家重大安全，长期以来一直是世界大国博弈的前沿科学技术，具有很强的创新性和挑战性。空间辐射环境引起的卫星故障占全部故障的45%以上，对航天器构成重大威胁。核辐射环境和强电磁脉冲等人为辐射是造成工作在辐射环境中的电子学系统降级、毁伤的主要因素。国际上，美国国家航空航天局、圣地亚国家实验室、劳伦斯·利弗莫尔国家实验室，欧洲宇航局、核子中心，俄罗斯杜布纳联合核子研究所、大电流所等著名的研究机构都将辐射环境模拟与效应作为主要研究领域，开展了大量系统性基础研究，为航天器、新型抗辐射加固材料和微电子技术发展提供了重要支撑。

我国在20世纪60年代末，开始辐射环境模拟与效应的研究工作。在强烈需求的牵引下，经过多年研究，我国在辐射环境模拟与效应研究领域已经具备了良好的研究基础，解决了大量工程应用方面的难题，形成了一支经验丰富的研究队伍。国内从事相关研究的科研院所、高等院校和工业部门已达百余家，建设了一批可以开展材料、器件和电子学系统相关辐射效应的模拟源，发展了具有特色的辐射测量与诊断技术，开展了大量的辐射效应与机理研究，系统和器件的辐射加固技术水平显著增强，形成了辐射物理学科体系，为国防建设和航天工程发展做出了重大贡献，我国辐射环境模拟与效应研究在科学规律指导下进入了自主创新发展的新阶段。

随着我国空间技术的迅猛发展，在轨航天器数量迅速增长、组网运行规模不断扩大，对辐射环境模拟与效应研究和设备抗辐射性能提出了更高的要求，必须进一步研究提高材料、器件、电子学系统的抗核与空间辐射、强电磁脉冲加固的能力。因此，需要研究建立逼真的辐射模拟实验环境，开展新材料、新工艺、新器件辐射效应机理分析、实验技术和数值仿真研究，建立空间辐射损伤效应与地面模拟实验的等效关系，研发新的抗辐射加固技术，解决空间探索和辐射环境中系统和器件抗辐射加固的关键基础科学问题。

　　该丛书作者都是从事辐射环境模拟与效应研究的一线科研人员，内容来自辐射环境模拟与效应研究团队几十年的研究成果，系统总结了辐射环境研究与模拟、辐射效应机理、电子元器件与系统抗辐射加固技术等方面取得的科研成果，并介绍了国内外最新研究进展，涉及辐射环境模拟、脉冲功率技术、粒子加速器技术、强电磁环境效应、核与空间辐射效应、辐射效应仿真与抗辐射性能评估等研究领域，内容新颖，数据丰富，体现了理论研究与工程应用相结合的特色，充分展示了我国辐射模拟与效应领域产学研用的创新性成果。

　　相信该丛书的出版，将有助于进入这一领域的初学者掌握全貌，为该领域研究人员提供有益参考。

中国科学院院士　吕敏

抗辐射加固技术专业组顾问

前　　言

　　电子器件空间辐射效应是影响航天器在轨长期可靠运行的重要因素之一，质子、重离子、电子等高能射线粒子引起的航天器故障占总故障的 45%左右，辐射效应机理和抗辐射加固技术研究一直是世界航天大国和核大国研究的热点和难点。

　　未来航天器功能和性能要求越来越高，对高可靠性、高集成度、高性能、低功耗电子器件提出了强烈的需求。器件特征工艺尺寸进入纳米工艺节点后，在材料、工艺和结构等方面表现出许多不同于亚微米、超深亚微米器件的特点，给辐射效应机理和抗辐射加固技术研究带来了新的挑战。

　　西北核技术研究所陈伟研究员牵头，联合中国科学院近代物理研究所刘杰团队、西安电子科技大学马晓华团队、中国原子能科学研究院郭刚团队、北京微电子技术研究所赵元富团队等，在国家自然科学基金重大项目"纳米器件辐射效应机理及模拟试验关键技术" (No.11690040)的支持下，发挥辐射物理、加速器应用、微电子学交叉学科和产学研优势，聚焦纳米材料、器件、电路三个层面空间辐射效应研究所面临的关键科学问题，开展了纳米器件空间辐射损伤微观表征、电荷收集与可靠性退化、单粒子效应传播与防护等研究，在物理机理、实验技术、加固方法等方面取得了一系列创新成果，为未来新一代先进电子系统用高端核心器件的抗辐射加固提供了技术支撑。

　　本书是纳米器件空间辐射效应研究成果的总结。全书共 6 章，第 1 章由西北核技术研究所陈伟、赵雯、郭晓强撰写，罗尹虹、刘杰、马晓华、赵元富、郭刚、丁李利等提供素材；第 2 章由中国科学院近代物理研究所刘杰和翟鹏飞撰写，曾健、张胜霞、胡培培、李宗臻、罗捷、徐丽君、刘文强、闫晓宇等提供素材；第 3 章由西安电子科技大学马晓华和曹艳荣撰写，吕航航、马毛旦、王志恒、王敏、张宏涛、张新祥、陈川、吴林珊、王锐、张裴等提供素材；第 4 章由西北核技术研究所陈伟、罗尹虹、赵雯、丁李利撰写；第 5 章由北京微电子技术研究所赵元富、王亮和复旦大学李炎撰写，李同德、刘亚娇、苑靖爽、孙雨、谭驰誉等提供素材；第 6 章由中国原子能科学研究院郭刚、孙浩瀚、张峥、张付强、殷倩撰写。

　　西北核技术研究所和科学出版社为本书的出版发行提供了大力支持，在此表示衷心感谢！

　　由于作者水平有限，书中不妥之处在所难免，恳请同行、读者批评指正。

目　　录

第 1 章　绪　　论

1.1　引　　言

电子器件空间辐射效应是影响航天器在轨长期可靠运行的重要因素之一，一直是世界航天大国抗辐射加固技术研究的热点和难点。当前，我国空间技术发展对先进纳米器件抗辐射加固技术需求迫切。先进纳米器件引入了新的材料、工艺和结构，给纳米器件空间辐射效应机理、试验技术和加固技术研究带来了新的挑战[1]。本章将对空间辐射环境与效应、纳米器件与工艺进行介绍，对纳米工艺材料、器件和电路空间辐射效应研究现状进行具体阐述。

1.2　空间辐射环境与效应

航天器运行所处的空间环境中存在大量的质子、重离子、电子等射线粒子，这些粒子会在航天器电子器件中产生单粒子效应、总剂量效应、位移效应等空间辐射效应，导致电子系统性能下降、状态改变，甚至功能失效，影响航天器使用寿命及在轨稳定运行。据统计，空间辐射效应引起的航天器故障占总故障的45%左右[2]，居航天器各类故障之首。

1.2.1　空间辐射环境

空间辐射环境主要包括银河宇宙射线、太阳高能粒子和范艾伦辐射带等[3,4]。

(1) 银河宇宙射线主要来自行星际空间，大多数为质子，还有一些 α 粒子、重离子及少量的高能电子。图 1.1 展示了银河宇宙射线中各粒子的通量。其中，重离子虽然占比小，但能量高、射程长，难以屏蔽，且其电离能力强，对电子学系统的危害大，是空间辐射单粒子效应研究重点关注的辐射源之一。银河宇宙射线通量与太阳活动强度成反相关，在太阳活动极大期比在太阳活动极小期小。图 1.2 展示了银河宇宙射线在太阳活动极大期和极小期的积分线性能量传输(linear energy transfer，LET)值谱。

(2) 太阳高能粒子是太阳活动产生的高能粒子流，绝大多数是质子，也有少量 α 粒子和重离子，图 1.3 是太阳高能粒子产生过程的示意图。太阳活动周期约为 11 年，其中 7 年为太阳活动极大期，4 年为太阳活动极小期，太阳活动极大期

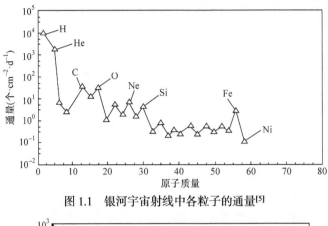

图 1.1 银河宇宙射线中各粒子的通量[5]

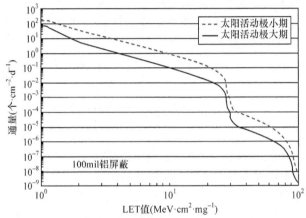

图 1.2 银河宇宙射线在太阳活动极大期和极小期的积分线性能量传输(LET)值谱[6]

1mil = 0.0254mm

内太阳高能粒子的强度更大。在太阳耀斑发生时，太阳高能粒子中质子的强度会显著增加。

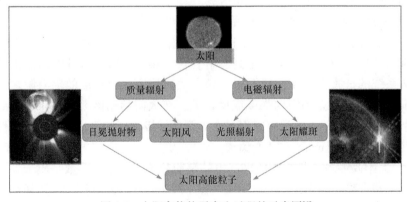

图 1.3 太阳高能粒子产生过程的示意图[6]

(3) 范艾伦辐射带是由地磁场俘获带电粒子而形成的，分为内带和外带，如图 1.4 所示。外带主要成分为电子，这些电子通常被认为来自磁圈外的太阳风和周围电子，外带中质子的注量和能量较低。内带主要包含质子、电子和少量重离子，内带质子能量可高达几百兆电子伏。由于地磁轴与自转轴不重合，因此内带在南大西洋区域(100°W~20°E、10°N~60°S)与地面最近距离降至 200km，称为南大西洋异常区。该区是单粒子效应的高发区域，对低地球轨道运行卫星的安全性和可靠性造成较大威胁。

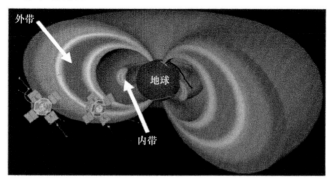

图 1.4 范艾伦辐射带[7]

1.2.2 空间辐射效应

空间辐射环境中各类射线粒子与航天器电子系统发生相互作用，产生单粒子效应、总剂量效应、位移效应等空间辐射效应。

单粒子效应是指单个粒子入射引起器件的暂时性或永久性出错，其产生机制是单个辐射粒子(重离子、质子、电子等)入射到电路敏感节点后引发能量沉积，沉积的能量以电子-空穴对的形式被敏感节点收集，收集过程包括漂移、扩散和复合等，电荷被收集后导致器件出现工作异常，如图 1.5 所示。这种效应是由单个粒子引起的，因此称为单粒子效应(SEE)[8]。单粒子效应分为软错误和硬错误，软错误是随机、非循环的错误，包括单粒子翻转及多位翻转、单粒子瞬态及多瞬态、单粒子功能中断等；硬错误是不可恢复的永久性损伤，如单粒子闩锁、单粒子烧毁和单粒子栅穿等。

总剂量效应是指辐射粒子(质子、电子等)在电子元器件的氧化层材料中电离产生电子-空穴对，并在氧化层材料和半导体材料的界面处产生悬挂键，从而在器件中引入氧化层陷阱电荷和界面态，使器件性能退化。图 1.6 为总剂量效应陷阱电荷和界面态的产生示意图。总剂量效应是一种累积的损伤效应，对器件的影响会随着航天器在轨运行时间的增长而加剧。

位移效应是一种非电离过程，是指辐射粒子与半导体材料的晶格原子碰撞，使晶格原子离开正常晶格位置产生晶格缺陷，继而在半导体材料的禁带中引入附

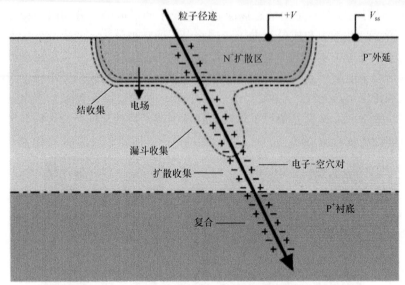

图 1.5 单粒子效应产生机制示意图[8]

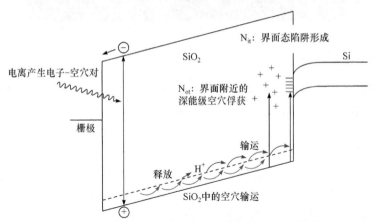

图 1.6 总剂量效应陷阱电荷和界面态的产生示意图[9]

加能级，导致少子寿命、多子浓度和迁移率等微观电学参数退化，最终影响器件的正常性能[10]。图 1.7 所示为位移效应引入的能级缺陷对半导体器件的影响过程。

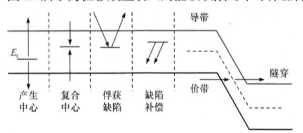

图 1.7 位移效应引入的能级缺陷对半导体器件的影响过程[10]

1.3　纳米器件与工艺

电子器件特征工艺尺寸进入纳米工艺节点后，集成电路对功耗和集成密度的要求使得器件研发需采用新的材料，构建新的器件结构，以及开发新的工艺。例如，在材料上引入高迁移率沟道材料、高 K 栅介质、金属栅极等，以降低器件漏电流及功耗；在结构上引入全耗尽绝缘体上硅、鳍型场效应晶体管、环栅场效应晶体管等新型器件，以增强栅的控制能力；在工艺上引入提升源漏技术、超低 K 介质铜互连技术、三维封装技术等，以提高电路速度和解决封装小型化问题。

1.3.1　新材料

1. 高迁移率沟道材料

纳米工艺节点下，迁移率退化问题严重影响晶体管驱动电流，在晶体管沟道引入比硅迁移率更高的材料有利于驱动电流的提高。与硅材料相比，ⅢA～ⅤA 族半导体(如 GaAs、GeSn、InAs、InSb 等)的电子迁移率更高，Ge 的空穴迁移率更高。采用与硅工艺兼容的高迁移率 Ge 和ⅢA～ⅤA 族半导体作为沟道材料，可显著提高逻辑电路的开关速度，并实现电路的极低功耗工作。

2. 高 K 栅介质

随着互补金属氧化物半导体(complementary metal-oxide-semiconductor，CMOS)器件工艺尺寸的减小，为维持足够大的栅氧电容，保持对沟道的控制能力，栅介质厚度也需要等比例减小。目前传统 SiO_2 栅介质厚度已达到物理极限，且栅介质厚度的减小造成栅介质漏电流增加。为此，人们提出了采用具有高介电常数的材料(高 K 材料)替代传统的 SiO_2 作为金属氧化物半导体(metal-oxide-semiconductor，MOS)器件栅介质层的解决方案。

在保证单位栅氧电容不变的条件下，高 K 栅介质层的物理厚度大于 SiO_2 层的物理厚度，可有效减小栅介质层的量子直接隧穿效应引入的栅介质漏电流[11]。为了更好地描述高 K 栅介质，引入了等效氧化层厚度(equivalent oxide thickness，EOT)的概念：

$$EOT = \frac{\kappa_{SiO_2}}{\kappa} t_{ox} \tag{1.1}$$

式中，t_{ox} 为高 K 栅介质层的物理厚度；κ 为其介电常数；κ_{SiO_2} 为 SiO_2 的介电常数。

理论和实验研究结果表明，采用 HfO_2、ZrO_2、Pr_2O_3 等高 K 栅介质层后，在相同的等效氧化层厚度下，MOS 器件栅介质漏电流密度至少可减小 4 个量级[12,13]。

3. 金属栅极

传统的多晶硅栅极与高 K 栅介质材料之间存在费米能级钉扎、沟道迁移率退化等不兼容问题，导致晶体管阈值电压升高，降低了晶体管性能。经研究发现，采用金属栅极替代多晶硅栅极可很好地解决上述问题。2007 年，Intel 公司在 45nm 工艺节点引入金属/高 K 介质栅结构。金属栅极功函数是金属/高 K 介质栅结构中最重要的参数之一，它影响器件的平带电压、阈值电压，决定器件的驱动性能。金属栅极功函数与许多因素相关，不仅和栅极材料有关，而且和金属与高 K 介质之间的界面特性也密切相关[14]。

1.3.2 新结构

摩尔定律的延续需要引入新型纳米器件结构。基于加强栅极的控制能力来应对短沟道效应的思路，工程师提出了全耗尽绝缘体上硅(fully depleted silicon-on-insulator，FDSOI)和鳍型场效应晶体管(fin field-effect-transistor，FinFET)结构，后来又在 FinFET 的基础上发展出了环栅(gate all around，GAA)结构，如图 1.8 所示。

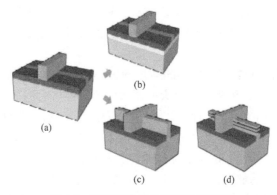

图 1.8　新型纳米器件结构示意图[15]

(a) 平面金属氧化物半导体场效应晶体管；(b) 全耗尽绝缘体上硅；(c) 鳍型场效应晶体管；(d) 环栅场效应晶体管

1. FDSOI

FDSOI 器件具有平面晶体管的"基因"，有利于采用传统的平面器件制造工艺进行大规模生产。FDSOI 通过埋氧层增强了栅极对沟道电势的控制，硅薄膜限定了源漏结深及源漏结耗尽区，从而改善漏致势垒降低等短沟道效应和器件的亚阈值特性，降低电路的静态功耗[16]。由于 FDSOI 具有优异的短沟道效应抑制能力，因此可以降低沟道掺杂浓度，避免随机掺杂涨落等效应，保持稳定的阈值电压，同时可以避免因掺杂而引起的迁移率退化[17]。

2. FinFET

FinFET 的栅极能够对沟道两侧及顶部进行控制，使沟道受到更为均匀的电场控制，沟道内部的电荷更易受栅极电压的调控，进而抑制短沟道效应。Auth 等[18]对 22nm FinFET 和 32nm 平面技术进行了比较，指出前者的亚阈摆幅更大，能够在较低的阈值电压下工作而不破坏关态电流，从而获得更高的驱动电流，这使得 FinFET 可以在更低的电压下工作。根据自然长度理论，在达到相同短沟道效应抑制能力的情况下，FinFET 所需要的鳍宽可以放宽到 FDSOI 顶层硅膜厚度的约 3 倍，这对于缓解工艺要求极为有利[19]。

3. GAA

为了实现更强的栅控能力，由 FinFET 演变出了 GAA。GAA 沟道被栅极完全包围，易于形成体反型，载流子在垂直栅氧界面方向上的散射大大降低，有助于提高器件驱动能力。此外，源漏扩展区的有限掺杂浓度在零栅压的条件下形成耗尽区，电学沟道长度增加，减缓了短沟道引起的阈值电压降低[19]。

1.3.3 新工艺

集成电路工艺发展到纳米节点以后，仅对 CMOS 器件进行尺寸缩小已无法满足性能提升需求，由此引入了一些新型工艺技术。

1. 提升源漏技术

提升源漏技术首先被应用于绝缘体上硅(SOI)工艺中，形成接触孔之前在源漏区选择性外延生长硅，以增加源漏区硅膜的厚度，解决 FDSOI 器件中源漏串联电阻过大的问题。集成电路发展到 45~32nm 节点，形成超浅结的挑战越来越大，提升源漏技术在体硅 CMOS 工艺中也获得应用，将该技术与原位掺杂的 eSiGe 应力技术相结合，可同时实现超浅结与迁移率提高[20]。

2. 超低 K 介质铜互连技术

引入超低 K 介质铜互连技术的目的是解决集成度进一步提高后由金属互连线距离过近导致的寄生电容效应问题，避免由此效应带来的电路工作速度退化。超低 K 介质铜互连技术在每一代集成电路工艺中都有较大的变化，由金属线与通孔的对准问题发展出自对准通孔形成技术，由金属铜的填充问题发展出多种物理气相淀积和电镀技术[20]。

3. 三维封装技术

三维封装技术是近年来系统集成芯片领域的研究热点，尤其是基于硅通孔(through silicon via，TSV)铜互连的三维芯片堆叠及系统集成封装技术，其核心是通过硅通孔垂直互连将芯片立体堆叠集成，可以解决由 CMOS 器件的铜互连缩小导致的更加严重的电阻电容(resistance-capacitance，RC)延迟问题，并且突破传统封装技术无法应对更高密度的互连输入输出和封装小型化的技术瓶颈[20]。

1.4　纳米工艺材料、器件和电路空间辐射效应研究现状

纳米器件抗辐射性能是制约先进高端器件在航天领域应用的最主要因素。为此，美国国防威胁降低局先后资助了"超深亚微米 CMOS 器件的辐射效应和抗辐射加固"和"纳米级器件的辐射效应和抗辐射加固"研究计划，针对纳米工艺开展辐射效应机理和加固技术研究。美国国家航空航天局电子器件和封装项目"极端条件下的抗辐射电子学"、美国空军科学研究办公室资助的"大学多学科前沿计划"，都将纳米器件工艺和新结构变化带来的辐射效应问题作为重要研究内容。欧洲航天局也针对纳米器件辐射效应开展了相关研究。近几年，业内著名的核与空间辐射效应会议(Nuclear and Space Radiation Effects Conference，NSREC)、部件与系统辐射效应(Radiation and its Effects on Components and Systems，RADECS)会议中，诸多会议论文都与纳米器件辐射效应机理、试验和加固技术相关。

我国非常重视电子器件辐射效应研究。以中国科学院、中国航天科技集团有限公司、中国电子科技集团有限公司、中国工程物理研究院、多所高校为代表的科研院所在电子器件辐射效应方面取得了丰富的研究成果。抗辐射加固技术专业组针对纳米器件空间辐射效应组织了多次专题研讨会，2014 年在国家自然科学基金委员会支持下召开了"全国辐射物理战略研讨会"，2015 年召开了以"空间辐射物理及应用"为主题的第 547 次香山科学会议，国内产学研用单位相关领域的专家学者一致认为：先进纳米器件在航天领域应用需求迫切，急需开展纳米器件辐射效应机理及模拟试验关键技术研究，解决我国未来型号装备抗辐射加固面临的关键基础科学问题。

下面从纳米工艺材料、纳米器件和纳米电路三个层面，介绍空间辐射效应研究现状。

1.4.1　纳米工艺材料空间辐射效应

材料是纳米器件和电路的基础，其辐射损伤直接影响器件和电路的抗辐射性能。粒子与材料相互作用产生电荷及缺陷，电荷输运及缺陷演化是辐射效应研究的基础，主要研究内容涉及电离径迹的时空分布、缺陷的演化过程以及微观损伤与宏观电学表征的关联[21]。

荷能离子与材料的电离能量损失过程是粒子电离径迹时空分布研究的重点。最具代表性的是 Raine 等[22,23]经研究认为，单粒子效应的决定因素是电离电荷的空间分布，不是沉积电荷的总量。随着半导体 Si 薄膜厚度的减小，离子在其中沉积能量的歧离增加，当 Si 薄膜的厚度减小到 5nm 时，歧离可达 47%[24]。也就

是说，当前采用的基于 LET 值的单粒子效应试验方法和基于柱形电离径迹模型[25]的单粒子效应仿真方法，得到的电荷空间分布结果过于粗糙，给后续单粒子效应研究引入较大误差。

中高能重离子通过强电子激发效应在纳米器件材料中引入结构损伤(也称"缺陷")。对于缺陷的演化，当前国际上主流的"非弹性热峰模型"[26-29]认为，离子通过电子-声子耦合作用将沉积的能量转移给靶原子，使沿入射离子路径的局部区域材料熔化并快速冷却，导致永久性结构损伤，形成潜径迹。材料的热导率、熔点等热力学参数及电子-声子耦合系数是影响重离子在材料中结构损伤程度的重要因素。例如，因为热力学参数及电子-声子耦合系数不同，所以重离子在晶态和非晶态 SiO_2 材料中产生结构损伤的电子能损阈值完全不同[26]。从"非弹性热峰模型"的角度预测[30]，对于新型纳米器件中只有几纳米厚度的 SiO_2、HfO_2 等材料来说，小尺寸效应将导致栅氧化层热力学参数、电子-声子耦合系数等发生显著变化，但对于新型材料的强电子激发效应和"非弹性热峰模型"的研究报道很少。

重离子辐照对纳米器件材料的电学特性有较大影响。Conley 等[31]经研究认为纳米级 SiO_2 薄膜软击穿特性依赖于辐照时的栅极电压。Massengill 等[32]经研究认为高 K 介电材料的重离子硬击穿电压高于超薄 SiO_2。Quinteros 等[33]和 Singh 等[34,35]的实验结果证明了重离子辐照可导致 $Al/HfO_2/Si$ 电容 C-V 特性曲线变化，漏电流增大了两个数量级。以上研究从实验现象的角度表明，粒子辐照导致的材料损伤将引起器件电学特性变化，但未阐明粒子辐照微观结构变化对纳米器件材料宏观电学特性的影响机制。

综上所述，小尺寸效应造成传统块体材料中电离能损的计算模型不适用于纳米器件材料的物理参数，如电导率、热导率、电子-声子耦合系数等，这些物理参数不再是材料的本征特性，而是随材料的尺寸发生变化。如何实现纳米尺度局域化的电离产额精准计算，准确分析材料微观损伤的演化过程及其对宏观电学表征的影响是先进纳米器件辐射效应必须解决的基础问题[21]。

1.4.2　纳米器件空间辐射效应

器件是在材料基础上组成电路的最基本元件。基于新型纳米器件材料，形成了多种新型纳米器件结构，包括 FDSOI[36]、FinFET[37]、新型高 K 栅介质器件[38]、非硅沟道器件等。这些新结构器件的辐射损伤机制与材料辐射损伤表征、辐射感生电荷及缺陷的收集与演化过程密切关联，由于影响因素多、研究手段有限，因此一直是国内外辐射效应研究的热点和难点。下面从辐射引起的新型纳米器件可靠性退化机制与纳米器件单粒子效应电荷收集机制两个方面，分析研究现状及发展趋势。

1.4.2.1　辐射引起的新型纳米器件可靠性退化机制

现有研究结果表明，累积辐射效应会在器件内部栅介质、栅介质/沟道界面等关键部位引入缺陷，进而影响器件的可靠性。在这个过程中，器件内部电场扮演着重要角色。器件结构是器件内部电场的最主要决定因素之一。因此，器件累积辐射效应对可靠性影响的研究主要着眼于器件栅介质、沟道材料和几何结构三个方面。对此，国内外多个研究机构和高校均开展了相关研究，如美国的圣地亚国家实验室、范德堡大学以及我国的西北核技术研究所、西安电子科技大学、北京微电子技术研究所、中国科学院新疆理化技术研究所等。

高 K 栅介质是器件特征尺寸缩小至 45nm 后用于替换 SiO_2 层的新型栅介质层。从 20 世纪 90 年代开始高 K 栅介质的研究，直到 2005 年之后才有高 K 栅介质纳米器件累积辐射效应见诸报道。其中具有代表性的是 Kulkarni 等[39]发现随着电离总剂量的累积，漏电流增加，导致以 $TiN/TaN/HfO_2$ 为栅介质的 PMOS 开关电流比(I_{on}/I_{off})不断下降。该结论是针对实验现象的总结，未给出此过程中栅氧介质缺陷的损伤类型、能级、演化过程等微观机理。

寻找新型高迁移率沟道材料来提升 CMOS 性能是一个重要发展方向[40,41]。北京微电子技术研究所对 Ge 沟 PMOS 在不同偏压下的总剂量效应进行了研究[42]，发现只有在负偏压条件下才能观察到明显的阈值电压和跨导漂移，原因归结于负偏置条件造成的不稳定性，但对这种不稳定性与新沟道材料辐射损伤之间的联系未做深入分析。

以 FinFET 为代表的新型器件结构已被认为是 28nm 及以下尺寸纳米器件的主流技术之一[43,44]。FinFET 是立体结构器件，相对于平面器件，其电场分布更为复杂，辐射引起的可靠性退化问题受到国内外研究人员的重点关注[45,46]。Chatterjee 等研究发现 Fin 的宽度、间距和长度均对累积辐射效应存在影响[47]。从该结论推测，可能存在优化的 FinFET 结构参数，但文中并未给出分析建议。

综上所述，针对新型纳米器件累积辐射效应导致的可靠性退化，通常从宏观电学特性角度开展研究，缺乏深入的器件栅介质、沟道材料累积辐射损伤的微观机理认识，尤其对多应力耦合条件下纳米器件辐射相关的可靠性退化研究尚属空白。

1.4.2.2　纳米器件单粒子效应电荷收集机制

电荷收集机制是解释单粒子效应的基础理论。国内外在单粒子效应电荷收集机制方面提出了多种模型，如漏斗效应、雪崩倍增模型、电荷横向迁移模型、粒子分流模型、电荷共享、双极放大、源漏穿通效应等。当器件特征尺寸进入纳米工艺节点后，部分电荷收集模型因成立条件发生变化而不再适用，新的电荷收集机制与器件结构的耦合性增强。FinFET 是 28nm 及以下工艺的典型三维器件结构，其电荷收集机制研究是国内外研究的热点。Mamouni 等[48]利用单光子吸收激光微束研究了 SOI 工艺和体硅工艺 FinFET 器件的瞬态电流，认为漏结尺寸、衬底厚度、鳍的宽度等结构参数会对瞬态电流形状及幅度产生影响，表明单粒子效应电荷收集机制及敏感性与器件结构相关。由于纳米器件沟道长度变短，因此重离子极易导致源漏穿通效应，Mamouni 等[49]的体硅 FinFET 激光微束实验结果表明，不同源漏结构下，源漏穿通效应导致的收集电荷量也存在明显的差异，即不同器件结构相同电荷收集机制的贡献程度并不一致。研究结果显示[50,51]，相对于平面体硅工艺，体硅 FinFET 单元电路在低 LET 值时抗单粒子翻转能力有了明显改善，而在高 LET 值时没有太大差异，认为不同 LET 值时 FinFET 单粒子效应电荷收集机制和影响范围有所不同，表明不同结构纳米器件在不同 LET 值下其单粒子效应敏感性将发生变化。Kauppila[52]利用 TCAD 仿真手段计算了重离子入射 16nm FinFET 产生过剩载流子被收集后形成的瞬态电流脉冲，FinFET 特有的立体结构导致产生的单粒子瞬态电流脉冲与重离子倾斜入射时的方位角之间表现出很强的相关性，表明对于立体结构器件仅考虑单一实验条件时不足以准确评价器件抗单粒子性能。2012 年以来，国内国防科技大学[53]、西安电子科技大学[54]、西安交通大学[55]等单位针对体硅 FinFET、SOI FinFET 开展了初步的单粒子效应仿真研究，在电荷收集机制研究方面尚处于起步阶段。

综上所述，当前针对新型纳米器件单粒子效应电荷收集机制的研究，主要集中在寻找单粒子效应敏感结构参数、探索电荷收集机制与器件响应之间的关联性，尚不能支撑新型纳米器件加固设计需求。如何利用有效的试验手段及可信的数值仿真技术，建立敏感结构参数与电荷收集机制的映射关系，并以此为基础推进新型纳米器件结构优化设计是未来发展的方向。

1.4.3 纳米电路空间辐射效应

统计结果表明，由辐射环境引起的航天器在轨异常主要由集成电路的单粒子效应导致。单粒子效应成为影响纳米电路应用的最重要问题之一。近年来，美国的范德堡大学、Boeing 公司、Robust Chip 公司、Intel 公司，欧洲的法国国家航空航天研究院(ONERA)、ST 公司，我国的北京微电子技术研究所、复旦大学、国防科技大学等单位，针对纳米电路展开了单粒子效应敏感性分析和加固技术的研究工作。

在纳米电路单粒子效应失效模式方面，法国 Inguimbert 等[56]研究发现，引发纳米电路软错误所需的电荷降低，32nm 工艺纳米电路的临界电荷已经低到 0.4fC，折合约 2500 个电子；ST 公司通过试验研究发现，当入射粒子 LET 值大于 $10MeV \cdot cm^2 \cdot mg^{-1}$ 时，单个粒子造成 45nm 静态随机存储器(static random access memory，SRAM)多位翻转(multiple bit upset，MBU)超过了单位翻转，成为单粒子翻转(SEU)的主要表现形式[57]，纳米电路的单粒子瞬态(SET)错误脉冲宽度(简称"脉宽")接近正常信号，SET 在逻辑路径上更容易无衰减传播，也更容易被时序单元或存储单元所俘获，并由此产生数据或控制错误[58-60]；Boeing 公司和北京微电子技术研究所的研究人员均发现，SET 已经超过 SEU 成为纳米电路软错误的主要来源[58,59]。针对单粒子多单元翻转(multiple cell upset，MCU)和多位翻转的加固，以及 SET 的加固，成为国内外研究的重点。

在纳米电路单粒子效应加固方面，Lilja 等[60]发现传统的空间冗余结构受到电荷共享影响开始逐渐失效，他们提出利用异相节点之间的电荷共享对 28nm D 触发器进行 SEU 加固，有效减小了单粒子同时对多敏感节点的影响，取得了较好的加固效果。2013 年，北京微电子技术研究所提出了一种基于冗余延迟滤波的 SET 加固结构，结合双互锁存储结构，使 65nm 触发器电路实现了对 SEU 和 SET 的双重加固，具有很高的抗软错误能力[58,61]。然而，对于 28nm 及以下集成电路，SET 宽度与电路时钟周期的比值变得更大，采用这种滤波方法将导致电路难以接受的性能开销。通过版图设计来减小 SET 脉冲宽度的方法逐渐得到重视，Ahlbin 等[62]发现，采用不同版图结构的单元受同样条件的粒子轰击后，产生的 SET 脉宽有很大不同；Lilja 和北京微电子技术研究所岳素格等均发现，有效增加异相节点的电荷共享，减小同相节点的电荷共享将有利于 SET 脉冲宽度的减小[60,63]，使通过电路设计的途径进行单粒子效应加固变得容易。因此，版图和电路技术相结合解决纳米电路 SET 问题将成为必然趋势。

在纳米电路单粒子效应加固方法有效性方面，纳米电路的单粒子软错误机制复杂，来源众多，全面进行加固将使电路开销过大，需要以薄弱环节和关键路径分析为基础，针对贡献最大的错误源进行优先加固[63]。北京微电子技术研究所基于 65nm 触发器链，研究了数据、时钟、置复位引起单粒子软错误的相对贡献[58]，该研究可为敏感路径的分析和选择性加固提供指导。

从总体上看，国内外尚缺乏新型纳米电路单粒子效应加固解决方案。综合考虑抗辐射、性能、功耗和面积等因素，形成高效低代价的纳米电路单粒子效应加固方法是国内外纳米器件加固技术研究的必然选择。

1.5　本　章　小　结

空间技术的飞速发展对纳米器件抗辐射加固技术提出了迫切需求，先进纳米器件给辐射效应机理和试验技术带来许多新的挑战。需要深入研究纳米工艺材料、器件和电路辐射效应机制，重点开展纳米器件辐射效应机理与试验技术研究，揭示纳米工艺材料及器件辐射损伤微观机制和损伤机理，建立用于纳米器件及电路敏感区域分布和薄弱环节分析的重离子微束模拟试验方法，提出纳米器件和电路抗辐射加固设计新方法，解决纳米器件空间辐射效应和抗辐射加固面临的关键科学问题，为航天器长期在轨可靠运行提供技术支撑。

参 考 文 献

[1] 陈伟, 刘杰, 马晓华, 等. 纳米器件空间辐射效应机理和模拟试验技术研究进展[J]. 科学通报, 2018, 63(13): 1211-1222.

[2] ECOFFET R. On-orbit anomalies: Investigations and root cause determination[C]. NSREC, Las Vegas, USA, 2011: IV-1- IV-72.

[3] BARTH J L, DYER C S, STASSINOPOULOS E G. Space, atmospheric and terrestrial radiation environments[J]. IEEE Transactions on Nuclear Science, 2003, 50(3): 466-482.

[4] BOURDARIE S, XAPSOS M. The near-earth space radiation environment[J]. IEEE Transactions on Nuclear Science, 2008, 55(4): 1810-1832.

[5] PAUL E D. Brief overview of environments[C]. NSREC, Norfolk, USA, 1999: II-4-II-9.

[6] XAPSOS M. A brief history of space climatology: From the big bang to the present[J]. IEEE Transactions on Nuclear Science, 2019, 66(1): 17-37.

[7] ZELL H. Radiation Belts with Satellites[EB/OL]. [2013-2-28]. https: //www. nasa. gov/mission_pages/sunearth/news/gallery/20130228-radiationbelts. html.

[8] LACOE R C. Improving integrated circuit performance through the application of hardness-by-design methodology [J]. IEEE Transactions on Nuclear Science, 2008, 55(4): 1903-1925.

[9] SCHWANK J R, SHANEYFELT M R, FLEETWOOD D M, et al. Radiation effects in MOS oxides [J]. IEEE Transactions on Nuclear Science, 2008, 55(4): 1833-1853.

[10] SROUR J R, PALKO J W. Displacement damage effects in irradiated semiconductor devices [J]. IEEE Transactions on Nuclear Science, 2013, 60(3): 1740-1766.

[11] 杨红. 高 K 栅介质可靠性研究[D]. 北京: 北京大学, 2005.

[12] DIMARIA D J. Stress induced leakage currents in thin oxides [J]. Microelectronics Engineering, 1995, 28(1-4): 63-66.

[13] JAHAN C, BARLA K, GHIBAUDO G. Investigation of stress induced leakage current in CMOS structures with ultra-thin gate dielectrics[J]. Microelectronics and Reliability, 1997, 37(10-11): 1529-1532.

[14] 钟克华. 金属栅极及金属/高 K 栅功函数的磁场、电场、应力及界面微结构的调控[D]. 福州: 福建师范大学, 2015.

[15] 金成吉, 张苗苗, 李开轩, 等. 后摩尔时代先进 CMOS 技术[J]. 微纳电子与智能制造, 2021, 3(1): 32-40.

[16] VITALE S, WYATT P, CHECKA N, et al. FDSOI process technology for subthreshold-operation ultralow-power electronics [J]. Proceedings of the IEEE, 2010, 98 (2): 333-342.

[17] WEBER O, FAYNOT O, ANDRIEU F, et al. High immunity to threshold voltage variability in undoped ultra-thin FDSOI MOSFETs and its physical understanding [C]. 2008 IEEE International Electron Devices Meeting, San Francisco, USA, 2008: 1-4.

[18] AUTH C, ALLEN C, BLATTNER A, et al. A 22nm high performance and low-power CMOS technology featuring fully-depleted tri-gate transistors, self-aligned contacts and high density MIM capacitors[C]. Symposium on VLSI

Technology, Honolulu, USA, 2012: 131-132.

[19] 黄如, 黎明, 安霞, 等. 后摩尔时代集成电路的新器件技术[J]. 中国科学: 信息科学, 2012, 42(12): 1529-1543.

[20] 国家自然科学基金委员会, 中国科学院. "后摩尔时代"微纳电子学[M]. 北京: 科学出版社, 2019.

[21] 李海松, 吴龙胜, 卢红利, 等. 纳米抗辐射集成电路技术研究进展[J]. 战略研究, 2018, (64): 8-10.

[22] RAINE M, HAUBERT G, GAILLARDIN M, et al. Monte Carlo prediction of heavy ion induced MBU sensitivity for SOI SRAMs using radial ionization profile[J]. IEEE Transactions on Nuclear Science, 2011, 58(6): 2607-2613.

[23] RAINE M, HUBERT G, GAILLARDIN M, et al. Impact of the radial ionization profile on SEE prediction for SOI transistors and SRAMs beyond the 32-nm technological node[J]. IEEE Transactions on Nuclear Science, 2011, 58(3): 840-847.

[24] ZHANG Z, LIU J, HOU M, et al. Large energy-loss straggling of swift heavy ions in ultra-thin active silicon layers[J]. Chinese Physics B, 2013, 22 (9): 096103.

[25] HUBERT G, DUZELLIER S, INGUIMBERT C, et al. Operational SER calculations on the SCA-C orbit using the multi-scales single event phenomena predictive platform (MUSCA SEP³)[J]. IEEE Transactions on Nuclear Science, 2009, 56(6): 3032-3042.

[26] PAKARINEN O H, DJURABEKOVA F, NORDLUND K, et al. Molecular dynamics simulations of the structure of latent tracks in quartz and amorphous SiO₂[J]. Nuclear Instruments and Methods in Physics Research Section B: Beam Interactions with Materials and Atoms, 2009, 267(8): 1456-1459.

[27] LAN C, XUE J, WANG Y, et al. Molecular dynamics simulation of latent track formation in α-quartz[J]. Chinese Physics C, 2013, 37(3): 038201.

[28] KLUTH P, SCHNOHR C S, PAKARINEN O H, et al. Fine structure in swift heavy ion tracks in amorphous SiO₂[J]. Physical Review Letters, 2008, 101(17): 175503.

[29] RIDGWAY M C, BIERSCHENK T, GIULIAN R, et al. Tracks and voids in amorphous Ge induced by swift heavy-ion irradiation[J]. Physical Review Letters, 2013, 110(24): 245502.

[30] TOULEMONDE M, TRAUTMANN C, BALANZAT E, et al. Track formation and fabrication of nanostructures with MeV-ion beams[J]. Nuclear Instruments and Methods in Physics Research Section B: Beam Interactions with Materials and Atoms, 2004, 216: 1-8.

[31] CONLEY J F, SUEHLE J S, JOHNSTON A H, et al. Heavy-ion-induced soft breakdown of thin gate oxides[J]. IEEE Transactions on Nuclear Science, 2001, 48(6): 1913-1916.

[32] MASSENGILL L W, CHOI B K, FLEETWOOD D M, et al. Heavy-ion-induced breakdown in ultra-thin gate oxides and high-k dielectrics[J]. IEEE Transactions on Nuclear Science, 2001, 48(6): 1904-1912.

[33] QUINTEROS C, SALOMONE L S, REDIN E, et al. Comparative analysis of MIS capacitive structures with high-K dielectrics under gamma, ¹⁶O and p radiation[C]. RADECS, Sevilla, Spain, 2011: 67-72.

[34] SINGH V, SHASHANK N, KUMAR D, et al. Effects of heavy-ion irradiation on the electrical properties of RF-sputtered HfO₂ thin films for advanced CMOS devices[J]. Radiation Effects and Defects in Solids, 2012, 167(2): 204-211.

[35] SINGH V, SHAHANK N, KUMAR D, et al. Investigation of the interface trap density and series resistance of a high-K HfO₂-based MOS capacitor: Before and after 50MeV Li³⁺ion irradiation[J]. Radiation Effects and Defects in Solids, 2011, 166(2): 80-88.

[36] SCHWANK J R, FERLET-CAVROIS V, SHANEYFELT M R, et al. Radiation effects in SOI technologies[J]. IEEE Transactions on Nuclear Science, 2003, 50(3): 522-538.

[37] LINDERT N, CHANG L, CHOI Y K, et al. Sub-60-nm quasi-planar FinFETs fabricated using a simplified process[J].

IEEE Electron Device Letters, 2001, 22(10): 487-489.

[38] OHMI S I, KUDOH S, ATTHI N, et al. Variability improvement by Si surface flattening of electrical characteristics in MOSFETs with high-K HfON gate insulator[J]. IEEE Transactions on Semiconductor Manufacturing, 2015, 28(3): 266-271.

[39] KULKARNI S R, SCHRIMPF R D, GALLOWAY K F, et al. Total ionizing dose effects on Ge pMOSFETs with high-K gate stack: On/off current ratio[J]. IEEE Transactions on Nuclear Science, 2009, 56(4): 1926-1930.

[40] CARDOSO A S, CHAKRABORTY P S, KARAULAC N, et al. Single-event transient and total dose response of precision voltage reference circuits designed in a 90-nm SiGe BiCMOS technology[J]. IEEE Transactions on Nuclear Science, 2014, 61(6): 3210-3217.

[41] FRANCIS S A, ZHANG C X, ZHANG E X, et al. Comparison of charge pumping and 1/f noise in irradiated Ge pMOSFETs[J]. IEEE Transactions on Nuclear Science, 2012, 59(4): 735-741.

[42] WANG L, ZHANG E X, SCHRIMPF R D, et al. Total ionizing dose effects on Ge channel pFETs with raised $Si_{0.55}Ge_{0.45}$ source/drain[J]. IEEE Transactions on Nuclear Science, 2015, 62(6): 2421-2416.

[43] SIMOEN E, GAILLARDIN M, PAILLET P, et al. Radiation effects in advanced multiple gate and silicon-on-insulator transistors[J]. IEEE Transactions on Nuclear Science, 2013, 60(3): 1970-1991.

[44] SEIFERT N, JAHINUZZAMAN S, VELAMALA J, et al. Soft error rate improvements in 14-nm technology featuring second-generation 3D tri-gate transistors[J]. IEEE Transactions on Nuclear Science, 2015, 62(6): 2570-2577.

[45] MAMOUNI F, ZHANG E X, RONALD D, et al. Fin-width dependence of ionizing radiation-induced subthreshold-swing degradation in 100-nm-gate-length FinFETs[J]. IEEE Transactions on Nuclear Science, 2009, 56(6): 3250-3255.

[46] PUT S, SIMOEN E, JURCZAK M, et al. Influence of fin width on the total dose behavior of p-channel bulk MugFETs[J]. IEEE Electron Device Letters, 2010, 31(3): 243-245.

[47] CHATTERJEE I, ZHANG E X, BHUVA B L, et al. Geometry dependence of total-dose effects in bulk FinFETs[J]. IEEE Transactions on Nuclear Science, 2014, 61(6): 2951-2958.

[48] MAMOUNI F E, ZHANG E X, SCHRIMPF R D, et al. Pulsed laser-induced transient currents in bulk and silicon-on-insulator FinFETs[C]. IRPS, Monterey, USA, 2011: 882-885.

[49] MAMOUNI F E, ZHANG E X, BALL D R, et al. Heavy-ion-induced current transients in bulk and SOI-FinFETs[J]. IEEE Transactions on Nuclear Science, 2012, 59(6): 2674-2681.

[50] NSENGIYUMVA P, DENNIS R B, KAUPPILA J S, et al. A Comparison of the SEU response of planar and FinFET D flip-flops at advanced technology nodes[J]. IEEE Transactions on Nuclear Science, 2016, 63(1): 266-272.

[51] SEIFERT N, GILL B, JAHINUZZAMAN S, et al. Soft error susceptibilities of 22nm tri-gate devices[J]. IEEE Transactions on Nuclear Science, 2012, 59(6): 2666-2673.

[52] KAUPPILA J S. Section Ⅳ: Single-event modeling for rad-hard-by-design flows[C]. NSREC, Portland, USA, 2016: 168-265.

[53] 李达维, 秦军瑞, 陈书明, 等. 25nm 鱼鳍型场效应晶体管中单粒子瞬态的工艺参数相关性[J]. 国防科技大学学报, 2012, 34(5): 127-131.

[54] LIU B, CAI L, DONG Z, et al. Single event effect in nano FinFET[J]. Nuclear Physics Review, 2014, 31(4): 517-521.

[55] TANG D, LI Y, ZHANG G, et al. Single event upset sensitivity of 45nm FDSOI and SOI FinFET SRAM[J]. Science China (Technological Sciences), 2013, 56(3): 780-785.

[56] INGUIMBERT C, ECOFFET R, FALGUERE D, et al. Electron induced SEUs: Microdosimetry in nanometric volumes[J]. IEEE Transactions on Nuclear Science, 2015, 62(6): 2846-2852.

[57] PHILIPPE R. SEE and TID radiation test results of digital circuits designed and manufactured in ST 40nm/45nm/65nm/ 90nm/130nm CMOS technologies[R]. ESA Technical Report, 2011.

[58] ZHAO Y, WANG L, YUE S, et al. SEU and SET of 65nm bulk CMOS flip-flops and their implications for RHBD[J]. IEEE Transactions on Nuclear Science, 2015, 62(6): 2666-2672.

[59] HANSEN D L, MILLER E J, KLEINOSOWSKI A, et al. Clock, flip-flop, and combinatorial logic contributions to the SEU cross section in 90nm ASIC technology[J]. IEEE Transactions on Nuclear Science, 2009, 56(6): 3542-3550.

[60] LILJA K, BOUNASSER M, WEN S J, et al. Single-event performance and layout optimization of flip-flops in a 28-nm bulk technology[J]. IEEE Transactions on Nuclear Science, 2013, 60(4): 2782-2788.

[61] ZHAO Y, WANG L, YUE S, et al. Single event transients of scan flip-flop and an SET-immune redundant delay filter (RDF)[C]. RADECS, Oxford, UK, 2013: D-4(1-5).

[62] AHLBIN J R, ATKINSON N M, GADLAGE M J, et al. Influence of n-well contact area on the pulse width of single-event transients[J]. IEEE Transactions on Nuclear Science, 2011, 58(6): 2585-2590.

[63] YUE S, ZHANG X, ZHAO X, et al. Single event transient pulse width measurement of 65-nm bulk CMOS circuits[J]. Journal of Semiconductor, 2015, 36 (11): 1-4.

第 2 章　先进半导体材料的辐射效应

2.1　引　　言

当半导体器件和线路工作在辐射环境下时，会遭受到较宽能量范围内不同种类粒子的辐射作用。高能粒子在材料中沿其路径以不同的方式损失动能，会产生多种类型的损伤。辐射损伤依赖于粒子的初始能量、辐照条件以及材料性质等。电子元器件是由多种材料构成的复杂体系，每种材料对入射粒子的响应不同。

本章将介绍粒子与固体材料相互作用及其辐射损伤，这里提到的粒子主要指的是重离子和质子，统称为荷能离子。本章首先引入电子能损、核能损，以及核反应等概念；其次描述材料辐射损伤形成的机理及表征方法，如快重离子与固体材料作用潜径迹形成的库仑爆炸模型、热峰模型等，给出几种微观辐射损伤的实验表征方法，包括透射电子显微镜(transmission electron microscopy，TEM)、拉曼光谱(Raman spectroscopy)、扫描探针显微镜(scanning probe microscopy，SPM)、小角 X 射线散射(small angle X-ray scattering，SAXS)等；再次给出几种典型器件材料中辐射效应的研究结果，包括半导体材料(如 Si、SiC、GaN 等)、低维材料(如石墨烯(graphene))、过渡族金属硫化物(transition metal dichalcogenides，TMDC)等，还包括高 K 材料 HfO_2；最后介绍理论模拟方法，包括粒子在材料中能量沉积的蒙特卡罗(Monte Carlo，MC)模拟方法、粒子在材料中辐射损伤的分子动力学(molecular dynamics，MD)模拟方法。

2.2　荷能离子在固体中主要的能量损失方式

20 世纪初，人们利用实验和理论方法研究荷能离子在材料中的能量损失，如著名的云室或乳胶实验。荷能离子与固体材料相互作用的问题，涉及材料辐射损伤、离子注入、器件辐射效应等领域，能量损失机制是荷能离子与固体相互作用的研究基础。

当荷能离子进入固体介质后，通过多次碰撞将其能量传递给靶原子，而它本身的能量逐渐降低，经历慢化过程。荷能离子与固体材料相互作用沉积能量的主要机制，一是通过电子能损过程产生电离和激发，入射粒子通过与靶原子核外的电子发生作用产生电子-空穴对，这是一个瞬态效应；二是通过核能损产生原子移位，在原来晶格中留下空位，在材料中形成永久性损伤，同时核反应也是重要的能量损失机制[1-3]。另外，还有辐射能量损失，主要是指轻离子，如高能电子产生的轫致辐射。

1. 电子能损

当荷能离子能量足够高时，首先与靶原子核外的电子进行非弹性碰撞，使核外电子改变其在原子中的能量状态。核外电子获得的能量不足以挣脱原子的束缚成为自由电子时，可以由低能态跃迁到更高能态，这就是靶原子被荷能离子激发的过程。受激原子是不稳定的，很快($10^{-9}\sim10^{-6}$s)会退激至原子的基态而发射 X 射线。核外电子受激能量大于其电离能时，受激原子立即分解成一个自由电子和一个失去电子的原子——正离子，即产生一个电子-离子对，这是靶原子被荷能离子电离的过程。原子最外层电子束缚最松，因而被电离的概率最大。内壳层电子被电离后，原子留下的内层空穴会被外层电子填充而发射原子特征 X 射线或者俄歇(Auger)电子。电离过程中产生的自由电子通常具有很低的动能，但在有些情形下，它们具有足够高的动能，被称作 δ 电子，可以进一步在介质中使其他靶原子电离。荷能离子也会与靶原子的核外电子发生弹性碰撞，这时荷能离子传递给核外电子的能量必须小于其最低激发能，在一般情形下，可以忽略它。

当重离子或质子入射材料时，通过非弹性碰撞将能量传给靶原子核外电子，使靶原子激发或电离，引起激发或电离的这部分能量损失被称为电子能量损失，简称电子能损(electronic energy loss)，符号为$(dE/dx)_e$ 或 S_e，常用单位是 keV·nm^{-1} 或 MeV·cm^2·mg^{-1}，是高能离子入射材料损失能量的主要机制。它是靶材料、粒子种类和能量的函数，可用下面的 Bethe-Bloch 公式表示：

$$-\left(\frac{dE}{dx}\right)_e=\frac{4\pi z_p^2 e^4 Z_t N_t}{m_e v^2}\cdot\left[\ln\frac{2m_e v^2}{I}-\ln(1-\beta)-\beta^2\right] \tag{2.1}$$

式中，v 为入射离子速度；z_p 为有效电荷态；e 为电子电荷；Z_t 为靶原子序数；m_e 为电子静止质量；$\beta=v/c$，c 为光速；N_t 为阻止介质中单位体积的原子数目；I 为靶原子的平均电离电势，代表该原子中各壳层电子的激发能和电离能的平均值。中括号中的第二、三项是相对论修正项，对于具有相对论速度的荷能离子，$(dE/dx)_e$ 随速度增加而增加。

式(2.1)适合于计算在高速度区域重荷能离子与靶原子核外电子非弹性碰撞引起的能量损失，具有$-(dE/dx)_e$正比于 $1/v^2$ 的规律。图 2.1 所示是典型重离子在固体靶中的能量损失随入射离子能量的关系曲线。$-(dE/dx)_e$ 随离子速度减小而增加的趋势减缓，并出现一个最大值，被称为 Bragg 峰。在这一能区，重荷能离子的电离能损过程复杂，受到多种因素的影响，定性上讲，速度变慢有利于重荷能离子与靶原子核外的电子之间传递能量，但当速度慢到一定值后，靶原子中束缚紧的电子不再贡献电离碰撞，而且重荷能离子从介质中俘获电子的概率增加，减小其有效电荷，电离碰撞能量损失会减小。

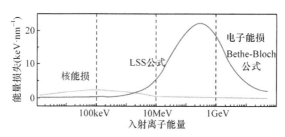

图 2.1　典型重离子在固体靶中的能量损失随入射离子能量的关系曲线

LSS 为 Lindhard-Scharff-Schiott 的缩写

Bethe-Bloch 公式描述的是由电离和激发过程导致的电子能量损失，当离子能量进入相对论能区时(如 $E > 1\text{TeV}$)，辐射能量损失开始起重要作用，通过辐射过程损失的能量正比于入射离子的能量。

对于 Bragg 峰值左侧的更低能区，Lindhard 等[3]基于重荷能离子与靶原子间屏蔽库仑相互作用势，得到能量损失公式为

$$-\left(\frac{\mathrm{d}E}{\mathrm{d}x}\right)_{\mathrm{e}} = z_{\mathrm{p}}^{\frac{1}{6}} 8\pi e^2 N_{\mathrm{t}} a_0 \frac{z_{\mathrm{p}} Z_{\mathrm{t}}}{\left(z_{\mathrm{p}}^{\frac{2}{3}} + z_{\mathrm{t}}^{\frac{2}{3}}\right)^{\frac{3}{2}}} \cdot \frac{v}{v_{\mathrm{B}}}, \quad v < v_{\mathrm{B}} z_{\mathrm{p}}^{\frac{2}{3}} \tag{2.2}$$

这就是 LSS 公式。式中，a_0 为玻尔半径(0.053nm)；v_{B} 为玻尔速度；$(\mathrm{d}E/\mathrm{d}x)_{\mathrm{e}}$ 正比于入射离子速度 v。有部分实验结果证实了式(2.2)的准确性。

LSS 公式适用于低速能区($v < v_{\mathrm{B}} z_{\mathrm{p}}^{2/3}$)，而 Bethe-Bloch 公式适用于高速能区($v > \frac{1}{2} v_{\mathrm{B}} Z_{\mathrm{t}}^{2/3}$，但未到相对论能区)。图 2.1 中 Bragg 峰附近能区目前尚没有令人满意的理论解释，只能依赖一些唯象的拟合公式。

材料辐射效应中电子能损$(\mathrm{d}E/\mathrm{d}x)_{\mathrm{e}}$通常采用的单位是 $\text{keV} \cdot \text{nm}^{-1}$，器件辐射效应中通常采用线性能量转移，即 LET 概念，其单位是 $\text{MeV} \cdot \text{cm}^2 \cdot \text{mg}^{-1}$。

2. 核能损

入射离子通过弹性碰撞把能量传给靶原子核，使靶原子核产生反冲，因为这是与靶原子核碰撞的能量损失，所以称为核能量损失，简称核能损(nuclear energy loss)，符号为$(\mathrm{d}E/\mathrm{d}x)_{\mathrm{n}}$ 或 S_{n}，是低速运动离子损失能量的主要方式。在核能量损失过程中，弹性碰撞所产生的移位原子数目是比较容易计算的。

荷能离子与靶原子核间发生弹性碰撞，这时碰撞体系保持动能和动量守恒，即荷能离子与靶原子核都不改变其内部能量状态，也不发射电磁辐射。但入射离子会因转移一部分动能给靶原子核而损失动能，而靶原子核因获得动能发生反冲，造成晶格原子移位，从而产生缺陷，即引起靶的位移损伤。仅对于能量很低的较重荷能离子($E/A \leqslant 10\text{keV} \cdot \text{u}^{-1}$，$A$ 为核子数)，需要考虑核能损对总能量损失的贡献，重荷能离子与靶原子核间的弹性碰撞逐渐成为其能量损失的主要过程，可以用卢瑟福散射理论进行计算。

荷能离子与靶原子核相互作用过程复杂，同时存在多种相互作用，不同作用过程相对概率大小和入射离子的影响依赖于荷能离子的质量、能量，以及作用介质的性质。当荷能离子运动速度低时，能量通过两个原子核屏蔽电荷之间的静电相互作用传给靶原子核，此过程即为核能损，尽管核能损较小，但对于辐射损伤、射程等问题很重要。低能弹性碰撞的核能损可用以下公式进行计算：

$$-\left(\frac{\mathrm{d}E}{\mathrm{d}x}\right)_n = 1.308\pi N_t a z_p Z_t e^2 \frac{M_t}{m_p + M_t} \tag{2.3}$$

式中，Z_t、M_t、N_t 分别为靶的原子序数、质量、阻止介质中单位体积的原子数目；z_p、m_p 分别为入射离子的原子序数、质量；a 为屏蔽半径，其大小正比于玻尔半径 a_0，$a \cong a_0/(z_p Z_t)^{1/6}$。

3. 核反应

当荷能离子能量足够高，达到与靶原子核间的反应阈能时，就可能发生核反应。当发生核反应时，一个原子核必须足够接近另一个原子核，达到核力作用范围(10^{-15}m)，利用加速器产生的高能离子可以达到核反应阈能。

2.3 材料辐射损伤类型、形成机理及实验表征方法

材料辐射损伤的形成是一个多因素的过程，不仅与入射离子种类、能量、辐照注量、辐照温度等辐照参数有关，还与材料的结晶状态(晶态或非晶态)、晶粒尺寸、热力学参数等材料性质有关。理解单个离子在材料中引起的结构损伤是认识材料辐射损伤效应的基础。根据离子与固体材料相互作用时能量损失方式的差异，可以将材料辐射损伤分为两类：电子能损主导的材料辐射损伤和核能损主导的材料辐射损伤。本节主要对这两种能量损失方式主导下的材料辐射损伤形成机理进行介绍，并简要介绍一些常用的材料微观辐射损伤实验表征方法。

2.3.1 材料辐射损伤类型及形成机理

2.3.1.1 快重离子在材料中产生的结构损伤和机理

快重离子(单核能≥1MeV)在材料中主要通过与靶材料中电子的非弹性碰撞损

失能量(电子能损)，从而引起靶材电子电离和激发。快重离子在材料中的电子能损通常比核能损高两到三个数量级，电子能损在除离子射程末端核阻止区外的整个离子路径上都起主导作用。

1959 年，Silk 等[4]利用中子诱发裂变碎片辐照云母，首次通过透射电子显微镜观察到了裂变碎片在云母中引起的辐射损伤。在透射电子显微镜照片中(图 2.2(a))，裂变碎片引起的损伤区呈现衬度更深的直线状，一般称为裂变径迹(fission track)。铀的两个裂变碎片平均质量数约为 100，能量约为 100MeV，因此可以认为裂变碎片属于一种天然的快重离子。裂变径迹方向是随机的，这是由裂变碎片方向的随机性决定的。通常，裂变碎片和快重离子在材料中形成的径迹直径为几纳米(图 2.2(b)[5])，不能被肉眼或光学显微镜直接观察到，因此又被称为潜径迹(latent track)。事实上，1958 年 Young[6]利用化学蚀刻的方法通过光学显微镜看到了 LiF 晶体中裂变径迹蚀刻后的样子(图 2.2(c))，即蚀刻径迹。蚀刻径迹之所以能形成，主要是因为当快重离子路径上的材料微观结构损伤到一定程度时，化学蚀刻液在潜径迹处的蚀刻速率比体蚀刻速率大，即潜径迹处的材料会被优先蚀刻掉。经过一定时间的化学蚀刻后，潜径迹直径可被"放大"到几百纳米到微米量级，成为蚀刻径迹，这个尺度能够被光学显微镜直接观察到。对于晶体材料，潜径迹蚀刻后的形貌一般还耦合了该材料的晶体结构信息[6]。需要指出的是，蚀刻径迹丢掉了潜径迹处原子尺度的微观结构信息。

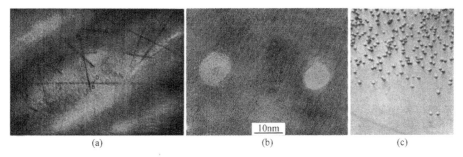

图 2.2　裂变碎片和快重离子在材料中形成的潜径迹和蚀刻径迹[4-6]
(a) 云母中裂变径迹的透射电子显微镜照片(放大倍数为 30000)；(b) 云母经快重离子(Pb)辐照后的透射电子显微镜照片(入射方向垂直于纸面)；(c) LiF 晶体经裂变碎片辐照并蚀刻后裂变径迹的光学显微镜照片(放大倍数为 640)

在早期的工作中，人们发现聚合物薄膜、云母、锆石、石英等绝缘材料对快重离子辐照比较敏感。当时，衡量各类材料离子辐照敏感性的主要方法之一就是对快重离子辐照后的材料进行化学蚀刻，比较径迹能够蚀刻时对应的电子能损阈值(蚀刻阈值)。通常，材料的径迹蚀刻阈值比径迹形成的电子能损阈值高。

正如前文所述，快重离子与固体材料相互作用时，主要是通过电子能损的方式沉积能量。那么，初始沉积于靶材电子系统的能量最终是如何导致沿离子入射路径上大量靶原子移位而形成潜径迹的？针对这个问题，1965 年 Fleischer 等[7]将当时的实验数据归纳总结后提出了著名的库仑爆炸模型。

如图 2.3 所示，基于电子能损机制的库仑爆炸模型认为，快重离子将其路径上的靶原子电离激发，产生一个物质高度电离的圆柱形区域，这个圆柱形区域非常不稳定，在电子返回该圆柱形区域并达到电中性之前，正电离子间存在强的库仑斥力。每个正电离子通过库仑斥力所获能量的大小依赖于正电区的寿命。如果所获能量足够大，则这些正电离子发生移位，并占据晶格的间隙位置，从而在正电主体内产生空位。当该圆柱形区域重新达到电中性后，这些新产生的空位缺陷保留下来形成入射离子的潜径迹。

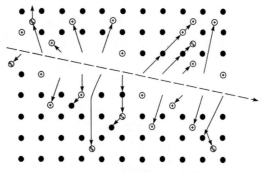

图 2.3　库仑爆炸模型示意图[7]

库仑爆炸模型预测快重离子在绝缘体材料和部分半导体材料中容易产生潜径迹，但在各种金属材料中则不能产生潜径迹。这是因为，金属中大量自由电子的存在导致正电区寿命极短，正电离子所获能量不足以让其发生移位。这些结论和当时条件下所获得的大部分实验数据比较吻合。尽管基于库仑爆炸模型人们难以进行详细又定量的描述，但是在之后很长一段时间内，库仑爆炸模型都是解释快重离子径迹形成的主流模型。

20 世纪 80 年代，国际上多个大型重离子加速器相继建成。这些大型重离子加速器可以提供能量达吉电子伏量级且更重的重离子(如 ^{238}U 离子)，因此快重离子在各类材料中所能达到的电子能损值有了极大提升。不久后，人们陆续在多种合金或纯金属中观察到了快重离子引起的潜径迹(图 2.4)。

将各类材料按绝缘体材料、半导体材料和金属材料分类，并根据快重离子在这些材料中形成潜径迹的电子能损阈值高低来评估辐射敏感性，可以得到如表 2.1 所示的结果。可以看出，绝缘体材料辐射敏感性最高，半导体材料次之，金属材料敏感性最低。由此可见，早期工作中在金属材料中未观察到电子能损引起的潜径迹主要是因为未达到足够高的电子能损，并非库仑爆炸模型当初预言的快重离子不可能在金属材料中产生潜径迹。

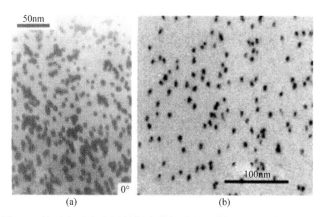

图 2.4　快重离子在金属材料中潜径迹的透射电子显微镜照片[8,9]

(a) 700MeV Pb 离子在 NiZr₂ 合金中的潜径迹(电子能损为 48keV·nm⁻¹，辐照注量为 7×10¹¹ions·cm⁻²)；(b) 845MeV Pb 离子在 Ti 中的潜径迹(电子能损为 36keV·nm⁻¹，辐照注量为 1×10¹¹ions·cm⁻²)

表 2.1　各类材料中快重离子潜径迹形成的电子能损阈值[10]

高敏感性绝缘体($1\sim10keV\cdot nm^{-1}$)	→半导体($15\sim30keV\cdot nm^{-1}$)	低敏感性金属($>30keV\cdot nm^{-1}$)
聚合物√	非晶硅，锗√	非晶合金√
氧化物，尖晶石√	$GeS,InP,Si_{1-x}Ge_x$ √	Fe,Bi,Ti,Co,Zr √
离子晶体√	硅，锗 ×	Au,Ag,Cu ×
金刚石 ×	—	—

注：√表示能够形成潜径迹，×表示不能形成潜径迹。

　　面对快重离子能够在金属材料中产生潜径迹的确凿实验证据，人们不得不逐渐放弃库仑爆炸模型。曾经被部分学者提出的热峰模型则受到了研究者的重新审视，并被 Toulemonde 等[11-14]发展。

　　如图 2.5 所示，热峰模型认为，快重离子穿过靶材时，首先引起靶原子中电子的电离和激发($10^{-17}\sim10^{-15}$s)，并将能量沉积于靶电子系统，这些能量通过电子-电子相互作用(δ 电子的级联碰撞，$10^{-15}\sim10^{-14}$s)使大量电子热化并成为热电子气。然后，通过电子-声子相互作用把能量转移给晶格原子($10^{-14}\sim10^{-11}$s)。由于电子与原子间能量的转移，瞬时大的能量沉积密度(几至几十 eV·atom⁻¹)导致沿入射离子路径局部区域的温度急剧增加，达到甚至超过靶材的熔点(热峰效应)，随后再急速冷却，从而形成入射离子路径局部区域的永久性结构改变，

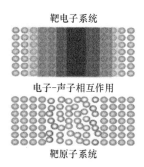

靶电子系统

电子-声子相互作用

靶原子系统

图 2.5　热峰模型示意图[13]

即在靶材体内产生潜径迹。

Toulemonde 等发展的热峰模型由两个相互耦合的热扩散方程描述：

$$C_e(T_e)\frac{\partial T_e}{\partial t} = \frac{1}{r}\frac{\partial}{\partial r}\left[rK_c(T_c)\frac{\partial T_e}{\partial r}\right] - g(T_e - T_a) + A(r[v],t) \qquad (2.4)$$

$$C_a(T_a)\frac{\partial T_a}{\partial t} = \frac{1}{r}\frac{\partial}{\partial r}\left[rK_a(T_a)\frac{\partial T_a}{\partial r}\right] + g(T_e - T_a) \qquad (2.5)$$

式中，T_e 和 T_a、C_e 和 C_a、K_e 和 K_a 分别是电子系统和原子系统的温度、比热容、热导率；g 是电子-声子耦合系数；$A(r[v], t)$是在半径 r 和时间 t 时入射离子传递给电子系统的能量密度，$A(r[v], t)$在时间和空间上的积分就是电子能损 S_e。热峰模型中唯一的自由参数是电子-声子耦合系数。热峰模型中假设潜径迹的径向尺寸等于热峰效应能使材料熔化的圆柱形区域大小。该模型可定量地预测电子能损机制下形成潜径迹的直径、电子能损阈值。

热峰模型预测，具有低热导率、低熔点及熔化潜热、高电子-声子耦合系数(对于相同成分材料，非晶态材料的电子-声子耦合系数远大于晶态材料)等物理性质的材料对于重离子辐照更敏感[12-14]。例如，Au、Ag、Cu 等电子-声子耦合作用弱的材料(Au 的电子-声子耦合系数为 $9.1\times10^{10}W \cdot cm^{-3} \cdot K^{-1}$，Ag 的电子-声子耦合系数为 $1.26\times10^{11}W \cdot cm^{-3} \cdot K^{-1}$，Cu 的电子-声子耦合系数为 $4.94 \times 10^{11}W \cdot cm^{-3} \cdot K^{-1}$)对快重离子辐照不敏感[12]；金属 Bi 尽管电子-声子耦合作用也较弱(Bi 的电子-声子耦合系数为 $8.20\times10^{11}W \cdot cm^{-3} \cdot K^{-1}$)，但其熔点(544K)和熔化潜热($116J \cdot g^{-1}$)都很低，因此其对快重离子辐照是敏感的[12]。需要指出的是，热峰模型认为热峰效应形成的熔融态(存在的时间尺度为皮秒量级)区域由于被周围未受影响材料包围，淬火速度为 $10^{13}\sim10^{15}K \cdot s^{-1}$，因此并未考虑熔融相的再结晶过程。

相同的电子能损值可以对应高低两个不同能量值。对于同一材料，相同电子能损值但不同能量的重离子引起的潜径迹大小是否相同？对此，图 2.6 给出了多种快重离子辐照钇铁石榴石的潜径迹有效半径随电子能损的变化关系。可以看出，在相同或接近电子能损值下，低速区重离子引起辐射损伤的有效半径比高速区重离子大得多，即著名的离子速度效应。该效应可以从高、低速重离子在材料中沉积能量密度差异的角度进行解释[15]。不同速度重离子沉积于材料电子系统能量的径向分布均呈现出"芯"部尺寸小但沉积能量比例高，"晕"部尺寸大但沉积能量比例低的特点(图 2.7)，约 66%的沉积能量集中在"芯"部。因此，可以认为"芯"部的能量沉积是形成潜径迹的主要原因。与高速重离子相比，低速重离子的"芯"部半径(R_d)更小。在相同或接近的电子能损值下，低速重离子比高速重离子的沉积能量密度 D_e 更大，从而导致潜径迹尺寸更大。沉积能量密度

D_e 可用如下公式计算:

$$D_e = \frac{0.66S_e}{N\pi R_d^2} \tag{2.6}$$

式中, S_e 为电子能损值; N 为靶原子密度; R_d 为 66%沉积能量对应的径向分布半径。

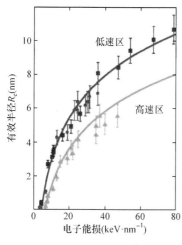 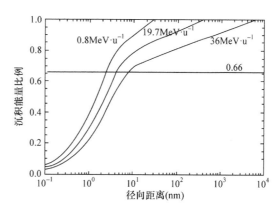

图 2.6　钇铁石榴石中快重离子潜径迹　　图 2.7　不同速度(单核能)重离子在钇铁石榴石中
　　有效半径随电子能损的变化关系[15,16]　　　　沉积能量比例随径向距离的变化[15]

　　因为快重离子在材料中沉积能量的径向分布都有相似特点,所以离子速度效应普遍存在于各类材料中。目前,人们已经在多种绝缘体材料[10,15,17]、半导体材料[18,19]和金属材料[9,20]中发现了离子速度效应。严格地说,受离子速度效应的影响,不同速度(单核能)快重离子在同一材料中形成潜径迹的电子能损阈值是不同的。

　　一些学者根据单个快重离子在晶体材料中形成的潜径迹是否非晶态,将晶体材料简单分为两类:可非晶化材料(amorphizable material)和不可非晶化材料(non-amorphizable material)。云母、石英、钇铁石榴石等材料是典型的可非晶化材料。在高于对应电子能损阈值的情况下,快重离子在这类材料中的潜径迹形貌呈圆柱形。对于不可非晶化材料,潜径迹形貌则呈现一种新的演化规律。

　　如图 2.8 所示,1703MeV Ta 离子 45°入射金红石型 TiO$_2$(厚度约 100nm)时,其电子能损值几乎不变,而且远大于潜径迹形成阈值。图 2.8(a)中透射电子显微镜照片显示,样品中较短的潜径迹呈圆柱形;较长的潜径迹随着穿过长度的增加,形貌分别呈哑铃形、连续沙漏形和不连续沙漏形(图 2.8(b))。这些潜径迹还有一个特点:径迹变细或消失的位置均在其中部。结合近表面潜径迹中大量纳米空洞[17]、样品表面结晶态的球形纳米凸起[21]和金红石型 TiO$_2$ 较强的再结晶能力[22]等证据，这种新型径迹形貌演化规律可归因于热峰效应导致的材料熔融相外流和固液界面强的外延再结晶共同作用。这种潜径迹形貌演化只可能发生在具有强再结晶能力的材料中。

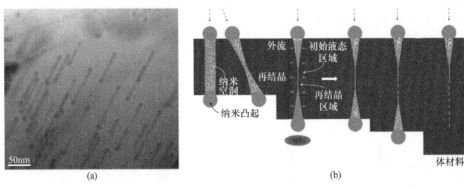

(a)　　　　　　　　　　　　　　　　(b)

图 2.8　金红石型 TiO_2 中潜径迹形貌随入射离子穿过长度的变化[17]

(a) 1703MeV Ta 离子 45° 入射金红石型 TiO_2 时潜径迹形貌的透射电子显微镜照片；(b) 金红石型 TiO_2 中潜径迹形貌演化示意图

2.3.1.2　低能离子在材料中产生的结构损伤和机理

低能离子在固体材料内的慢化过程中核能损方式占主导作用[23]。当入射离子与固体材料中的原子发生弹性碰撞时，可将一部分能量传递给固体中的晶格原子。被入射离子直接碰撞而受到反冲的原子称作初级撞出原子(primary knock-on atom，PKA)。但是，原子并不是受到任一能量的碰撞时都会发生移位，只有当被碰撞原子所获能量等于或大于某一最低能量时，它才会成为移位原子。原子移位所需的最低能量值被称为原子的移位阈能(displacement threshold energy)，符号为 E_d。移位阈能的理论计算和实验测量都表明，其大小不仅与材料有关，而且与碰撞中能量传递方向有关，也就是与晶格原子反冲方向密切相关，是各向异性的。因此，通常所说的移位阈能仅仅是一个平均值。

当靶原子所获能量小于移位阈能时，该原子不能离开自己所在的初始晶格位置，其能量最终以无规则的热运动方式耗散，这种情况不会形成点缺陷；当靶原子所获能量稍大于移位阈能时，它有可能克服周围原子的束缚，离开自己的初始晶格位置而留下一个空位，由于其所获能量只是稍大于移位阈能，因此只能停留在离空位较近的某一个间隙位置，从而形成一个近距离的弗仑克尔(Frenkel)缺陷对；当靶原子所获能量较大于移位阈能时，该原子可以在固体材料中穿过较长距离而停留在某一间隙位置处，形成远距离的 Frenkel 缺陷对；当靶原子所获能量远大于移位阈能时，该原子(初级移位原子)不仅自身发生移位，而且有足够动能继续撞击其他点阵原子，并使之发生移位而形成次级移位原子。这种连续碰撞现象被称为级联碰撞。在所有的运动原子静止下来后，会形成若干个 Frenkel 缺陷对(图 2.9)。

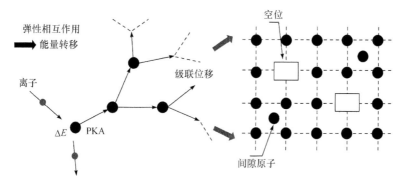

图 2.9　入射离子引起靶原子级联碰撞和产生 Frenkel 缺陷对示意图[24]

显然，一个初级移位原子是否引起级联碰撞和产生的 Frenkel 缺陷对数量 n_d 与初级移位原子的动能 E 密切相关。最简单的级联位移理论是由 Kinchin 和 Pease 提出的[25]。Kinchin-Pease 模型的基本假设如下：

(1) 只考虑同类原子的碰撞。

(2) 级联碰撞可以看成是一系列原子间的二体碰撞。

(3) 靶原子的排列是无规则的，忽略晶体周期性结构的影响。

(4) 如果 PKA 的能量大于电离能量限 E_I(运动原子保持中性的能量上限)，则直到电子能量损失将 PKA 的能量减至电离能量限时才考虑产生移位原子，在此之前没有移位原子产生。对小于电离能量限的能量，忽略电子阻止的能量损失，只考虑原子间的弹性碰撞。

(5) 如果靶原子获得的能量小于移位阈能 E_d，则不发生位移，大于移位阈能时一定发生位移。

(6) 如果初级撞出原子的能量远大于移位阈能，则忽略使原子移位消耗的能量 E_d。

Kinchin-Pease 模型给出的结果为

$$n_d\left(E\right)=\begin{cases} 0, & E < E_d \\ 1, & E_d < E < 2E_d \\ \dfrac{E}{2E_d}, & 2E_d < E < E_I \\ \dfrac{E_I}{2E_d}, & E_I < E < E_\infty \end{cases} \tag{2.7}$$

在此之后，Robinson 等[26]、Norgett 等[27]、Lindhard 等[28]在 Kinchin-Pease 模型基础上做了很多重要改进。

在衡量低能离子入射固体材料产生的辐射损伤程度时，通常采用给定注量下靶材单位体积内每个原子的平均移位次数(dpa)来描述，即 dpa = N_d/N，其中 N_d 为一定辐照注量下材料单位体积内形成的移位原子总数，N 为靶原子密度。移位原子总数可以通过入射离子注量、能谱(入射离子非单能情况时)、入射离子与靶原子碰撞时的能量传递微分截面、初级移位原子级联碰撞中产生的移位原子数和初级移位原子的能量分布函数等进行积分得出。

在实际应用中，人们普遍使用 SRIM 软件中的 TRIM 程序来较快速地计算低能离子在固体材料中随辐照深度变化的损伤程度。计算公式如下：

$$\text{dpa} = \frac{N_d}{N} = \frac{\text{vacancies}}{\text{Å} \times \text{ions}} \times \frac{10^8 \left(\frac{\text{Å}}{\text{cm}}\right) \times \text{Fluence}\left(\frac{\text{ions}}{\text{cm}^2}\right)}{N\left(\frac{\text{atom}}{\text{cm}^3}\right)} \tag{2.8}$$

注意，TRIM 程序给出的结果是每个入射离子单位长度(Å)上引起的靶原子位移数，Fluence 是入射离子辐照注量(ions·cm^{-2})，10^8 是 Å 和 cm 的换算关系。1 个 dpa 表示入射离子辐照时导致靶材内每个原子平均移位了 1 次。需要指出的是，尽管 dpa 是表明低能离子引起材料辐射损伤程度的物理量，但并不意味着在辐照结束时靶材内实际仍存在这么多的移位原子。这是因为，大多数的移位原子会与空位复合而消失，复合率与材料种类、辐照温度等条件密切相关。然而，dpa 作为计算低能离子辐射损伤的一种规范和衡量辐射效应的评价标准而被普遍采用。

随着低能离子辐照注量的增加，靶材内辐射缺陷会进一步迁移、聚集和复合，形成复杂的缺陷结构，如空洞、层错四面体、位错环，或导致材料的非晶化。

2.3.2　材料微观辐射损伤实验表征方法

单个快重离子在材料中引起的微观辐射损伤径向尺度均在纳米量级，因此常用的直接表征手段是 TEM 和 SPM 技术。这两种表征手段可直观地获得材料体内和表面的辐射损伤情况。除了直接表征手段，还有较多的间接表征手段，如卢瑟福沟道背散射(RBS/C)、SAXS、拉曼光谱等。

TEM 是观察和分析材料形貌、组织和结构的有效工具。TEM 用聚焦电子束作为照明源，使用对电子束透明的薄膜样品，以透过样品的透射电子束或衍射电子束所形成的图像来分析样品内部的显微组织结构。目前较常见的 TEM 加速电压一般为 80～300kV，对应的透射电子显微镜样品厚度一般小于 100nm。因此，制备出高质量的透射电子显微镜样品是成功观测的关键环节。常用的制备方法包括聚焦离子束技术、钻石刀超薄切片、Ar 离子减薄、研磨结合超声等。一些材料本身或原始的辐射结构损伤对于电子束轰击是非常敏感的，对于这类材料的 TEM 表征要特别注意所用放大倍数不能太高，必要时需要使用冷冻电镜杆或低剂量模式。

SPM 是在扫描隧道显微镜(STM)的基础上发展起来的各种新型探针显微镜(原子力显微镜(AFM)、静电力显微镜、磁力显微镜等)的统称，是一种常用的表面分析仪器。通常，快重离子辐照会在材料表面引起纳米级凸起(hillock)或凹坑(crater)的产生。SPM 对于这些材料表面的辐射结构损伤较为敏感，可获得凸起或凹坑的面密度、横向尺寸和纵向尺寸等定量数据，以及辐射结构损伤引起的电学、磁学等的局域变化。在使用 SPM 表征样品表面辐射损伤时要注意原始样品表面的粗糙度水平，较大的粗糙度会覆盖辐射引起的样品表面微小结构变化。另外，在定量表征凸起结构的横向尺寸或凹坑结构的纵向尺寸时，要特别注意所用探针几何尺寸带来的"针尖卷积效应"。

一束准直离子束与单晶相互作用，往往表现出强烈的方向效应，当入射方向接近某一主晶轴或主晶面时，核反应、内壳 X 射线激发和卢瑟福沟道背散射产额大大减少，粒子射程明显增加，这就是沟道效应。当离子辐照在单晶材料中引入辐射结构损伤后，移位原子将导致卢瑟福沟道背散射产额增加。RBS/C 就是利用这一原理来定量获得离子辐照导致的单晶材料相对无序度(fraction of disorder，符号为 f_d)变化。通过 RBS/C 方法还可以获得快重离子在可非晶化材料中形成潜径迹的有效直径。在用这种方法获得潜径迹有效直径时常作两个基本假设来简化需要的数学模型：①在 RBS/C 方法的探测深度内(1～2μm)潜径迹是连续的圆柱形，且潜径迹的产额是 100%，即每个入射离子均可产生一条潜径迹；②在高辐照注量下潜径迹间的相互影响(如退火效应)可忽略。基于上述基本假设，用于拟合实验数据点的数学模型可写为[29]

$$f_d = f_\infty e^{-\sigma\varphi} \tag{2.9}$$

式中，f_∞ 为辐照注量下单晶材料相对无序度 f_d 饱和时对应的数值；σ 为单个离子潜径迹的有效截面积，$\sigma = \pi\left(\dfrac{1}{d}\right)^2$，$d$ 为单个离子潜径迹的有效直径；φ 为离子辐照注量。

SAXS 对于材料电子密度的不均匀性非常敏感，凡是存在纳米尺度的电子密度不均匀区的物质均会产生小角 X 射线散射。快重离子在材料中形成的潜径迹取向一致，潜径迹直径一般为几纳米，非常适合于用 SAXS 方法来研究潜径迹的精细结构。同时，由于该方法主要探测的是材料电子密度的不均匀性，因此对于非晶材料和聚合物材料中的潜径迹研究非常有益[30]。但是，该方法获得的潜径迹尺寸的准确度往往依赖于潜径迹径向结构物理模型建立的可靠性。

拉曼光谱是一种散射光谱，通过对与入射光频率不同的散射光谱进行分析来得到材料分子振动、转动方面的信息。离子辐照引起的材料结构损伤积累会导致拉曼峰强度比的变化、拉曼峰位移动或新拉曼峰的产生等。该方法常需要结合其他实验表征方法或理论计算来获得一些定量结论。

2.4 典型器件材料的辐射效应

2.4.1 硅材料辐射效应

硅材料作为第一代半导体材料，在集成电路领域占据着至关重要的位置。同样地，硅也是目前空间微电子器件中应用最广泛的半导体材料。硅材料在重离子辐照下的响应特性直接决定着硅基器件空间应用中的抗辐射特性。实验研究结果表明，硅材料在低能重离子和快重离子辐照下都具有较强的抗辐射能力。

低能重离子入射材料主要以核能损的形式产生位移损伤，其中需要满足离子传递给靶原子的能量大于其移位阈能，对硅材料来说，该值为 14eV[31]。大注量低能重离子辐照可能导致单晶硅材料的非晶化。室温下，180keV 的 B 离子，20keV 的 N 离子、Ne 离子、Ar 离子和 Kr 离子引起硅材料非晶化的临界辐照注量分别为 1.2×10^{15}ions·cm^{-2}、3×10^{15}ions·cm^{-2}、1×10^{15}ions·cm^{-2}、0.4×10^{15}ions·cm^{-2} 和 5.5×10^{13}ions·cm^{-2}[32]。

快重离子在半导体材料中引入的主要损伤形式为潜径迹，但电子能损值高达 29keV·nm^{-1} 的 U 离子入射只能在硅材料中引入点缺陷[33]，目前还未在块体硅中观察到单个快重离子引入的潜径迹。团簇离子因具有更高的局域沉积能量，可以在硅材料中引入潜径迹。30MeV C$_{60}$ 团簇离子在硅单晶中引入的连续非晶态潜径迹如图 2.10(a)所示[34]。实验研究还发现，电子束能量沉积会引起硅中非晶态潜径迹的再结晶(图 2.10(b))。

2.4.2 宽禁带半导体材料辐射效应

以碳化硅(SiC)和氮化镓(GaN)为代表的第三代半导体材料击穿场强大、热导率高、抗辐射能力强，基于这两种材料制备的功率器件兼具高压、高功率、低导通损耗等诸多优势，并且能够在硅基器件性能提升的基础上降低设备的体积和质量。宽禁带半导体器件，尤其是高压功率器件的优势非常突出，空间应用需求迫切。因此，GaN 及 SiC 基半导体器件辐射效应的研究具有重要意义。

2.4.2.1 GaN 材料重离子辐射效应

1. GaN 晶体结构及应用
作为第三代半导体材料的代表，GaN 属于典型的宽禁带材料，具有击穿场

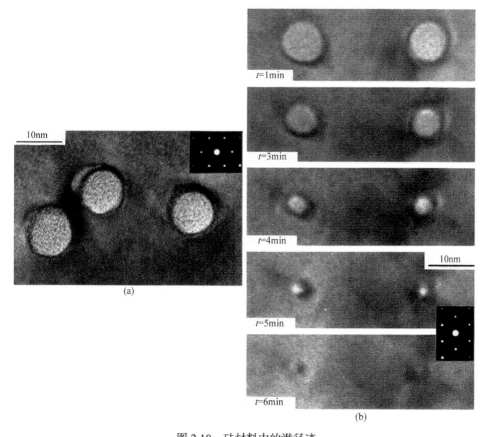

图 2.10　硅材料中的潜径迹

(a) 30MeV C$_{60}$ 团簇离子辐照硅单晶后引入的连续非晶态潜径迹；(b) 在高分辨透射电子显微镜下观察不同时间后，潜径迹发生再结晶现象[34]

强大、饱和电子漂移速度快、热导率大、介电常数小等优异的物理特性，具有低损耗和高开关频率的特点，适合于制作高频、高功率和小体积高密度集成的电子器件。在光电子领域，凭借宽禁带、激发蓝光的独特性质，GaN 在高亮度发光二极管(light emitting diode，LED)、激光器等应用领域具有明显的竞争优势。表 2.2 给出了 Si、SiC 和 GaN 三种半导体材料在功率器件应用方面的五个关键电学参数，与 Si 相比，SiC 和 GaN 能够制备出具有超低导通电阻、高击穿电压和较小尺寸的晶体管。GaN 半导体材料具有优异的化学和物理性能，特别是 GaN 基半导体异质结构存在极强的自发极化效应和压电极化效应，以及很大的界面导带偏移 ΔE_{c}，可以获得比其他半导体异质结材料高一个量级以上的二维电子气(two-dimensional electron gas，2DEG)密度，因而成为当前发展高频、高功率、大宽带抗辐射射频电子器件和功率电子器件的首选材料之一。

表 2.2　Si、SiC 和 GaN 的材料特性[35]

参数	单位	Si	SiC	GaN
禁带宽度 E_g	eV	1.12	3.39	3.26
临界击穿场强 E_{crit}	$MV \cdot cm^{-1}$	0.23	3.30	2.20
电子迁移率 μ_n	$cm^2 \cdot V^{-1} \cdot s^{-1}$	1400	1500	950
相对介电常数 ε_r	—	11.8	9.0	9.7
热导率 λ	$W \cdot cm^{-1} \cdot K^{-1}$	1.5	1.3	3.8

　　GaN 材料有三种晶体结构，热力学上的稳定相为六方对称的纤锌矿(wurtzite)结构，热力学上的亚稳相有立方对称的闪锌矿结构和类似于 NaCl 结构的岩盐矿结构。图 2.11 为 GaN 三种基本晶体结构示意图。纤锌矿结构的 GaN 晶体的对称性属于六方晶系非中心对称点群，具有[0001]方向的 Ga 面极化与相反方向的 N 面极化两种原子层排列方向。GaN 晶体结构不具有中心对称性，没有外应力作用时正负电荷中心不重合，c 轴是晶体极轴，因而沿着 c 轴方向会产生很强的自发极化效应。与自发极化效应类似，当氮化物半导体晶体受到沿 c 轴方向的应力而产生应变时，同样会改变晶体中电偶极矩的大小和方向，从而产生压电极化效应。由于自发极化效应和压电极化效应的存在，以及异质结界面导带偏移，GaN 基异质结界面可形成强量子限制的高密度 2DEG，面密度高达约 $10^{13} cm^{-2}$，因此，GaN 基半导体异质结结构非常有利于发展高性能 2DEG 特性的电子器件。例如，高电子迁移率晶体管(high electron mobility transistor，HEMT)在射频电子器件和功率电子器件领域均有极其重要的应用。

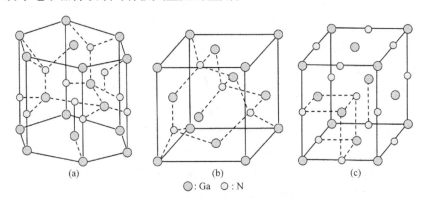

(a)　　　　　　　　　　(b)　　　　　　　　　　(c)

●: Ga　○: N

图 2.11　GaN 三种基本晶体结构示意图

(a) 纤锌矿结构；(b) 闪锌矿结构；(c) 岩盐矿结构

2. 重离子辐照 GaN 晶体引起的结构损伤

重离子辐照引起的结构损伤有多种表征手段，其中 TEM 是一种直接的表征手段，可以观测到晶体内部微观结构损伤的类型及分布，如缺陷簇、位错、潜径迹及相变。前文介绍了热峰模型的理论，该模型也适用于描述重离子辐照后 GaN 晶体中潜径迹的形成。对 GaN 晶体中潜径迹形成的电子能损阈值目前没有统一的结论，已有的实验结果表明潜径迹形成的电子能损阈值范围为 $22.8\sim28.3keV\cdot nm^{-1}$[36,37]。潜径迹的形貌与离子参数密切相关，如图 2.12 所示，入射离子的电子能损在潜径迹形成阈值附近时，形成的潜径迹不连续；入射离子的电子能损远大于潜径迹形成阈值时，辐照后 GaN 晶体中形成连续的潜径迹，并且潜径迹区域呈非晶相，辐照注量增大时，潜径迹重叠，导致晶体非晶化[38]。对于电子能损较低的入射离子来讲，由于材料中形成的潜径迹不连续，沿着离子入射方向观察，样品较厚时结晶相(潜径迹连续区域)与非晶相(潜径迹不连续区域)重合，因此观察到潜径迹呈结晶相(图 2.12(e))，样品厚度较小时，潜径迹呈非晶相(图 2.12(f))。随着辐照注量的增大，潜径迹逐渐重叠，但是晶体非晶相比例并没有显著增大。由此可见，辐照注量增大的过程中，缺陷的产生和退火之间存在竞争机制[39,40]。

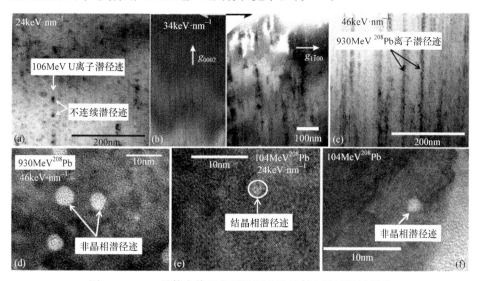

图 2.12　GaN 晶体中快重离子潜径迹的透射电子显微镜照片

(a) 106MeV U 离子，辐照注量为 $5\times10^{11}ions\cdot cm^{-2}$；(b) 200MeV Au 离子，辐照注量为 $2\times10^{11}ions\cdot cm^{-2}$；(c) 930MeV [208]Pb 离子，辐照注量为 $2\times10^{11}ions\cdot cm^{-2}$；(d) 930MeV [208]Pb 离子，辐照注量为 $5\times10^{11}ions\cdot cm^{-2}$；(e)、(f) 104MeV [208]Pb 离子，辐照注量为 $5\times10^{11}ions\cdot cm^{-2}$

其中(a)、(b)、(c)是样品纵截面 TEM 图像，(d)、(e)、(f)是样品俯视 TEM 图像[39,41]

　　拉曼光谱是一种非破坏性表征方法，能够通过拉曼效应间接地表征分子结构信息。重离子辐照前 GaN 晶体拉曼光谱如图 2.13(a)所示，在背散射几何模式下检测到 $A_1(LO)$、$E_2(high)$和 $E_2(low)$三个峰，拉曼峰半高宽较小表明晶体结晶性较好，掺杂浓度低。辐照前的样品具有比较完美的晶格结构，辐照后晶体中缺陷浓度增大，影响了晶体的结晶度，因此通过比较辐照前后不同拉曼模式的峰位和峰宽变化，可以获得晶体中缺陷和应力等相关信息。如图 2.13 所示，入射重离子电子能损较低时，辐照后特征峰没有显著变化；入射重离子电子能损较高时，随着辐照注量的增大，A_1(LO)出现红移，E_2(high)模式出现蓝移，半高宽显著增大。重离子辐照引入缺陷导致晶格畸变，改变了晶体的声子态密度，新的拉曼散射模式被激发。由于重离子辐照引起晶体结构损伤，晶格长程有序性被破坏，不再具有平移对称性，因此波矢守恒定律被破坏，辐照后拉曼光谱中检测到非 Γ 点的声子散射进一步验证了这一结果。声子态密度的相关计算在文献已有报道[42, 43]。经理论计算可知，位于 $291\mathrm{cm}^{-1}$ 和 $671\mathrm{cm}^{-1}$ 的两种拉曼振动模式中声子态密度分别由 Ga 原子和 N 原子起主导作用[44, 45]。由此可见，Ga 原子亚点阵或 N 原子亚点阵结构中存在的缺陷会导致不同拉曼振动模式被激发。此外，辐照引入张应力会导致拉曼光谱特征峰红移，而压应力会导致特征峰蓝移[46]，特征峰移动波数随着电子能损和辐照注量的增大呈增大的趋势，说明辐照引入缺陷的浓度与电子能损及辐照注量呈正相关[47]。通过不同的表征方法获得了相同的研究结果，重离子辐照引起 GaN 材料的损伤程度与入射离子的电子能损及辐照注量密切相关[48]。

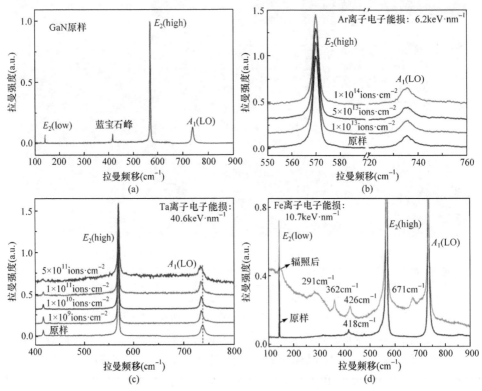

图 2.13　重离子辐照 GaN 晶体不同注量下的拉曼光谱

(a) 原样；(b) 228MeV Ar 离子；(c) 1050MeV Ta 离子；(d) 350MeV Fe 离子

3. GaN 基器件单粒子效应研究现状

GaN 基器件辐射效应主要包括位移损伤效应、总剂量效应以及单粒子效应。目前，GaN 基器件辐射效应研究工作中绝大多数在辐照过程中没有考虑偏置电压的作用，主要研究材料辐射损伤(如辐射缺陷和杂质)的产生引起器件性能的退化，但是对于器件来讲，在偏置电压作用下进行的辐射效应研究更有意义。高能带电粒子入射后在路径上沉积能量，会产生高密度的电离径迹，电子-空穴对在异质结电场作用下定向运动，然后被收集，形成较大的电流信号。电荷产生和被收集后可能造成器件或电路产生软错误或硬损伤[49]，引起功能中断或性能失效。GaN 基器件在重离子辐照后会出现漏电流增强效应，如单粒子瞬态测试中漏电流随着电压和 LET 值增大而逐渐增大。对于硅基器件而言，重离子入射引起功率金属氧化物半导体场效应晶体管(metal-oxide-semiconductor field effect transistor，MOSFET)器件中寄生双极晶体管负反馈放大效应，导致器件导通然后烧毁，这个过程中电流引起的雪崩、热失控或电压作用下的破坏性故障，可能导致器件电场击穿[50, 51]。空间环境中的重离子及地面中子也会在 SiC MOSFET 器件中引发单粒子烧毁效应[52, 53]，粒子入射后击中器件敏感区域，产生的瞬态电场超过器件击穿电压极限，导致器件栅穿或烧毁[54]，这个损伤机制在 Si 或者 SiC 功率器件中是比较相似的。但是，SiC、GaN 功率二极管及 GaN HEMT 不包含双极晶体管，因此单粒子烧毁机制不同[55]。

与 Si 或 SiC 基器件相比，GaN 基器件单粒子效应研究开展得非常少，但是 GaN 基器件被证实对单粒子效应非常敏感，包括单粒子栅穿(single event gate rupture，SEGR)效应和单粒子烧毁(single event burnout，SEB)效应。EPC 公司的 GaN HEMT 在 Xe 离子辐照过程中漏极偏置电压 200V 发生烧毁，烧毁电压不到额定电压的 25%，并且不同批次的器件烧毁电压阈值也存在差异[56]。器件烧毁电压阈值与偏置电压及 LET 值密切相关，同时与器件结构密不可分，栅极和漏极间距越小，越容易烧毁；栅极和漏极间距越大，烧毁电压越高[57]。高 LET 值及高压会导致器件烧毁电压阈值更低，并且不同器件之间也会有差异，这就导致器件在空间应用中电压降额更大。此外，不同缺陷类型对器件单粒子效应也会产生不同的影响，如高密度的位错会导致器件漏电流增大[58]，N 空位等受主型缺陷在位错边缘聚集，导致离子碰撞区域内导电性增强，更容易引发漏电及失效[59, 60]。因此，了解载能粒子在器件辐照过程中产生的缺陷类型及性质，有助于加深对单粒子效应的理解。空间环境中通常不会出现高通量的重离子，因此高 LET 值及高压是影响器件单粒子效应的关键因素。

2.4.2.2　SiC 材料重离子辐射效应

SiC 材料性质优异，在多个应用领域都表现出了独特的优势与巨大的应用潜力。相较于传统 Si 材料，SiC 材料宽禁带、高击穿电场强度、高热导率、高饱和电子漂移速度等特性使其器件具备更优异的功率品质[61, 62]。同时，SiC 功率器件被期望能够在恶劣的环境下，如强辐射环境，仍具备高可靠性。然而，目前的研究结果表明，SiC 功率器件单粒子效应敏感性高，易发生单粒子烧毁和漏电退化等效应[55, 63-65]。材料是组成器件的基础，本小节将主要介绍 SiC 材料重离子辐照下的特性，并简要介绍 SiC 功率器件重离子辐射特性。

1. SiC 材料基本性质

SiC 是一种由 C=Si 双键构成的化合物半导体材料，禁带宽度约为 3.2eV，因此也被称为宽禁带半导体材料。其中，Si 和 C 原子都是ⅣA 族元素，最外层包含 4 个电子。因此，SiC 中 Si 和 C 原子都是通过在 sp^3 杂化轨道上共用电子形成共价键。C=Si 共价键具有很强的键能，因此 SiC 材料具有较稳定的物理化学性质。SiC 晶体由于 C—Si 双键堆垛次序的不同具有 200 多种同素异构体[66]，对具体的不同晶型通常采用 nX 的形式表现，其中 X 代表不同的布拉维晶格：C 代表立方晶系，H 代表六方晶系，R 代表斜方晶系；n 代表不同晶格中 C=Si 双键堆垛次序的一个周期。常见的 SiC 晶型包括 3C-SiC、4H-SiC、6H-SiC 和 15R-SiC 等，其中 3C-SiC 被称为 β-SiC，其余的结构被称为 α-SiC。图 2.14 为几种常见SiC 晶体结构示意图[67]。

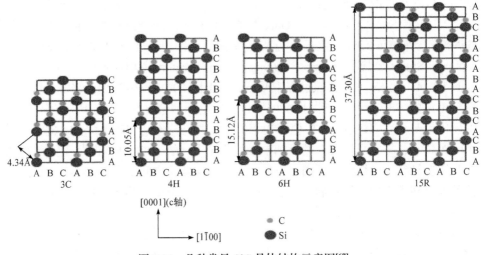

图 2.14　几种常见 SiC 晶体结构示意图[67]

2. 电子能损主导下的 SiC 材料辐射效应

快重离子与材料相互作用主要以电子能损的形式产生损伤，电子能损最显著的表现为在材料内产生潜径迹。潜径迹的产生需要达到材料相应的电子能损阈值。实验研究结果表明，SiC 材料内产生潜径迹的阈值 S_e 大于 $34\mathrm{keV} \cdot \mathrm{nm}^{-1}$[68]。实验中，使用 $2.7\mathrm{GeV}\ ^{238}\mathrm{U}$ 离子辐照 SiC 材料未发现潜径迹[69]。采用热峰模型计算的 1.5GeV ^{238}U 离子辐照 SiC 材料时，不同半径条件下沉积能量分布如图 2.15 所示[70]。热峰模型预测的 SiC 材料中潜径迹形成的电子能损阈值约为 37keV·nm^{-1}。但至今为止，尚无实验在 SiC 材料体内直接观测到单个重离子引起的潜径迹，快重离子同样只能在 SiC 材料内产生点缺陷等损伤。

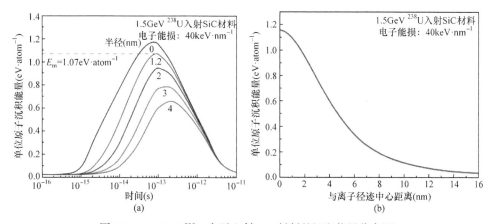

图 2.15　1.5GeV ^{238}U 离子入射 SiC 材料的沉积能量分布[70]

(a) 不同半径下沉积能量随时间的变化；(b) S_e = 40keV·nm^{-1} 时沿离子入射径向的能量沉积分布

不同于 SiC 材料体内难以产生潜径迹，快重离子掠入射可能在 SiC 材料表面引入潜径迹。实验研究结果表明，当 S_e 为 17keV·nm^{-1} 的 Ta 离子以 1.1°掠角入射 SiC 材料时，在 SiC 材料表面观察到了 "凹槽状" 损伤[71]。与体材料不同，SiC 材料表面在快重离子掠入射的作用下，电子能损引入的热过程造成了 Si 原子的升华，从而产生了富 C 原子的径迹。

3. 核能损主导下的 SiC 材料辐射效应

低能重离子入射 SiC 材料引入损伤的主要方式为核能损，损伤的类型可能包括点缺陷及其复合体、非晶化等。SiC 材料中 Si 原子和 C 原子的最小移位阈能分别为 35eV 和 21eV[72]。强辐射应用环境中，大注量的低能重离子辐照将严重影响材料的性质，并将进一步影响器件的电学性能等。另外，离子注入是器件工艺中重要的可精确控制材料特性的一个环节，通过离子注入可以实现对半导体材料一定厚度内的导电性掺杂。半导体材料离子注入这一过程即借助低能重离子轰击材料，从而实现选择性掺杂。因此，明确低能重离子与 SiC 材料相互作用特性及机理，可以帮助理解 SiC 器件制造和强辐射环境下长期可靠性中涉及的辐射效应问题。

在低能重离子与 SiC 材料相互作用中核能损占主导地位时，衡量材料损伤特性的最重要指标为完全非晶化的临界注量。临界注量表示，随着低能重离子辐照，点缺陷不断积累，首先引起无序化，在达到无序化的临界值后，样品均匀地转变为非晶态[73]。研究结果表明，对损伤特性可能产生影响的因素包括离子种类、离子能量、辐照注量和辐照温度等。

　　不同种类、不同能量的重离子均可在 SiC 材料中引入损伤并造成材料非晶化。实验研究结果表明，质量大的离子在作用过程中可以产生更为稳定的间隙子，因此同样条件下原子序数更大的离子更易使材料达到完全非晶化[23]。离子能量决定了其与靶原子弹性碰撞过程中传递的实际能量大小，这与核能损随离子能量增大先增大后减小的特性相关。室温条件下，几种离子辐照 SiC 的非晶临界注量分别为 160keV N $5.0×10^{14}$ions·cm$^{-2[74]}$、360keV Ar $8.0×10^{14}$ions·cm$^{-2[75]}$、3.6MeV Fe $2.0×10^{15}$ions·cm$^{-2[76]}$。图 2.16 为 300K 下 360keV Ar 离子辐照 α-SiC 的高分辨透射电子显微镜(HRTEM)图，由图可见随着辐照注量的增大，SiC 材料晶格结构无序程度加剧[77]。

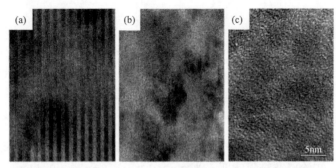

图 2.16　300K 下 360keV Ar 离子辐照 α-SiC 的 HRTEM 图[77]
辐照注量：(a) $2×10^{14}$ions·cm^{-2}；(b) $4×10^{14}$ions·cm^{-2}；(c) $6×10^{14}$ions·cm^{-2}

　　温度在多个方面影响低能重离子与 SiC 材料的作用方式[72]。一方面，温度的升高会促进缺陷的生成，高温下材料性质发生变化，如热导率下降会导致缺陷的尺寸增大和存活时间增长，并且热涨落使原子的移位阈能减小，有利于间隙子的产生，促进缺陷簇的形成；另一方面，温度升高也会抑制缺陷的生成，温度升高导致原子置换所需的能损增加，抑制间隙原子和空位的生成，同时温度会影响辐照产生缺陷的热稳定性或热迁移性[77]，如可迁移的空位在间隙原子团处复合，导致缺陷减少，发生材料损伤退火现象；除此之外，更高温度下 SiC 材料非晶层还会发生外延再结晶现象。因此，对于辐照温度而言，随着温度的升高，SiC 材料完全非晶化的临界注量因同时发生的退火行为而增大；同时，存在临界温度，高于该温度时材料退火行为显著，无法达到非晶化，如对于 1.5MeV 的 Xe 离子辐照来说，临界温度约为 500K，越重的离子对应的临界温度越高[77]。

　　4. 重离子电子能损诱导的 SiC 损伤退火效应

　　低能重离子核能损和快重离子电子能损单独作用都有可能在 SiC 材料中引入辐射损伤，SiC 材料的一个特性是重离子电子能损对核能损引入损伤的退火效应[78,79]。电子能损作用下的 SiC 难以形成潜径迹，但由快重离子电离引入的热峰效应却可以使得 SiC 非晶界面处再结晶,从而减小材料的损伤程度。电离诱导的退火程度主要依赖于 SiC 材料预先的无序程度、恢复用离子的辐照注量、恢复用离子的电子能损值(由种类和能量等决定)等因素。实验及分子动力学模拟研究结果表明:在预辐照引入的一定损伤程度下,能够触发电离诱导的 SiC 再结晶修复的电子能损阈值可低至 1.4keV · nm^{-1}[78],透射电子显微镜高角环形暗场(high-angle annular dark-field,HAADF)像表征的低能重离子预损伤前后和电离诱导退火后的 SiC 材料微观结构如图 2.17 所示[78]。

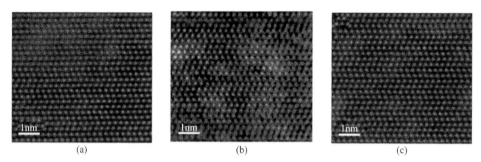

图 2.17 HAADF 像表征的低能重离子预损伤前后和电离诱导退火后的 SiC 材料微观结构[78]
(a) 低能重离子预损伤前;(b) 900keV Si 离子预辐照引入损伤后样品(注量为 6.3×10^{14}ions · cm^{-2});(c) 21MeV Ni 离子诱导退火后样品(注量为 1×10^{15}ions · cm^{-2})

5. SiC 器件辐射效应研究

对于 SiC 材料最具优势与前景的功率半导体器件应用,除考虑材料的抗辐射特性外,SiC 功率器件重离子辐照下的响应特性也很重要。

目前,商用较为广泛的 SiC 功率器件主要包括 SiC 肖特基二极管、金属氧化物半导体场效应晶体管等,SiC 功率器件单粒子效应的研究也主要针对这两类器件。目前的研究结果表明,不同于 SiC 材料较为优异的抗重离子辐射能力,SiC 功率器件在快重离子辐照下极易发生 SEB、SEGR 和单粒子漏电流退化(SELC)等硬损伤,且发生损伤时的偏置电压值远低于其额定电压值[54,62-64]。图 2.18(a)为 SiC MOSFET 器件关态下随着漏源偏置电压增大的辐照响应特性[80]。相同实验条件下,器件漏源偏置电压(简称"偏压")越高,器件损伤越严重;入射器件的离子 LET 值越高,器件损伤越严重。1602MeV Ta 离子辐照下(LET 值(SiC)为 82.8MeV · cm^2 · mg^{-1})发生 SEB 的 SiC 肖特基二极管表面形貌如图 2.18(b)所示[69]。

考虑空间应用中离子入射方向的各向同性特点,离子从不同角度入射 SiC 功率器件引发损伤的角度效应也很重要。实验研究发现,同样的器件偏压及离子 LET 值下,离子入射角度越大,SiC 肖特基二极管内产生的损伤越弱,正入射下损伤最为严重[63]。对于结构更为复杂的 SiC MOSFET 器件,实验研究结果同样表明,随着入射角度的增大,器件的漏电损伤减弱[81]。同时,同样偏压下角度的变化会导致器件内损伤位置的变化，漏电损伤下漏电通道的位置会由正入射或小角度入射下源漏间损伤为主转变为大角度入射下的栅漏间损伤为主，如图 2.19 所示。

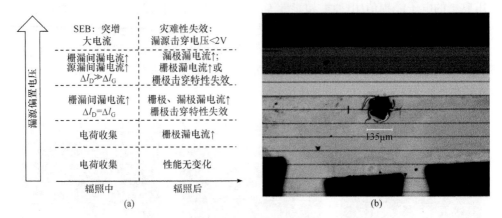

图 2.18　SiC MOSFET 器件重离子辐照响应特性

(a) SiC MOSFET 器件重离子辐照响应特性随漏源偏置电压增大的变化[80]；(b) 1602MeV Ta 离子辐照下发生 SEB 的 SiC 肖特基二极管表面形貌[69]

　　器件偏置电压的增加和离子 LET 值的增加都导致器件内电场与重离子沉积电荷之间相互作用增强，从而导致电场与沉积电荷相互作用产生的功率耗散增强，器件损伤加剧。对于纵向器件来说，当入射角度增大时，器件内电场与入射粒子径迹方向不平行，相互作用减弱，从而导致角度增大后器件损伤减弱。但是，目前的研究还缺乏进一步的器件宏观性能与微观材料损伤的直接联系，有效的加固手段也有待提出。

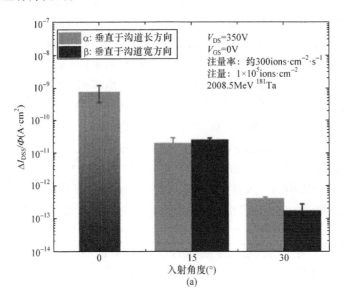

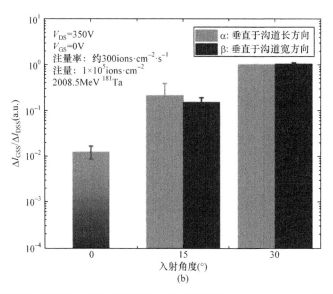

图 2.19　相同 LET 值不同入射角度下离子入射偏压相同的 SiC MOSFET 器件测试结果[81]
(a) 随着入射角度的增大，器件的漏电损伤减弱；(b) 由栅极、漏极漏电流比值表征的损伤位置，大角度入射下
比值趋近，表明漏电通道主要位于栅极、漏极之间

2.4.3　低维材料辐射效应

随着微电子技术飞速发展，器件小型化面临着基础物理和制造技术的挑战，如半导体加工工艺接近 1nm 极限、设备散热问题难以解决以及存储信息易丢失等问题，纳米尺度晶体管开始出现迁移率降低、漏电流增大、功耗增加等严重的短沟道效应，迫切需要开发新材料与新结构的新型电子器件。

以石墨烯、过渡族金属硫化物为代表的新兴二维纳米材料，具有片层状结构，厚度只有单个或几个原子厚(典型厚度小于 5nm)，纳米级超薄尺寸可有效避免短沟道效应，且具有奇特的光电特性与功能，符合新一代晶体管在高端电子学的应用需求，可以做到尺寸更小、性能更高、能耗更低，可广泛应用于航空、航天、核能、光伏、高频、光通信、柔性薄膜电子学、电子信息等较多领域。

2.4.3.1　石墨烯辐射效应

石墨烯理论厚度为 0.34nm，是人们发现的第一种能稳定存在的二维碳原子晶体结构[82]，其杨氏模量(1100GPa)和断裂强度(125GPa)可与碳纳米管相媲美，导热系数高达 5300W · m^{-1} · K^{-1}[83]，是室温下纯金刚石的 3 倍。电学方面，石墨烯中载流子有效质量为零，具有相对论费米子的属性，能实现亚微米级的弹道输运，载流子的本征迁移率高达 2×10^{5}cm^2 · V^{-1} · s^{-1}[84]，远高于碳纳米管、硅晶体。因此，石墨烯有望成为新一代电子器件的主要材料。2011 年美国 IBM 公司首次成功研制由石墨烯制成的集成电路[85]，该电路作为宽带射频混频器工作，频率高达 10GHz，开启了石墨烯集成电路的发展时代。然而，现有研究结果表明石墨烯层中原子量级的缺陷会改变碳纳米结构的物理及化学性质[86,87]，理论及模拟研究结果也表明电子与荷能离子入射会导致石墨烯层中原子空位的产生[88,89]，从而产生多种形态的原子缺陷。实际应用中，辐射环境可能对石墨烯的晶格结构产生影响，进而影响石墨烯电学输运特性，甚至导致石墨烯器件不能正常运行，这对石墨烯器件的应用会产生极大的限制。石墨烯的重离子辐射效应研究，可以为石墨烯在辐射环境及粒子物理探测等领域的应用打下基础。此外，石墨烯是单层的 sp^2 碳原子结构，可以看成是各种碳同素异形体材料的基本组成单元，其辐射损伤的研究对石墨、碳纳米管、富勒烯等各种碳材料的辐射效应研究具有重要指导意义。

1. 石墨烯中缺陷的形貌表征

石墨烯制备过程中晶格生长、化学方法处理以及离子束轰击都会引入缺陷，缺陷类型主要包括本征缺陷与外引入缺陷。本征缺陷是由石墨烯六元环中碳原子缺失或者多出碳原子导致的，包括点缺陷、单空位缺陷、多重空位缺陷、线缺陷和面外碳原子引入缺陷。外引入缺陷一般是由与碳原子共价结合的非碳原子导致的，分为两类：一类为杂质原子取代石墨烯面内碳原子形成的取代缺陷，另一类为面外杂原子或者官能团以化学键或者范德瓦耳斯力与石墨烯碳原子发生键合，引入的面外原子引入缺陷。对缺陷的表征主要采用原子分辨的透射电子显微镜、扫描隧道显微镜、原子力显微镜等直接观测手段。

2004 年 Hashimoto 等[90]用高分辨透射电子显微镜(HRTEM)首次原位观察到电子辐照前后石墨烯中的缺陷形成(图 2.20)，图 2.20(a)中完美的石墨烯晶格在几十秒的电子束辐照后，石墨烯网格结构中出现如图 2.20(b)所示的断裂，形成"之"字形链(zig-zag chain)，表明辐照后石墨烯局部形成拓扑缺陷。图 2.20(c)给出了模拟HRTEM 照片中缺陷的网格结构中一对五边形-七边形对(pentagon-heptagon pair)的原子结构模型。图 2.20(d)中采用 500 个原子构建的 HRTEM 模拟结果与实验结果一致。高角环形暗场(HAADF)扫描透射电子显微镜(scanning transmission electron microscope，STEM)模式表征下的不同注量 He 离子辐照石墨烯的原子分辨率图像显示，离子辐照诱导的缺陷有五边形-七边形(5-7)对、Haeckelite 结构、Stone-Wales 缺陷和反 Stone-Wales 缺陷[91]。

对于介电材料衬底上的石墨烯层，石墨烯的形貌将受到衬底的影响。例如，采用扫描隧道显微镜(STM)观察到六方石墨烯层的原子蜂窝晶格与由下层SiC(0001)界面层引起的较大 6×6 波纹的底层界面层(图 2.21(a))，氮离子辐照后石墨烯中观察到氮原子掺杂取代(图 2.21(b))[92]。同时，离子辐照后石墨烯缺陷形貌会与衬底缺陷形貌相结合，如 STM 检测石墨烯的原子分辨结果发现低能重离子

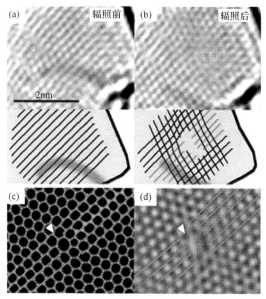

图 2.20　HRTEM 原位观察电子辐照前后石墨烯中的缺陷形成[90]

(a) 电子辐照前石墨烯原子结构; (b) 电子辐照后石墨烯原子结构; (c) 网格结构中五边形~七边形对的原子结构模型;
(d) HRTEM 模拟结果图片

(30keV Ar)辐照后沉积在 Si/SiO$_2$ 衬底上的单层石墨烯出现小丘状凸起[93], 并且利用原子力显微镜(AFM)观测到在 103MeV Pb 离子垂直入射条件下, 石墨烯/SrTiO$_3$ 样品表面出现小丘状潜径迹(图 2.22(a))[94]。当 91MeV Xe 离子以 1° 掠角入射时, 石墨烯出现了有趣的翻折现象(图 2.22(b))[94]。当离子正入射时, 每个离子的入射位置会形成纳米尺寸的凸起。当离子掠入射时, 样品表面会出现一串尺寸相似、等间距的纳米凸起。重离子辐照后石墨烯缺陷与衬底产生的小丘状凸起结合, 纳米凸起四周的电子密度会发生振荡, 表明这类缺陷能够成为电子散射中心, 在很大程度上减小石墨烯费米速度[93]。

图 2.21　辐照前后石墨烯 STM 形貌对比[92]

(a) 原始石墨烯的 STM 形貌图像; (b) 氮离子辐照后石墨烯的 STM 形貌图像

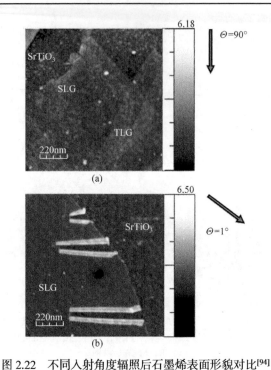

图 2.22　不同入射角度辐照后石墨烯表面形貌对比[94]

(a) 103MeV Pb 离子垂直入射石墨烯/SrTiO₃后的 AFM 结果；(b) 91MeV Xe 离子以 1°掠角入射辐照后的石墨烯表
面形貌

SLG 为单层石墨烯；TLG 为三层石墨烯

2. 石墨烯缺陷密度的拉曼光谱分析

　　石墨烯缺陷密度是指单空位缺陷、双空位缺陷、拓扑缺陷等不同类型的缺陷，以及它们的组合在石墨烯片层上的分布密度。缺陷密度的高低会对石墨烯材料的振动模式产生影响并引起石墨烯能带结构不同程度的改变。拉曼光谱是一种快速、成熟且无损的表征技术，广泛用于精确的结构分析，是探索结构修饰和量化离子辐照在二维材料中引入缺陷密度的最有效技术之一。

　　$5\sim20$keV 中低能电子束辐照单层石墨烯后，在约 1345cm^{-1} 处出现缺陷诱导的 D 峰(图 2.23(a))[95]，表明电子束辐照在石墨烯中引入了较高的无序度。电子束辐照后，单层与双层石墨烯拉曼 D 峰与 G 峰峰高比随着电子束辐照时间的变化(图 2.23(b))符合 Ferrari 提出的石墨非晶化过程变化规律，表明随着电子注量的增大，石墨烯单晶逐渐转变为纳米晶，最后变成无定形态。低能重离子辐照石墨烯的拉曼光谱同样表明，随着低能重离子辐照注量的增大，石墨烯损伤程度增大[96]。另外，低能重离子辐照后，单层石墨烯拉曼光谱的 D 峰和 G 峰峰高比(I_D/I_G)，比双层和多层石墨烯中的 I_D/I_G 大，这表明单层石墨烯中的辐射损伤更严重。Compagnini 等[97]认为这不能仅归因于重离子与石墨烯碳原子碰撞产生的点缺陷，还应该考虑单层和多层石墨烯与衬底相互作用的差别。原子力显微镜结果表明，当辐照注量高于 $5×10^{13}$ions·cm^{-2} 时，单层石墨烯形貌与 SiO$_2$ 衬底的完全相同[97]，此时单层石墨烯的波纹结构完全消失，但是双层和多层石墨烯的波纹结构仍然存在，表明单层石墨烯与衬底具有更强的相互作用，这导致离子辐照时单层石墨烯产生更多的无序度。

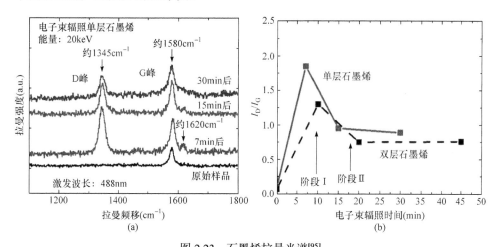

图 2.23　石墨烯拉曼光谱[95]

(a) 电子束辐照前后单层石墨烯的拉曼光谱对比图[95]；(b) 单层与双层石墨烯拉曼 D 峰与 G 峰峰高比随着电子束辐照时间的变化

快重离子和低能高电荷态重离子对单层石墨烯和块体高定向热解石墨(HOPG)的辐照对比研究结果表明两类材料辐射效应具有明显差异[98,99]。拉曼光谱表明，重离子辐照会在石墨烯中引入缺陷(图 2.24(a))，并且快重离子或低能高电荷态重离子辐照后，石墨与石墨烯的 I_D/I_G 值随径迹平均距离变化趋势表现出明显差异(图 2.24(d))。对于石墨烯样品，根据 Lucchese 等[96]提出的模拟石墨烯辐照实验的理论模型，离子入射到石墨烯时可产生两部分缺陷(图 2.24(b))，半径为 r_S 的内环区域，石墨烯晶格结构被完全破坏，称为"损伤区"，简称"S 区(S-region)"。

对于拉曼光谱测试来说，内环 S 区不能给出 D 峰信号。半径大于 r_S 小于 r_A 的外环区域，石墨烯晶格结构并没有完全破坏，但由于紧挨着晶格结构被完全破坏的 S 区，因此该区域的晶格结构也将受到影响，外环区域称为"激活区"，简称"A 区(A-region)"。A 区晶格结构的"微变"将激活碳六边形环的平面呼吸模，导致拉曼 D 峰出现。随着辐照注量增大，损伤区数目增多，A 区总面积增大，D 峰信号继续增强。当辐照注量超过一定的阈值时，相邻的两组损伤区域开始发生重叠，继续辐照将导致相邻的 S 区与 A 区重叠，S 区总面积增大，A 区总面积减小，D 峰相应也会减小，直到石墨烯结构全部被破坏。利用这个理论模型可以解释实验中 D 峰峰高随着径迹平均距离增大先增大后减小的过程(图 2.24(c))。

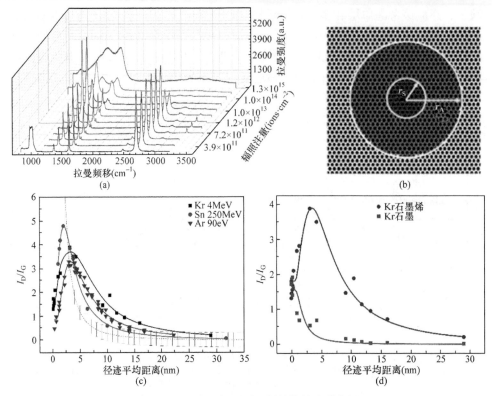

图 2.24　重离子辐照石墨烯的拉曼光谱分析

(a) 重离子辐照后石墨烯拉曼光谱随辐照注量的变化；(b) 结构损伤区(内环 S 区)和激活区(外环 A 区)的定义[96]；
(c) 不同能量重离子辐照后石墨烯 I_D/I_G 值随径迹平均距离 L_d 的变化及拟合(Ar 离子辐照数据来自文献[96])；(d)高
电荷态重离子辐照后石墨与石墨烯的 I_D/I_G 值随径迹平均距离变化趋势拟合与比对[99]

根据这个模型，推导出拟合公式[96]：

$$I_D / I_G = C_A \frac{r_A^2 - r_S^2}{r_A^2 - 2r_S^2}\left[\exp\left(-\pi r_S^2 / L_d^2\right) - \exp\left(-\pi\left(r_A^2 - r_S^2\right) / L_d^2\right)\right] + C_S\left[1 - \exp\left(-\pi r_S^2 / L_d^2\right)\right]$$

(2.10)

式中，I_D/I_G 是重离子辐照后石墨烯拉曼 D 峰与 G 峰的峰高比；$L_d = 1/\sqrt{\varphi}$，其物
理意义是径迹密度的倒数，即径迹产生率为 100%时径迹之间的平均距离，φ 为辐
照注量；r_S 与 r_A 分别是 S 区与 A 区的半径；C_A 与 C_S 是拟合系数。其中 r_S 采用与
石墨烯辐照条件相同的块体石墨的表面潜径迹尺寸来代替。块体石墨的快重离子
辐照实验结果表明[100]，石墨中潜径迹形成的电子能损阈值约为 7keV · nm^{-1}，且径
迹产生率与电子能损值有关，只有当电子能损值超过 18keV · nm^{-1} 时径迹产生率才
能达到 100%。因此，在石墨烯快重离子辐照中引入缺陷产生率 P，径迹之间的平
均距离 L_d' 为

$$L'_{\rm d} = 1 / \sqrt{P \times \varphi} = L_{\rm d} / \sqrt{P} \tag{2.11}$$

将式(2.11)代入式(2.10)得到修正后的拟合公式[99]：

$$I_{\rm D} / I_{\rm G} = C_{\rm A} \frac{r_{\rm A}^2 - r_{\rm S}^2}{r_{\rm A}^2 - 2r_{\rm S}^2} \Big[\exp\big(-\pi r_{\rm S}^2 P / L_{\rm d}^2\big) - \exp\big(-\pi\big(r_{\rm A}^2 - r_{\rm S}^2\big) P / L_{\rm d}^2\big) \Big] + C_{\rm S} \Big[1 - \exp\big(-\pi r_{\rm S}^2 P / L_{\rm d}^2\big) \Big]$$

$$\tag{2.12}$$

通过改进的理论模型，可以很好地拟合低能与高能重离子辐照后石墨烯的辐射损伤变化规律(图 2.24(c))。同时，$r_{\rm S}$ 等于 0 时可以成功拟合块体石墨的实验数据(图2.24(d))，由此推测块体石墨与单层石墨烯辐射损伤差异的主要原因在于：辐照后石墨烯中存在结构完全损伤区与激活区，两个区域的竞争机制导致了石墨烯拉曼光谱 $I_{\rm D}/I_{\rm G}$ 值随径迹平均距离增加呈现三个变化阶段，且中间存在拐点。因为块体石墨中只有激活区，所以石墨拉曼光谱只有两个变化阶段，且没有拐点出现。

3. 辐照引起石墨烯电学性能变化

石墨烯作为一种新型二维材料，在电学方面能够实现亚微米级弹道输运及较高的载流子本征迁移率，有望成为新一代电子元器件的基材。然而，石墨烯基器件应用于辐射环境条件下时，离子辐照在石墨烯中引入的缺陷必然引起石墨烯电学性能的变化。

电子或低能离子辐照后，石墨烯主要出现电阻增大、载流子迁移率下降以及狄拉克点移动等电学性能变化，其中狄拉克点移动主要取决于辐照引起的石墨烯掺杂。例如，电子辐照后石墨烯场效应晶体管(GFET)性能减弱(图 2.25(a))[101]，拉曼光谱表明电子辐照在石墨烯中引入了缺陷(图 2.25(b))，而石墨烯中缺陷散射导致 GFET 的电子和空穴迁移率减小。辐照后器件电中性点(CNP)左移，并且悬浮石墨烯器件 CNP 左移程度低于有衬底石墨烯器件，CNP 左移可能是由电子束与衬底的相互作用导致石墨烯中 N 型掺杂引起的。原位电子束辐照结果表明[102]，器件输运特性变化的主要原因不是直接辐射效应而是电子束诱导的分子吸附。原子力显微镜观察到，当辐照后的石墨烯暴露在环境条件下时，氧化还原与环境分子的耦合会劣化石墨烯的输运特性，同时改变石墨烯的表面形貌。低能重离子(如 500eV Ne 和 He 离子)辐照 SiO$_2$ 衬底上的石墨烯薄膜产生的缺陷将导致谷间散射(intervalley scattering)[103]。由于缺陷的散射作用，迁移率将随着辐照注量的增加而减小。通过 30keV Ga 离子对 GFET 的辐照实验发现[104]，随着离子辐照注量的增加，狄拉克点不断向正栅电压偏移，且滞后行为先增强后减弱。传输特性的滞后主要取决于缺陷之间的隧穿，即离子辐照引起的载流子在纳米晶体间的隧穿可以影响界面陷阱电荷密度，从而控制滞后行为。

快重离子辐照石墨烯除了出现与低能离子辐照相似的电学性能退化现象，还出现了有趣的载流子迁移率提升现象。Ochedowski 等[105]发现采用 1.14GeV U

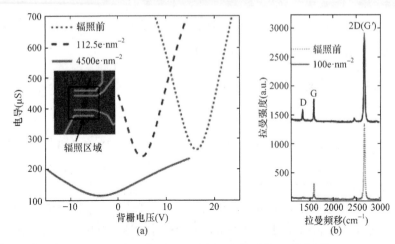

图 2.25　电子辐照引起石墨烯器件的电学性能变化[101]

(a) 不同电子剂量辐照前后石墨烯电导随背栅电压的变化；(b) 辐照前后石墨烯器件的拉曼光谱(激光波长 532nm)

离子辐照能改善 GFET 电学性能，也能使其性能退化。Kumar 等[106]采用 100MeV Ag 离子辐照 GFET，在注量为 $1 \times 10^{11} \text{ions} \cdot \text{cm}^{-2}$ 时，也观测到 GFET 载流子迁移率增大。然而，这种快重离子引起的性能优化现象在电子或者高电荷态离子辐照实验中并没有观察到[105,107]。为进一步探究石墨烯性能优化条件，Zeng 等[108]开展了快重离子辐照石墨烯晶体管引起电学性能变化的系统研究。实验结果表明，快重离子辐照对石墨烯带的电学性能有调制作用。在低注量(约 $10^9 \text{ions} \cdot \text{cm}^{-2}$)条件下，快重离子辐照可能会提升 GFET 的性能。在较高注量(约 $10^{11} \text{ions} \cdot \text{cm}^{-2}$)条件下，GFET 性能明显退化。石墨烯带尺寸与离子辐照注量是影响辐照效果的主要因素。对于不同长宽比石墨烯器件，离子注量为 $10^9 \sim 4 \times 10^{10} \text{ions} \cdot \text{cm}^{-2}$ 时，长宽比小于 5 的单层石墨烯背栅型场效应晶体管受辐照后容易获得性能优化。在最优条件下，石墨烯中空穴的迁移率可以增大到原来的 12.5 倍。这种性能提升与快重离子在衬底 SiO_2/Si 层中的瞬时热峰引起石墨烯局部退火有关。

2.4.3.2　二维过渡族金属硫化物材料辐射效应

二维过渡族金属硫化物(TMDC)材料是除石墨烯外广受关注的二维材料，其成分多样，在电学、机械、热力学和光学等方面均具有十分优异的性能，基于 TMDC 材料的晶体管、传感器、超级电容器、光电探测器等也已经被大量研究。

1. 典型二维过渡族金属硫化物材料及其特征

二维 TMDC 材料的典型分子式为 MX_2，式中 M 代表过渡金属(如 Mo、W、Re、Ti 等)，X 代表硫族元素(如 S、Se、Te 等)，目前研究最多的是 MoX_2 材料。拥有"三明治"结构的 MX_2 材料中每一层原子由强共价键或离子键结合，形成一个平面原子层，相邻层之间由范德瓦耳斯力连接，MX_2 材料常见的三种晶体结构如图 2.26 所示[109]。由于原子层内共价键或离子键完全饱和，因此二维 TMDC 材料表面没有悬挂键，层与层之间的弱相互作用也使得人们可以从块体 TMDC 中解理出薄层甚至单层二维 TMDC 材料。二维 TMDC 材料最大的特点是其带隙可调，弥补了石墨烯零带隙的缺陷。当二维 TMDC 材料厚度减小至单层时，带隙由间接带隙变为直接带隙，并伴随着强烈的发光特性，如将二硫化钼 (MoS_2)材料变为单层时，其带隙从 1.29eV 转变为 1.80eV[110]。

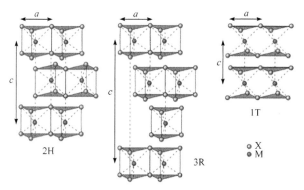

图 2.26　MX_2 材料常见的三种晶体结构[109]

a 和 c 为晶胞参数

　　二维 TMDC 材料具有二维特性和优异的光电学性能，能够有效延缓硅基器件微小化进程中遭遇的尺寸限制，在小型化光电器件领域有着广阔的应用前景。但是，二维 TMDC 材料制备、转移等过程中将不可避免地引入各种缺陷。同时，未来二维 TMDC 基器件将有潜力应用于空间辐射环境，因此评估离子辐照引起的缺陷对二维 TMDC 材料及其器件的性能影响是很有必要的。

　　2. 二维 TMDC 材料中离子辐射缺陷形貌及其结构

　　近年来，有关 MoS_2 辐射效应引起的缺陷形貌表征研究取得了许多重要进展，人们对以 MoS_2 为代表的二维 TMDC 材料中辐射缺陷的类型、形貌及结构有了更加深入和直观的理解。

　　电子束可在单层 MoS_2 中形成空位缺陷[111]，第一性原理模拟计算结果表明，MoS_2 中位于上层的 S 原子和位于下层的 S 原子的移位阈能分别为 8.1eV 和 6.9eV，而 Mo 原子则具有更大的移位阈能(约 20eV)，与之对应的电子能量为 560keV，因此用 TEM(加速电压大于 80kV)观察时由于电子束辐照的影响，容易产生大量的 S 空位。高电荷态离子还可以在无支撑单层 MoS_2 中通过改变入射离子的电荷态来制备纳米孔(图 2.27[112])。

　　早在 1968 年，Morgan 等[113]使用透射电子显微镜观察到了裂变碎片在 MoS_2 内部形成的不连续潜径迹。潜径迹在二维 TMDC 块体材料表面的重离子辐射损伤大多数表现为小丘状凸起，凸起高度与材料厚度以及入射离子在材料表面的电

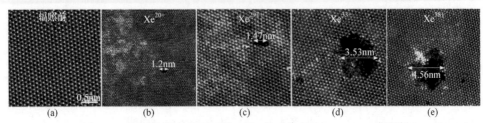

图 2.27　不同电荷态离子辐照 MoS$_2$ 前后的 STEM-HAADF 图[112]
(a) 原始 MoS$_2$ 样品；(b) Xe^{20+}辐照；(c) Xe^{29+}辐照；(d) Xe^{33+}辐照；(e) Xe^{38+}辐照

子能损有关[114]。重离子倾角入射可在不同厚度的 MoS$_2$ 表面产生多种辐射损伤形貌，如块体材料中的纳米级链状凸起、单层和双层 MoS$_2$ 表面的折叠形貌，以及单层 MoS$_2$ 材料中独特的纳米切口等[115]。块体材料中的每个链状凸起均由单个入射离子造成，这一现象在厚度 10nm 以下的 MoS$_2$ 中无法观察到。重离子辐照在二维 TMDC 材料中产生的潜径迹内部通常呈无序化状态[116]，径迹尺寸与入射离子的电子能损密切相关，随着电子能损的增加，MoS$_2$ 中潜径迹直径从 1.9nm 增大到 4.5nm[117]。MoS$_2$ 中快重离子辐照产生的潜径迹形貌被证实与样品厚度密切相关。如图 2.28 所示，快重离子倾角入射 MoS$_2$ 块体时，每个完整潜径迹都由细长的体径迹和两个圆形纳米凸起组成。随着离子穿透深度的增加，潜径迹形貌从圆柱形变为沙漏形和棉签形。这种潜径迹形貌演化被认为是辐照时高温熔化相与材料再结晶协同作用的结果[117]。MoS$_2$ 中潜径迹尺寸也与快重离子的速度(或单核能)有关，即表现出离子速度效应。例如，20MeV C$_{60}$ 团簇离子(单核能 0.028MeV)和 1GeV Pb 离子(单核能 4.81MeV)在 MoS$_2$ 中的电子能损相差无几，但 C$_{60}$ 团簇离子在 MoS$_2$ 中产生的潜径迹直径约为 Pb 离子的 2 倍[118]。

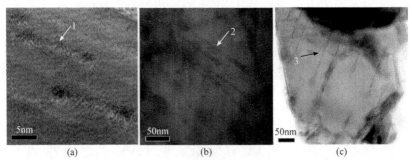

图 2.28　1785.7MeV Ta 离子 30°辐照后 MoS$_2$ 透射电子显微镜图[117]
(a)中 1 为圆柱形潜径迹；(b)中 2 为沙漏形潜径迹；(c)中 3 为棉签形潜径迹

　　二维 TMDC 材料常附着于各种衬底上，衬底对二维 TMDC 材料中离子辐射缺陷的产生有重要影响。衬底对二维 TMDC 材料中缺陷产生机制的影响与入射离子种类及能量有关。利用 He 和 Ne 离子辐照位于衬底上的二维 TMDC 材料，二维 TMDC 材料体系中缺陷的产生主要由入射离子的背散射和衬底原子溅射引起，并不是入射离子直接产生的，且二维 TMDC 材料体系中缺陷的数量很大程度取决于是否存在衬底[119,120]。当入射离子能量适当时，衬底溅射原子还可嵌入二维 TMDC 材料晶格中形成掺杂[121]。

3. 二维 TMDC 基场效应晶体管的重离子辐射效应

以单层 MoS$_2$ 为沟道的场效应晶体管具有约 200cm^2 · V^{-1} · s^{-1} 的迁移率、近乎理想的阈值电压(约 74mV)和高的开关比(约 10^8)[122]。与 IIIA～VA 族器件相比，二维 TMDC 材料的有效电子质量较大、迁移率较低，并不是理想的晶体管材料，但是由于其大的带隙和防静电特性，成为前端低功耗低成本薄膜场效应晶体管的潜力材料之一[123]。

有关二维 TMDC 材料基器件在地球俘获带的综合辐射响应研究发现，器件的性能变化微乎其微[124]。然而，太阳活动产生的重离子、质子等多种粒子往往会给材料及其器件带来不利的影响，如低能重离子与材料原子碰撞过程中产生了散射传输电荷的空位缺陷和强钉扎态，严重影响二维 TMDC 材料的电阻率和输运特性[121,125]。高能重离子在二维 TMDC 基场效应晶体管的沟道材料中引入潜径迹缺陷，钉扎并散射载流子传输，进一步影响场效应晶体管电学输运特性，甚至引起器件性能损坏[105,116]。例如，利用 1.8GeV Ta 离子辐照(6×10^{10}ions · cm^{-2})MoSe$_2$ 基场效应晶体管，沟道材料电阻率增大至 1GΩ，晶体管的输出电流、载流子迁移率等均逐渐减小[116]。半导体材料中的缺陷会形成安德森钉扎态，通常缺陷浓度的增加会使半导体向弱钉扎态甚至无序化导致的强钉扎态转变。电子在沟道材料中以布洛赫波的形式传播时将会被这些钉扎态所钉扎。在无序化的潜径迹中，电子以变程跃迁的机制进行传输。电子在热激发下从费米能级跃迁至钉扎态。在强钉扎态中，电子在声子的帮助下，从一个钉扎态跃迁至另一个钉扎态。另外，在电子传输过程中，如遇到非晶态潜径迹缺陷，布洛赫波将会受到散射，且当前进的入射布洛赫波的频率与散射波的频率相同时，还会发生干涉。图 2.29 展示了无序化潜径迹缺陷对电子布洛赫波传输过程的影响[116]。

高能质子束辐照也可以引起二维 TMDC 基场效应晶体管的性能退化。研究人员认为质子辐照引起二维 TMDC 基器件性能退化的原因主要与 TMDC 和栅氧化层界面处的陷阱电荷有关，与沟道材料二维 TMDC 本身的关系不密切[126]。

2.4.4　高 K 材料辐射效应

先进纳米级互补金属氧化物半导体(CMOS)器件在航天电子系统中已得到广泛应用。随着元器件集成度的不断提高，当工艺节点进入 45nm 后，高 K 栅介质取代传统栅介质 SiO$_2$，已被用于 CMOS 器件的大规模生产。然而研究结果表明，空间辐射环境中的高能重离子辐照会引起新型高 K 器件出现漏电、击穿等现象，导致其寿命减短、可靠性退化。本小节将从高 K 材料的基本概念和高 K HfO$_2$ 材料的辐射效应方面展开介绍。

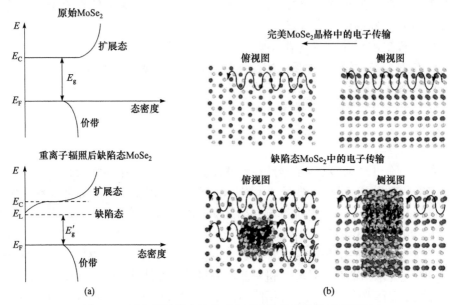

图 2.29　无序化潜径迹缺陷对电子布洛赫波传输过程的影响

(a) 能级结构示意图；(b) 原始和辐照后 MoSe$_2$ 沟道材料中的电子传输行为[116]

E_C 为导带；E_F 为费米能级；E_g 为带隙；E_L 为缺陷能级

2.4.4.1　高 K 材料的基本概念

随着大数据、5G、云计算、人工智能等新一代信息技术的普及，海量复杂的信息处理需要依靠更高速度、更低功耗、更高可靠性、更低成本的微电子技术。MOSFET 作为数字电路、模拟电路和存储器电路的基本模块，其尺寸必须减小，以满足低成本高密度电路发展的需求。MOSFET 是一种四端器件，由源极(source)、漏极(drain)、栅极(gate)、衬底(substrate)和栅介质层(gate dielectric)组成，其结构如图 2.30 所示。

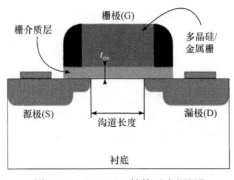

图 2.30　MOSFET 结构示意图[127]

一种器件缩小法则是按比例缩小 MOSFET 的所有尺寸和电压，以保持长沟道特性[128]。如表 2.3 所示，沟道长度(简称"沟长")(L)、沟道宽度(简称"沟宽")(W)、结深(r_j)及栅氧化层的厚度(t_{ox})、阈值电压(V_{th})和电源电压(V_{DD})缩小为原来的 $1/k$，衬底掺杂浓度(N_A)增大 k 倍，功耗变为原来的 $1/k^2$，器件密度提高为原来的 k^2 倍，亚阈值摆幅 S 基本保持不变[128]。在理想情况下，所有的参数按同一比例因子变化，实际上由于受其他因素的限制，比例因子会有所偏移。

表 2.3　MOSFET 按比例缩小

参数	比例因子 (恒定电场强度 E)	比例因子 (实际)	限制
L	$1/k$	—	—
W	$1/k$	—	—
r_j	$1/k$	$> 1/k$	电阻
E	1	> 1	—
t_{ox}	$1/k$	$> 1/k$	隧穿/缺陷
V_{th}	$1/k$	$\gg 1/k$	漏电流
V_{DD}	$1/k$	$\gg 1/k$	系统和 V_{th}
N_A	k	$< k$	结击穿

为了维持沟道的电场以控制 MOSFET 的短沟道效应，栅介质层需要随着MOSFET 尺寸的缩小越来越薄。传统栅介质材料二氧化硅(SiO_2)的物理极限约为1.5nm[129]。当器件特征尺寸缩小至 90nm 时，SiO_2 的厚度就已经缩减到 1.2nm，电子的量子隧穿效应非常明显，使得栅极漏电流急剧增大，导致器件的可靠性降低、使用寿命缩短，阻碍器件进一步向微型化发展。为了解决这一问题，高 K 材料应运而生。

通常，只要某一材料的相对介电常数大于 SiO_2 的相对介电常数 3.9，均可称为高 K 材料。K 指的是相对介电常数，衡量材料储存电荷的能力。如果用高 K栅介质材料取代 SiO_2 来获得相同的电容值，那么对应的 SiO_2 厚度就是等效氧化层厚度(EOT)。根据栅氧电容公式：

$$C = A\varepsilon_0\varepsilon_r / t_{ox} \tag{2.13}$$

式中，A 为电容面积；t_{ox} 为介电层厚度；ε_0 为真空介电常数；ε_r 为电介质相对介电常数。可知，EOT 与实际厚度之间的关系为

$$EOT = \frac{\varepsilon_{SiO_2}}{\varepsilon_{high-k}} t_{high-k} \tag{2.14}$$

式中，ε_{SiO_2} 为 SiO_2 的相对介电常数；$\varepsilon_{high\text{-}k}$ 为高 K 栅介质的相对介电常数；$t_{high\text{-}k}$ 为高 K 栅介质的物理厚度。可以看出，由于高 K 材料的介电常数远大于 SiO_2，因此可以在不增加等效氧化物厚度的前提下，显著提高栅介质层的实际物理厚度 $t_{high\text{-}k}$。也就是说，在栅介质厚度较厚时，仍然可以获得较大的单位面积电容，从而避免了金属栅和沟道之间的直接隧穿。

选用合适的高 K 材料来取代 SiO_2 是一项非常艰巨的系统工程。在过去的几十年，SiO_2 作为栅介质材料有其得天独厚的优势，以 SiO_2 为基础的生产工艺已经非常成熟。从 CMOS 长远发展的角度来看，高 K 栅介质材料的选择不单纯是介电常数的提高，还要兼顾材料本身对未来产品的兼容性以及其可持续发展能力。为找到最为合适的高 K 栅介质材料，行业内对ⅢA 族和ⅣA 族金属氧化物及氮化物展开了全面的研究。二氧化铪(HfO_2)是目前最为理想的高 K 栅介质材料，其介电常数约为 25，禁带宽度为 5.8eV，与 Si 衬底的导带偏移量在 1.5eV 左右，热稳定性好且与传统 CMOS 工艺兼容。在 45nm 工艺节点后，HfO_2 高 K 栅介质已经取代传统栅介质 SiO_2，用于 CMOS 器件的大规模生产。

2.4.4.2　高 K HfO_2 材料的辐射效应

通常选用金属-氧化物-半导体(metal-oxide-semiconductor，MOS)结构研究辐射引起高 K HfO_2 栅介质层的微观结构损伤及其对电学性能的影响，该结构如图 2.31 所示。MOS 是 MOSFET 的基本组成部分，结构简单且制造过程易控，通常作为一种测试结构集成在制造工艺中用于评测底层工艺，也用于研究绝缘层中电荷、绝缘体-半导体界面性质以及半导体表面性质。图 2.31 中 d 为栅氧化物绝缘层的厚度，V 为栅电压(当金属板相对于半导体而言为正向偏置时，认为电压 V 为正值)。

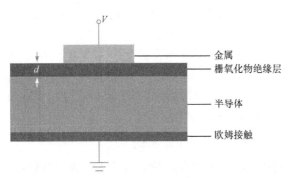

图 2.31　金属-氧化物-半导体电容的结构

MOS 结构本质上是一个电容，金属为顶电极，栅氧化物(HfO_2)为绝缘层，掺杂半导体硅为衬底。和金属不同，半导体内部的自由载流子密度较低，电荷分布在半导体表面一定厚度的表面层中。因此，一般将半导体硅中的多数载流子看成是电容结构的底电极。电荷分布的表面层则称为空间电荷区，空间电荷区两端的电势差称为表面势。栅电压 V 的改变影响表面势及空间电荷区的电荷分布。理想 MOS 电容满足以下要求：不存在界面态陷阱和其他氧化层电荷；绝缘体的电阻率可视为无穷大；认为金属-半导体功函数差为零，即 $\varphi_{ms} = 0$。也就是说，外加电压为零时，理想 MOS 结构的能带是平的，即平带状态。图 2.32(a)为不加偏压时理想 P 型衬底 MOS 结构的能带图。

图 2.32(b)是 P 型半导体为衬底的理想 MOS 结构的 C-V 曲线。从图中可以看出，MOS 结构的高频 C-V 曲线可以分为三段，对应 MOS 器件的三种工作状态。AB 段为积累态，此时栅电压 $V < 0$，多数载流子(空穴)在半导体表面积累，无法穿过绝缘层，半导体表面附近价带顶向上弯曲并接近费米能级(E_F)。电容在积累态达到最大值(d 为最小值)，即 $C = C_{max} = C_{ox}$(C_{ox} 为栅氧电容)。CD 段为耗尽态，金属电极施加较小的正电压($V > 0$)，多数载流子从氧化层界面被排斥开，半导体表面的多子耗尽，能带向下弯曲，器件电容值随着栅极偏压的增大而减小。DE 段为反型态，此时栅电压 $V \gg 0$，表面处少数载流子(电子)数目大于多数载流子(空穴)数目，能带向下弯曲的幅度变大，此时本征半导体费米能级 E_i 与费米能级 E_F 相交，载流子远离氧化层达到最大距离(d 为最大值)，电容达到最小值，即 $C = C_{min}$。当电压 $V = 0$ 时，半导体表面能带不会发生弯曲，对应平带状态，此时电容 C 为平带电容 C_{FB}。

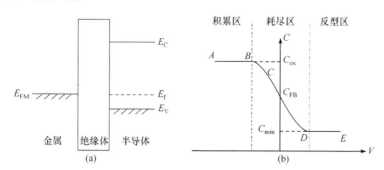

图 2.32　理想 MOS 结构电容(P 型衬底)

(a) 平衡时($V = 0$)的能带图；(b) C-V 曲线

E_C 为导带；E_F 为费米能级；E_{FM} 为金属费米能级；E_V 为价带

原始器件本身的性能决定了后续器件辐射效应分析的准确性。因此，辐照前器件的性能在辐射效应研究中非常重要。MOS 结构中存在各种缺陷态(图 2.33)，主要包括可动离子电荷 Q_m、固定氧化物电荷 Q_f、界面态陷阱电荷 Q_{it} 和氧化物陷阱电荷 Q_{ot}。随着工艺的进步，可动离子电荷基本可以忽略。如果 C-V 测试结果表明原始器件近乎理想，那么 C-V 曲线随离子辐照的变化则完全依赖于被俘获的

电荷类型及微观结构的改变。下面以 P 型半导体为例，主要介绍界面态、氧化物
电荷以及结构损伤对 MOS 器件高频 C-V 特性的影响。

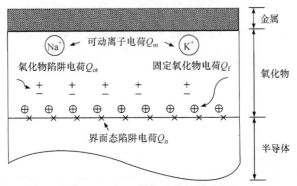

图 2.33　MOS 结构中的缺陷态[130]

　　氧化物电荷会使得 C-V 曲线沿电压轴方向平行移动。图 2.34(a)给出了氧化物
陷阱电荷引起的高频 C-V 曲线移动。图 2.34(b)为具有正氧化物电荷的 MOS 器件
在新平带偏置下的能带图。正电荷相当于对半导体施加了一个正偏压，此时需要
一个更大的负偏压才能获得与理想半导体相同的能带弯曲，因此 C-V 曲线向负电
压方向漂移。负电荷则等效于对半导体施加了一个负偏压，因为此时需要更大的
正偏压，所以 C-V 曲线向正电压方向移动。

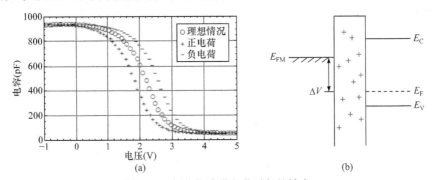

图 2.34　氧化物陷阱电荷引起的效应

(a) 氧化物陷阱电荷对高频 C-V 曲线(P 型半导体)的影响[131]；(b) 新平带偏置下，具有正氧化物电荷 MOS 器件的
能带图

　　界面态陷阱引起的效应是 C-V 曲线沿电压轴方向延伸。图 2.35(a)给出了界面
态陷阱电荷 Q_{it} 引起的高频 C-V 曲线延伸。但是界面态的俘获作用不像氧化物陷
阱那样简单。界面态陷阱可分为位于中性能级 E_0 下的施主界面态陷阱(被电子占
据时呈中性，给出电子后带正电)和位于 E_0 上的受主界面态陷阱(空着时呈中性，
接受一个电子后带负电)，其能量状态在半导体硅禁带内，如图 2.35(b)所示。外加
偏压变化时，费米能级 E_F 相对界面态陷阱能级上下移动，界面态中电荷随之发生

变化，导致 *C-V* 曲线形状发生改变。就整体而言，如果氧化物与硅的界面存在净负电荷，那么需要额外的正电荷填充陷阱，因此 *C-V* 曲线沿电压轴方向延伸。如果界面上存在的是净正电荷，那么更负的偏压会导致 *C-V* 曲线更加陡峭。事实上，硅中也存在陷阱，电压变化也会引起这些陷阱中电荷俘获状态的变化，从而影响电场。N 型半导体的结果类似，只是电压极性对于 N 型半导体相应改变。

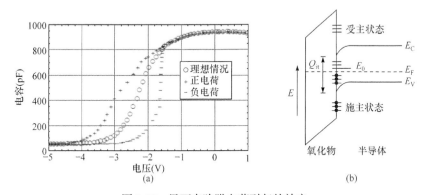

图 2.35　界面态陷阱电荷引起的效应

(a) 界面态陷阱电荷对高频 *C-V* 曲线的影响(P 型半导体)[131]；(b) 氧化物–半导体界面的能级

　　实验研究结果表明，低能重离子辐照 HfO_2 MOS 器件能够引起器件电容减小和阈值电压漂移，其主要原因是辐照在 HfO_2/Si 界面形成了界面态。低能重离子辐照在 HfO_2 栅介质层中引入的最主要缺陷是氧空位，这些氧空位在辐照后器件加电过程中成为新的电荷俘获中心俘获电子，产生电荷俘获效应，引起器件可靠性的退化[132]。快重离子与低能重离子辐射效应机理不同，主要以电子能损的方式损失能量。HfO_2 MOS 器件的快重离子辐照实验结果表明，随着辐照注量和电子能损的增加，HfO_2 栅介质的等效介电常数逐渐减小，器件的漏电流密度逐渐增加后饱和(图 2.36)。通过对器件材料的微观结构表征，发现快重离子辐照在非

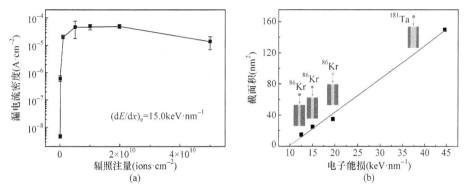

图 2.36　器件漏电流及 HfO_2 中潜径迹随辐照参数的变化关系

(a) 漏电流密度随辐照注量的变化；(b) HfO_2 中潜径迹截面积随入射离子电子能损的变化[133]

晶 HfO_2 栅介质中形成了单斜相的潜径迹。通过拟合潜径迹尺寸与电学参数之间的定量关系，发现快重离子辐照在非晶态 HfO_2 中产生单斜相的潜径迹是辐照后 HfO_2 基器件介电性能退化的原因，漏电流增加则是因为辐照形成的晶界为载流子提供了漏电通道，该研究工作还预测快重离子辐照导致非晶态 HfO_2 薄膜结晶的电子能损阈值为 $10keV \cdot nm^{-1}$[133]。

2.5　粒子在材料中能量沉积和辐射损伤的计算机模拟方法

2.5.1　粒子在材料中能量沉积的蒙特卡罗模拟方法

2.5.1.1　蒙特卡罗模拟方法简介

空间辐射环境中存在大量的高能粒子，这些粒子的电离辐射效应是宇航半导体器件失效的主要原因。当高能粒子入射到半导体器件中时，入射粒子会与器件材料发生相互作用。粒子入射时与器件材料相互作用的微观物理过程发生都具有随机性，从而导致表示粒子状态的物理量，如能量、动量、位置等具有不确定性。这些变量总体上满足一定的统计分布，可以通过其平均值和不确定度进行描述。

蒙特卡罗(Monte Carlo)方法是一种用随机数来进行样本统计分析，从而得到所需变量近似值的数学方法。通过该方法可以把物理问题转化为随机概率数学问题，然后用概率模型来描述实际问题以模拟事件的发生过程，实现粒子与材料相互作用物理过程的模拟仿真。在众多采用蒙特卡罗模拟方法计算粒子入射过程的软件中，GEANT4 发展得最为成熟，并在多个学科领域(如高能物理、材料科学、核医学)得到广泛应用[134,135]。

2.5.1.2　GEANT4 软件简介

GEANT4 软件最早由欧洲核子研究组织(CERN)和日本高能物理研究所(KEK)于 1993 年分别独立研究开发。现在由 100 多位来自全世界的科学家不定期地更新和维护该软件，不断改进和完善物理模型，增加软件的新特性和易用性。GEANT4 软件充分利用面向对象编程语言 C++的特性，具有模块化、高度可定制等优点。GEANT4 软件开放源代码并提供了庞大的计算方法函数库供用户调用。

图 2.37 为 GEANT4 软件的顶层模块构成图。在 GEANT4 中，用户依据实际物理实验需求，对每个流程模块进行个性化编程，搭建出复杂的物理实验模型并获得感兴趣部分的物理量信息。GEANT4 编程首先要对所研究的被辐射物体进行建模，构造被辐射物体的几何结构，设定各部分组成材料，该建模过程在 GEANT4 里被定义为构造探测器。然后指定入射粒子的种类、能量、入射位置

等信息，设定仿真计算所需获取的物理量，设计相关物理量的计算方法，如粒子在材料中的沉积能量、产生次级粒子的种类等。

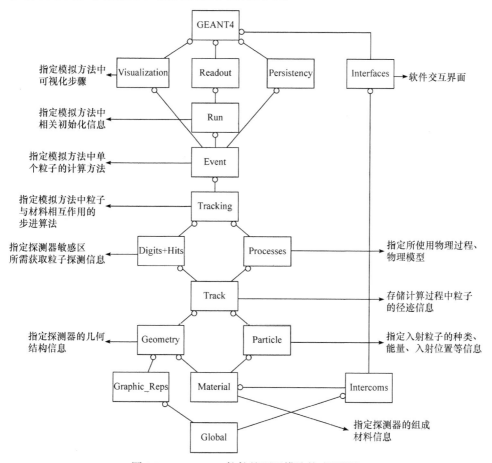

图 2.37　GEANT4 软件的顶层模块构成图[134]

　　GEANT4 算法核心是粒子与材料相互作用的每一步(Step)(图 2.38)。粒子与材料相互作用分为电磁相互作用、核反应、衰变、输运等。GEANT4 将所有的粒子与材料间相互作用类型抽象成同一类，并将相互作用计算步骤统一抽象为计算每一步。通过随机数计算出每一种作用的步长(类似于该种作用的发生概率)，并对比每一种作用的步长，选取最短步长的作用(最有可能发生的作用类型)，即决定了该步计算所采取的作用类型。进而计算该步所产生的次级粒子和影响的物理参量，记录所有产生粒子的作用位置、动量和能量变化等。这一步计算完成后，所产生的次级粒子都进入下一步计算环节，每个粒子重复以上步骤，逐个循环，当所有粒子的能量达到物理模型预设的计算下限，即认为粒子停止，计算的物理过程完成。

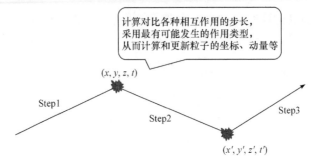

图 2.38　GEANT4 算法核心步骤

　　GEANT4 提供了大量的物理模型供用户选择，用户可根据实际模拟需求，选择不同的物理过程、物理模型。在 GEANT4 中，对于某些特定物理过程，开发了不同的物理模型。有的物理模型精度高但计算速度慢，有的物理模型精度低但计算速度快，有的物理模型针对单一类型粒子或单一能量区间，有的物理模型则针对单一种类材料。例如，对于某些大型探测器，只需给出特定物理量的大致变化趋势，则可选用精度低但计算速度快的物理模型。

　　对于某些特定的需要细致研究的物理过程，GEANT4 还开发了许多精度高的物理模型。2012 年，GEANT4 物理模型开发组为了计算低能粒子与微电子器件材料相互作用的物理过程，开发了 MicroElec 模型[136,137]。该模型将硅材料中二次电子激发能量降低至 16.7eV，远低于其他电磁相互作用模型的二次电子激发能量阈值。图 2.39 给出了使用该模型计算出的 10keV 电子入射到 1μm³ 硅中的三维电离径迹，可看到新模型对电离径迹的细化。图 2.39(a) 中插图显示了径迹末端低能电子作用轨迹。作为对比，图 2.39(b) 显示了低能 Livermore 模型的计算结果，低能 Livermore 模型二次电子激发能量阈值为 250eV。MicroElec 模型的开发使理论计算高能粒子在硅材料中沉积能量的结果更为精确。

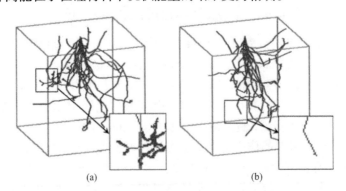

图 2.39　GEANT4 模拟 10keV 电子入射到 1μm³ 硅中的三维电离径迹[137]

(a) MicroElec 模型；(b) 低能 Livermore 模型

2.5.1.3　GEANT4 计算沉积能量应用举例

当高能粒子入射到半导体器件材料中时，会与器件材料发生相互作用而损失能量，在沿粒子入射路径上产生大量的电子-空穴对。激发电荷会被器件内敏感节点收集，如果收集电荷超过器件的敏感阈值，就会引发半导体器件的单粒子效应。这些在敏感节点附近能引发器件单粒子效应的特定尺寸结构被定义为灵敏体积。

通过 GEANT4 软件模拟可计算入射粒子在灵敏体积内的沉积能量。为方便近似计算，假设入射粒子在材料中沉积的能量都转换成了价电子"热激发"能量，沉积能量除以硅中电子-空穴对平均激发能(3.6eV)，就能将沉积能量换算成电荷量。若该电荷量超过引起器件单粒子效应的临界电荷量，则会触发器件的单粒子效应。在多粒子入射情况下，通过统计计算每个粒子在灵敏体积内的沉积能量，就能实现对器件单粒子效应截面的估算。

图 2.40 给出了 523MeV ^{20}Ne 离子在硅中沉积电荷量的模拟结果[138]。在该图中，采取了两种模拟方法，一种模拟方法包含电磁相互作用、核反应等全物理过程，另一种模拟方法仅包含电磁相互作用这一种物理过程。两种模拟方法的模拟结果分布谱中最大事件数都出现在 0.035pC 附近。在仅使用电磁相互作用一种物理过程的情况下，平均沉积电荷量为 0.037pC，最大沉积电荷量约为 0.050pC。考虑了核反应作用的情况下，最大沉积电荷量达到 0.450pC，换算成对应的 LET 值约为 19MeV·cm^2·mg^{-1}，远大于初始入射离子的 LET 值。核反应过程的存在，造成次级粒子的电离能损可能大于初始入射离子的电离能损，从而引发器件的单粒子效应。该模拟结果指出了低 LET 值 ^{20}Ne 离子入射时器件仍能发生单粒子效应的原因。

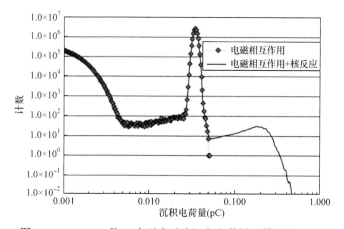

图 2.40　523MeV ^{20}Ne 离子在硅中沉积电荷量的模拟结果[138]

　　随着半导体芯片工艺尺寸日趋减小，纳米工艺器件中的单粒子效应出现了许多新现象和新特点。对于纳米结构的器件，粒子入射时能量沉积径向分布特征已不可忽略，有必要深入分析入射粒子能量沉积的径向分布特征(图2.41)[139]。模拟结果和实验结果表明，在相同 LET 值情况下，不同种类、不同能量离子入射到纳米工艺器件中，可能得到不同的单粒子效应截面结果。

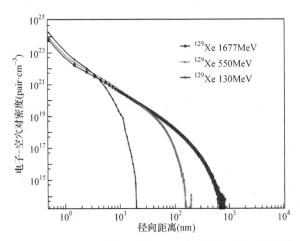

图 2.41　GEANT4 模拟入射粒子能量沉积径向分布图[139]

　　伴随着器件尺寸减小而来的是出现单粒子翻转(SEU)所需的临界电荷下降。从电离过程产生的电荷统计结果发现，低能质子入射也能产生导致单粒子翻转的电荷量，重离子径迹“晕”部的电离电荷密度也可能足够引起 SEU。对于大尺寸器件，相对离子能量沉积的径向范围来说，其敏感区域可以认为是全域量。在高能离子入射的情况下，LET值随能量变化不显著，使用入射离子在器件表面的能量，即恒定的 LET 值来计算敏感体积中的能量沉积也是可以的。当敏感体积尺寸与电离径迹尺寸可比时，不能覆盖电离径迹，其径向不能再看成全域量，敏感体积中沉积的能量便与积分域，也就是器件尺寸和位置相关。如图2.42所示，当器件特征尺寸减小至 10nm 量级时，电离径迹的径向结构、电离径迹与敏感体积的位置关系及敏感体积的几何特征都会影响敏感体积中所沉积的能量[140]，因此也会对 SEU 的截面有重要影响。

2.5.2　粒子在材料中辐射损伤的分子动力学模拟方法

2.5.2.1　分子动力学模拟方法简介

　　分子动力学(molecular dynamics，MD)模拟是一种广泛应用于物理、化学、材料科学等各领域研究中的计算机模拟方法。分子动力学模拟中假定大量原子组成的体系中，每个原子都遵从经典的牛顿定律。在牛顿运动方程的基础上，通过

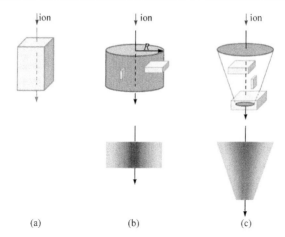

图 2.42　三种电离径迹结构模型与器件敏感体积的示意图[140]

(a) 直线电离径迹模型, 适用于器件敏感体积远大于电离径迹径向范围情况; (b) 考虑径向分布的电离径迹模型, 适用于器件敏感体积小于或等于电离径迹径向范围情况; (c) 考虑径向和轴向分布的电离径迹模型, 适用于器件敏感体积小于或等于电离径迹径向范围且 LET 值非恒定情况

ion 为入射离子

建立相互作用原子的运动方程组, 对每个原子的运动方程进行积分数值求解, 从而得到待研究体系中每个原子在不同时刻的位移和速度。利用统计物理的规律就可以建立多原子体系的微观量(原子的坐标、速度)与宏观可观测量(温度、压力等)的关系, 并可以对材料的相关性质进行研究[141]。

从分子动力学的原理可以看出, 原子间的相互作用势函数决定了原子间的相互作用行为, 继而决定了原子的运动和系统在相空间的轨迹。因此, 原子间的相互作用势函数从根本上决定材料的所有性质, 在 MD 模拟中起非常重要的作用。MD 模拟中采用的势函数一般称为经验势函数, 一个势函数的解析形式和参数往往是针对特定的物理问题开发的, 其适用的范围也是有限的。采用时需要针对具体的问题进行分析, 通过文献调研, 查明它的出处、应用范围, 这是因为模拟中计算结果的可靠性非常依赖于势函数的选取是否得当。

在 MD 模拟发展的早期, 一般采用对势来描述原子间相互作用。对势是仅由两个原子的相对坐标决定的势函数, 其基本的假设是原子间的相互作用是两两之间的相互作用。由于对势具有函数形式简单、计算速度快等特点, 得到的结果也符合基本的物理图像, 所以被广泛地采用和不断发展。常见的对势主要有 Lennard-Jones 势、Morse 势、Born-Mayer 势等。其中最为有名的就是 Lennard-Jones 势, 其主要用于描述惰性气体原子的固体相和液体相。

分子动力学模拟方法可以得到每个原子的运动轨迹随时间变化的过程, 因此也可以处理非平衡态的问题。高能离子入射导致材料辐射损伤的过程中, 初始物理过程是远离平衡态的。通过分子动力学模拟方法, 可以得到材料中原子间相互作用和每个原子位置演化的过程，从而深入了解材料辐射损伤在原子尺度上的时空演化过程。材料辐射损伤的过程是一个跨越多个时间尺度和空间尺度的复杂物理过程，现有的实验条件由于时间和空间分辨率的限制，对材料中纳秒以下和原子尺度物理过程的研究存在一定的困难和局限性。分子动力学模拟方法可以补充、完善实验研究方法的不足，有助于理解材料辐射损伤的微观机理并解释相应的实验现象。因此，随着分子动力学模拟技术的发展和计算机运算能力的提升，分子动力学模拟方法在材料辐射损伤的研究中得到了越来越广泛的应用。

分子动力学模拟方法除了自身的特点和优势，同时存在一些局限性。首先，分子动力学模拟方法中假定原子的运动遵从牛顿定律。由于量子效应被完全忽略了，因此入射离子和电子相互作用的过程、对材料辐射损伤的影响无法直接在分子动力学模拟方法中体现。通过分子动力学模拟只能得到晶格原子的运动过程。其次，因为分子动力学中原子之间的相互作用决定了原子的运动轨迹，所以势函数是分子动力学模拟中最基本也是最重要的组成部分。特定的势函数形式一般是针对具体问题的研究和对一些特定性质的拟合得到的，其应用领域具有一定的局限性。分子动力学模拟中原子间的相互作用力是依靠经验势函数来确定的，因此经验势函数能否准确地描述材料的物理性质直接决定了模拟结果的准确性。经验势函数的研究和发展相对缓慢，是制约分子动力学模拟方法在科学研究中应用的一个重要因素。最后，由于计算机运算能力的限制，分子动力学目前通常能够模拟的时间尺度大概在几百皮秒到纳秒量级，能够模拟的体系大小一般在几十万到几百万个原子量级。虽然计算机的计算能力在过去几十年间有了非常快的提升，但是目前分子动力学模拟所能达到的时间和空间尺度的大小在一般的研究中与实验中观测的物理量的直接比较还存在一定的困难。

材料辐射损伤的研究中使用分子动力学模拟方法时，由于特殊的物理过程，与一般平衡态模拟相比，有两个需要注意的方面：首先，离子入射过程中部分原子相互之间的距离会远小于平衡态时的距离，为了能够更准确地描述原子之间的相互作用力，一般需要对势函数的短程部分进行修正，目前采用比较广泛的是Ziegler-Biersack-Littmark 广义库仑屏蔽势函数；其次，在离子入射的开始阶段，体系中部分原子的动能非常高，为了能够准确地描述在此情况下的原子运动，在模拟开始阶段需要使用足够小的时间步长，当原子动能大小逐步趋于均衡时，则可以采用固定时间步长，以提高模拟效率。

2.5.2.2　分子动力学模拟方法应用于材料中潜径迹形成举例

快重离子入射导致靶原子的核外电子被激发后，电子-声子耦合及之后的晶格原子剧烈运动等物理过程发生的时间尺度为飞秒至皮秒量级，最终形成潜径迹的过程大约需要几十皮秒，这正好符合分子动力学模拟方法适于研究的时间范围。因此，利用分子动力学模拟方法可以得到潜径迹等缺陷在原子尺度上的演化过程和直观的损伤图像。尽管将分子动力学模拟应用于材料的快重离子辐射效应的方法还在不断发展中，但是现有的一些研究已经取得了非常有价值的结果。

小角 X 射线散射谱(SAXS)结果指出，快重离子辐照非晶态 SiO_2 导致的潜径迹存在芯壳结构(core-shell structure)[30]。结合热峰模型，Pakarinen 等[142]运用分子动力学对非晶态和晶态 SiO_2 的重离子辐射损伤进行了详细的对比研究，指出了两者在潜径迹精细结构上的差别(图 2.43)。

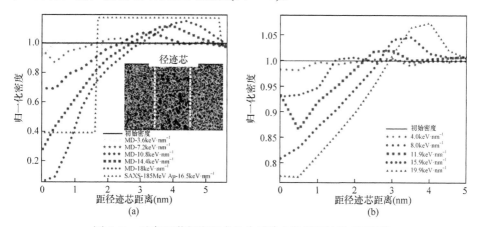

图 2.43　重离子潜径迹形成的分子动力学模拟结果对比[142]
(a) 非晶态 SiO_2；(b) 晶态 SiO_2

另一个实验和分子动力学相结合的成功范例是快重离子在非晶锗中的辐射损伤研究[143]。如图 2.44 所示，TEM 照片显示快重离子在非晶锗的径迹上形成蝴蝶结形的空洞缺陷，但是仅利用实验的手段难以观察到这种缺陷形成的过程。通过分子动力学模拟，Ridgway 等[143]发现这种特殊的缺陷是由快重离子辐照沉积的能量导致径迹区域的锗发生相变以及液态锗的密度高于非晶态锗的密度引起的。

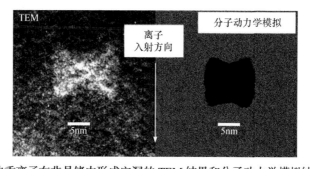

图 2.44　快重离子在非晶锗中形成空洞的 TEM 结果和分子动力学模拟结果对比[143]

在低维材料的快重离子辐射效应研究中，分子动力学模拟方法也起到了非常重要的作用。快重离子辐照 SiO_2 衬底上石墨烯的分子动力学模拟研究发现，由于 SiO_2 衬底在形成潜径迹的过程中体积膨胀并向外释放压力，因此石墨烯上产生了空洞，并得到了在不同电子能损数值下的空洞形貌[144]。Vázquez 等[145]的模拟结果则指出，衬底上悬空的石墨烯在快重离子辐照下也会产生空洞，空洞的大小会随着电子能损增大而发生变化，模拟结果可以帮助解释重离子辐照实验后拉曼光谱的表征结果。

快重离子辐照单斜相 ZrO_2 晶体的分子动力学模拟结果(图 2.45)[146]显示，0.15ps 时作用位置产生了一个熔融的柱形径迹，距离热峰中心 3nm 内原子无序程度较高，3～7nm 内原子无序程度较低。2.00ps 时径迹中心开始形成空洞，空洞外围为高度无序的非晶区，非晶区周边原子熔融重排，形成了两种不同的晶区(晶区一和晶区二)。随着模拟时间的进一步增长，能量由径迹中心向四周传递，再结晶过程逐渐发展至整个体系，空洞、晶区一和晶区二的尺寸逐渐增大，100ps 时体系达到平衡状态。模拟结果表明，快重离子辐照单斜相 ZrO_2 晶体可导致单斜相到四方相的转变(晶区二)，并产生纳米空洞。

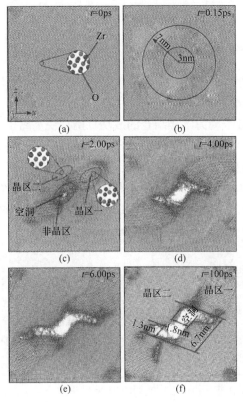

图 2.45　快重离子辐照单斜相 ZrO_2 晶体的分子动力学模拟结果[146]

2.6 本 章 小 结

荷能离子与材料相互作用时，低能离子主要通过核能损的方式引起靶材的微观结构损伤，中高能离子在材料中的电子能损超过潜径迹形成阈值时，也能够在靶材中产生显著的微观结构损伤，即在材料中形成潜径迹。潜径迹形成阈值与材料种类、晶态等性质密切相关。例如，绝缘体材料的潜径迹形成阈值通常较低，金属材料的潜径迹形成阈值较高，半导体材料则介于前两者之间；对于相同成分的材料，非晶态相较于晶态对于中高能离子辐照通常更敏感。近年来的实验和模拟研究结果表明，材料再结晶能力的强弱对于最终潜径迹的尺寸和形貌有重要影响。

半导体器件是由一些晶态或非晶态绝缘材料、半导体材料和金属材料构成的具有丰富界面的复杂体系。因此，研究不同能量荷能离子在各类材料中引起的辐射损伤是理解半导体器件辐射效应的基础。除使用透射电子显微镜等实验表征手段外，分子动力学模拟对于理解材料中的辐射损伤演化和时空分布也发挥了十分重要的作用。

还应该指出，在电应力条件下，半导体器件材料的辐射损伤呈现出了一些新效应。例如，SiC、GaN 等具有良好抗辐射能力的材料在制成相应功率器件时，在高压下表现出了极低的抗单粒子烧毁能力，还出现了特有的漏电流退化现象。这些现象背后的微观失效机理目前仍不十分清楚，是当前国内外研究的热点之一。

参 考 文 献

[1] 卢希庭. 原子核物理(修订版)[M]. 北京: 原子能出版社, 2000.

[2] 王广厚. 粒子同固体相互作用物理学(上册)[M]. 北京: 科学出版社, 1988.

[3] LINDHARD J, SCHARFF M, SCHIØTT H E. Range Concepts and Heavy Ion Ranges[M]. Denmark: Ejnar Munksgaard, 1963.

[4] SILK E C H, BARNES R S. Examination of fission fragment tracks with an electron microscope[J]. Philosophical Magzine, 1959, 4(44): 970-972.

[5] VETTER J, SCHOLZ R, DOBREV D, et al. HREM investigation of latent tracks in GeS and mica induced by high energy ions[J]. Nuclear Instruments and Methods in Physics Research Section B: Beam Interactions with Materials and Atoms, 1998, 141(1-4): 747-752.

[6] YOUNG D A. Etching of radiation damage in lithium fluoride[J]. Nature, 1958, 182: 375-377.

[7] FLEISCHER R L, PRICE P B, WALKER R M. Ion explosion spike mechanism for formation of charged-particle tracks in solids[J]. Journal of Applied Physics, 1965, 36(11): 3645-3652.

[8] BARBU A, DUNLOP A, LESUEUR D, et al. Latent tracks do exist in metallic materials[J]. Europhysics Letters, 1991, 15(1): 37-42.

[9] DAMMAK H, DUNLOP A, LESUEUR D, et al. Tracks in metals by MeV fullerenes[J]. Physical Review Letters, 1995, 74(7): 1135-1138.

[10] LANG M, DJURABEKOVA F, MEDVEDEV N, et al. Fundamental Phenomena and Applications of Swift Heavy Ion Irradiations, Comprehensive Nuclear Materials [M]. Holland: Elsevier, 2020.

[11] TOULEMONDE M, DUFOUR C, PAUMIER E. Transient thermal process after a high-energy heavy-ion irradiation of amorphous metals and semiconductors[J]. Physical Review B, 1992, 46(22): 14362-14369.

[12] WANG Z G, DUFOUR C, PAUMIER E, et al. The S_e sensitivity of metals under swift-heavy-ion irradiation: A transient thermal process[J]. Journal of Physics: Condensed Matter, 1994, 6(34): 6733-6750.

[13] TOULEMONDE M, DUFOUR C, MEFTAH A, et al. Transient thermal processes in heavy ion irradiation of crystalline inorganic insulators[J]. Nuclear Instruments and Methods in Physics Research Section B: Beam Interactions with Materials and Atoms, 2000, 166-167: 903-912.

[14] TOULEMONDE M, ASSMANN W, DUFOUR C, et al. Nanometric transformation of the matter by short and intense electronic excitation: Experimental data versus inelastic thermal spike model[J]. Nuclear Instruments and Methods in Physics Research Section B: Beam Interactions with Materials and Atoms, 2012, 277: 28-39.

[15] MEFTAH A, BRISARD F, COSTANTINI J M, et al. Swift heavy ions in magnetic insulators: A damage-cross-section velocity effect[J]. Physical Review B, 1993, 48(2): 920-925.

[16] TOULEMONDE M, TRAUTMANN C, BALANZAT E, et al. Track formation and fabrication of nanostructures with MeV-ion beams[J]. Nuclear Instruments and Methods in Physics Research Section B: Beam Interactions with Materials and Atoms, 2004, 216: 1-8.

[17] ZHAI P, NAN S, XU L, et al. Fine structure of swift heavy ion track in rutile TiO_2[J]. Nuclear Instruments and Methods in Physics Research Section B: Beam Interactions with Materials and Atoms, 2019, 457: 72-79.

[18] GAIDUK P I, LARSEN A N, HANSEN J L, et al. Discontinuous tracks in relaxed $Si_{0.5}Ge_{0.5}$ alloy layers: A velocity effect[J]. Applied Physics Letters, 2003, 83(9): 1746-1749.

[19] WESCH W, KAMAROU A, WENDLER E. Effect of high electronic energy deposition in semiconductors[J]. Nuclear Instruments and Methods in Physics Research Section B: Beam Interactions with Materials and Atoms, 2004, 225: 111-128.

[20] WANG Z G, DUFOUR C, CABEAU B, et al. Velocity effect on the damage creation in metals in the electronic stopping power regime[J]. Nuclear Instruments and Methods in Physics Research Section B: Beam Interactions with Materials and Atoms, 1996, 107(1-4): 175-180.

[21] O'CONNELL J, SKURATOV V, VAN VUUREN A J, et al. Near surface latent track morphology of SHI irradiated TiO_2[J]. Physica Status Solidi B, 2016, 253(11): 2144-2149.

[22] MARKS N A, THOMAS B S, SMITH K L, et al. Thermal spike recrystallisation: Molecular dynamics simulation of radiation damage in polymorphs of titania[J]. Nuclear Instruments and Methods in Physics Research Section B: Beam Interactions with Materials and Atoms, 2008, 266(12-13): 2665-2670.

[23] 郁金南. 材料辐照效应[M]. 北京: 化学工业出版社, 2007.

[24] WU G, LIN D, WANG H, et al. Visual analysis of defect clustering in 3D irradiation damage simulation data[J]. Journal of Visualization, 2022, 25: 31-45.

[25] KINCHIN G H, PEASE R S. The displacement of atoms in solids by radiation[J]. Reports on Progress in Physics,

1955, 18(1): 1-51.

[26] ROBINSON M T, TORRENS I M. Computer simulation of atomic-displacement cascades in solids in the binary-collision approximation[J]. Physical Review B, 1974, 9(12): 5008-5024.

[27] NORGETT M J, ROBINSON M T, TORRENS I M. A proposed method of calculating displacement dose rates[J]. Nuclear Engineering and Design, 1975, 33(1): 50-54.

[28] LINDHARD J, NIELSEN V, SCHARFF M, et al. Integral Equations Governing Radiation Effects[M]. Denmark: Ejnar Munksgaard, 1963.

[29] GIBBONS J F. Ion implantation in semiconductors—Part II : Damage production and annealing[J]. Proceedings of the IEEE, 1972, 60(9): 1062-1096.

[30] KLUTH P, SCHNOHR C S, PAKARINEN O H, et al. Fine structure in swift heavy ion tracks in amorphous SiO_2[J]. Physical Review Letters, 2008, 101(17): 175503.

[31] SAYED M, JEFFERSON J H, WALKER A B, et al. Computer simulation of atomic displacements in Si, GaAs, and AlAs[J]. Nuclear Instruments and Methods in Physics Research Section B: Beam Interactions with Materials and Atoms, 1995, 102(1): 232-235.

[32] DENNIS J R, HALE E B. Crystalline to amorphous transformation in ion-implanted silicon: A composite model[J]. Journal of Applied Physics, 1978, 49(3): 1119-1127.

[33] WESCH W, WENDLER E. Ion Beam Modification of Solids: Ion-Solid Interaction and Radiation Damage[M]. Cham: Springer International Publishing, 2016.

[34] DUNLOP A, JASKIEROWICZ G, DELLA-NEGRA S. Latent track formation in silicon irradiated by 30MeV fullerenes[J]. Nuclear Instruments and Methods in Physics Research Section B: Beam Interactions with Materials and Atoms, 1998, 146(1-4): 302-308.

[35] LIDOW A, STRYDOM J, DE ROOIJ M, et al. GaN Transistors for Efficient Power Conversion[M]. West Sussex: John Wiley & Sons, 2019.

[36] MANSOURI S, MARIE P, DUFOUR C, et al. Swift heavy ions effects in III - V nitrides[J]. Nuclear Instruments and Methods in Physics Research Section B: Beam Interactions with Materials and Atoms, 2008, 266(12-13): 2814-2818.

[37] KARLUSIC M, KOZUBEK R, LEBIUS H, et al. Response of GaN to energetic ion irradiation: Conditions for ion track formation[J]. Journal of Physics D: Applied Physics, 2015, 48(32): 325304.

[38] SEQUEIRA M C, MATTEI JG, VAZQUEZ H, et al. Unravelling the secrets of the resistance of GaN to strongly ionising radiation[J]. Communications Physics, 2021, 4(1): 51.

[39] KUCHEYEV S O, TIMMERS H, ZOU J, et al. Lattice damage produced in GaN by swift heavy ions[J]. Journal of Applied Physics, 2004, 95(10): 5360-5365.

[40] HU P, XU L, ZHAI P, et al. Evidence of defects-annealing effect in swift heavy-ion-irradiated indium phosphide[J]. Journal of Raman Spectroscopy, 2022, 53(5): 1003-1011.

[41] SALL M, MONNET I, MOISY F, et al. Track formation in III -N semiconductors irradiated by swift heavy ions and fullerene and re-evaluation of the inelastic thermal spike model[J]. Journal of Materials Science, 2015, 50: 5214-5227.

[42] DAVYDOV V Y, KITAEV Y E, GONCHARUK I N, et al. Phonon dispersion and Raman scattering in hexagonal GaN and AlN[J]. Physical Review B, 1998, 58(19): 12899-12907.

[43] POLLARD W. Vibrational properties of amorphous GaN[J]. Journal of Non-Crystalline Solids, 2001, 283(1-3): 203-210.

[44] ZHANG J M, RUF T, CARDONA M, et al. Raman spectra of isotopic GaN[J]. Physical Review B, 1997, 56(22):

14399-14406.

[45] WIESER N, AMBACHER O, ANGERER H, et al. Disorder-activated scattering and two-mode behavior in Raman spectra of isotopic GaN and AlGaN[J]. Physica Status Solidi B-Basic Research, 1999, 216(1): 807-811.

[46] MISHRA S, HOODA S, KABIRAJ D, et al. Swift heavy ion induced structural evolution in InP[J]. Vacuum, 2015, 119: 136-144.

[47] HU P, ZENG J, ZHANG S, et al. A potential lattice damage scale in swift heavy ion irradiated indium phosphide[J]. Journal of Raman Spectroscopy, 2021, 52(5): 971-979.

[48] HU P, LIU J, ZHANG S, et al. Raman investigation of lattice defects and stress induced in InP and GaN films by swift heavy ion irradiation[J]. Nuclear Instruments and Methods in Physics Research Section B: Beam Interactions with Materials and Atoms, 2016, 372: 29-37.

[49] FLEETWOOD D M. Radiation effects in a post-Moore world[J]. IEEE Transactions on Nuclear Science, 2021, 68(5): 509-545.

[50] KUBOYAMA S, MATSUDA S, KANNO T, et al. Single event burnout of power MOSFETs caused by nuclear reactions with heavy ions[J]. IEEE Transactions on Nuclear Science, 1994, 41(6): 2210-2215.

[51] LIU S, BODEN M, GIRDHAR D A, et al. Single-event burnout and avalanche characteristics of power DMOSFETs[J]. IEEE Transactions on Nuclear Science, 2006, 53(6): 3379-3385.

[52] AKTURK A, WILKINS R, MCGARRITY J, et al. Single event effects in Si and SiC power MOSFETs due to terrestrial neutrons[J]. IEEE Transactions on Nuclear Science, 2017, 64(1): 529-535.

[53] WITULSKI A F, BALL D R, GALLOWAY K F, et al. Single-event burnout mechanisms in SiC power MOSFETs[J]. IEEE Transactions on Nuclear Science, 2018, 65(8): 1951-1955.

[54] BALL D R, HUTSON J M, JAVANAINEN A, et al. Ion-induced energy pulse mechanism for single-event burnout in high-voltage SiC power MOSFETs and junction barrier schottky diodes[J]. IEEE Transactions on Nuclear Science, 2020, 67(1): 22-28.

[55] KUBOYAMA S, KAMEZAWA C, IKEDA N, et al. Anomalous charge collection in silicon carbide Schottky barrier diodes and resulting permanent damage and single-event burnout[J]. IEEE Transactions on Nuclear Science, 2006, 53(6): 3343-3348.

[56] ZERARKA M, AUSTIN P, BENSOUSSAN A, et al. TCAD simulation of the single event effects in normally-off GaN transistors after heavy-ion irradiation[J]. IEEE Transactions on Nuclear Science, 2017, 64(8): 2242-2249.

[57] ZERARKA M, CREPEL O. Radiation robustness of normally-off GaN/HEMT power transistors [J]. Microelectronics Reliability, 2018, (88-90): 984-991.

[58] HSU J, MANFRA M J, MOLNAR R J, et al. Direct imaging of reverse-bias leakage through pure screw dislocations in GaN films grown by molecular beam epitaxy on GaN templates[J]. Applied Physics Letters, 2002, 81(1): 79-81.

[59] SHEU J K, LEE M L, LAI W C. Effect of low-temperature grown GaN cap layer on reduced leakage current of GaN Schottky diodes[J]. Applied Physics Letters, 2005, 86(5): 052103.

[60] HASHIZUME T, KOTANI J, HASEGAWA H. Leakage mechanism in GaN and AlGaN Schottky interfaces[J]. Applied Physics Letters, 2004, 84(24): 4884-4886.

[61] 郝跃. 宽禁带与超宽禁带半导体器件新进展[J]. 科技导报, 2019, 37(3): 58-61.

[62] ELASSER A, CHOW T P. Silicon carbide benefits and advantages for power electronics circuits and systems[J]. Proceedings of the IEEE, 2002, 90(6): 969-986.

[63] JAVANAINEN A, TUROWSKI M, GALLOWAY K F, et al. Heavy ion induced degradation in SiC Schottky diodes:

Bias and energy deposition dependence[J]. IEEE Transactions on Nuclear Science, 2017, 64(1): 415-420.

[64] JAVANAINEN A, TUROWSKI M, GALLOWAY K F, et al. Heavy-ion-induced degradation in SiC Schottky diodes: Incident angle and energy deposition dependence[J]. IEEE Transactions on Nuclear Science, 2017, 64(8): 2031-2037.

[65] ABBATE C, BU SATTO G, MATTIAZZO S, et al. Progressive drain damage in SiC power MOSFETs exposed to ionizing radiation[J]. Microelectronics Reliability, 2018, (88-90): 941-945.

[66] FISHER G R, BARNES P. Towards a unified view of polytypism in silicon carbide[J]. Philosophical Magazine B, 1990, 61(2): 217-236.

[67] WU R, ZHOU K, YUE C Y, et al. Recent progress in synthesis, properties and potential applications of SiC nanomaterials[J]. Progress in Materials Science, 2015, 72: 1-60.

[68] ZINKLE S J, SKURATOV V A, HOELZER D T. On the conflicting roles of ionizing radiation in ceramics[J]. Nuclear Instruments and Methods in Physics Research Section B: Beam Interactions with Materials and Atoms, 2002, 191(1-4): 758-766.

[69] SORIEUL S, KERBIRIOU X, COSTANTINI J M, et al. Optical spectroscopy study of damage induced in 4H-SiC by swift heavy ion irradiation[J]. Journal of Physics: Condensed Matter, 2012, 24(12): 125801.

[70] 闫晓宇, 胡培培, 艾文思, 等. 重离子在 SiC, GaN, Ga₂O₃ 宽禁带半导体材料及器件中的辐射效应研究进展[J]. 现代应用物理, 2022, 13(1): 1-15.

[71] OCHEDOWSKI O, OSMANI O, SCHADE M, et al. Graphitic nanostripes in silicon carbide surfaces created by swift heavy ion irradiation[J]. Nature Communications, 2014, 5: 3913.

[72] DEVANATHAN R, WEBER W J. Displacement energy surface in 3C and 6H SiC[J]. Journal of Nuclear Materials, 2000, 278(2-3): 258-265.

[73] SNEAD L L, ZINKLE S J. Threshold irradiation dose for amorphization of silicon carbide[J]. MRS Online Proceeding Library, 1996, 439(10): 595-606.

[74] MESTRES N, ALSINA F, CAMPOS F J, et al. Confocal raman microprobe of lattice damage in N⁺ implanted 6H-SiC[J]. Materials Science Forum, 2000, (338-342): 663-666.

[75] ZINKLE S J, SNEAD L L. Influence of irradiation spectrum and implanted ions on the amorphization of ceramics[J]. Office of Scientific & Technical Information Technical Reports, 1996, 116(1-4): 92-101.

[76] WEBER W J, YU N. In situ and ex situ investigation of ion-beam-induced amorphization in α-SiC[J]. Nuclear Instruments and Methods in Physics Research Section B: Beam Interactions with Materials and Atoms, 1997, 127-128: 191-194.

[77] WEBER W J, WANG L M, YU N, et al. Structure and properties of ion-beam-modified (6H) silicon carbide[J]. Materials Science & Engineering A, 1998, 253(1-2): 62-70.

[78] ZHANG Y, SACHAN R, PAKARINEN O H, et al. Ionization-induced annealing of pre-existing defects in silicon carbide[J]. Nature Communications, 2015, 6: 8049.

[79] DEBELLE A, THOMÉ L, MONNET I, et al. Ionization-induced thermally activated defect-annealing process in SiC[J]. Physical Review Materials, 2019, 3(6): 063609.

[80] LAUENSTEIN J, CASEY M. Taking SiC power devices to the final frontier: Addressing challenges of the space radiation environment[R]. NASA, 2017.

[81] YAN X Y, HE Z, CHEN Q Y, et al. An investigation of angle effect on heavy ion induced single event effect in SiC MOSFET[J]. Microelectronics Reliability, 2022, 138: 114696.

[82] NOVOSELOV K S, GEIM A K, MOROZOV S V, et al. Electric field effect in atomically thin carbon films[J]. Science,

2004, 306(5696): 666-669.

[83] BALANDIN A A, GHOSH S, BAO W Z, et al. Superior thermal conductivity of single-layer graphene[J]. Nano Letters, 2008, 8(3): 902-907.

[84] DU X, SKACHKO I, BARKER A, et al. Approaching ballistic transport in suspended graphene[J]. Nature Nanotechnology, 2008, 3(8): 491-495.

[85] LIN Y M, VALDES-GARCIA A, HAN S J, et al. Wafer-scale graphene integrated circuit[J]. Science, 2011, 332(6035): 1294-1297.

[86] HANSSON A, PAULSSON M, STAFSTRÖM S. Effect of bending and vacancies on the conductance of carbon nanotubes[J]. Physical Review B, 2000, 62(11): 7639-7644.

[87] EWELS C P, HEGGIE M I, BRIDDON P R. Adatoms and nanoengineering of carbon[J]. Chemical Physics Letters, 2002, 351(3-4): 178-182.

[88] NORDLUND K, KEINONEN J, MATTILA T. Formation of ion irradiation induced small-scale defects on graphite surfaces[J]. Physical Review Letters, 1996, 77(4): 699-702.

[89] KRASHENINNIKOV A V, NORDLUND K, SIRVIÖ M, et al. Formation of ion-irradiation-induced atomic-scale defects on walls of carbon nanotubes[J]. Physical Review B, 2001, 63(24): 245405.

[90] HASHIMOTO A, SUENAGA K, GLOTER A, et al. Direct evidence for atomic defects in graphene layers[J]. Nature, 2004, 430(7002): 870-873.

[91] PAN C T, HINKS J A, RAMASSE Q M, et al. In-situ observation and atomic resolution imaging of the ion irradiation induced amorphisation of graphene[J]. Scientific Reports, 2014, 4(1): 6334.

[92] WILLKE P, AMANI J A, THAKUR S, et al. Short-range ordering of ion-implanted nitrogen atoms in SiC-graphene[J]. Applied Physics Letters, 2014, 105(11): 11605.

[93] TAPASZTÓ L, DOBRIK G, NEMES-INCZE P, et al. Tuning the electronic structure of graphene by ion irradiation[J]. Physical Review B, 2008, 78: 233407.

[94] AKCÖLTEKIN S, BUKOWSKA H, PETERS T, et al. Unzipping and folding of graphene by swift heavy ions[J]. Applied Physics Letters, 2011, 98(10): 103103.

[95] TEWELDEBRHAN D, BALANDIN A A. Modification of graphene properties due to electron-beam irradiation[J]. Applied Physics Letters, 2009, 94(1): 013101.

[96] LUCCHESE M M., STAVALE F, FERREIRA E H M, et al. Quantifying ion-induced defects and Raman relaxation length in graphene[J]. Carbon, 2010, 48(5): 1592-1597.

[97] COMPAGNINI G, GIANNAZZO F, SONDE S, et al. Ion irradiation and defect formation in single layer graphene[J]. Carbon, 2009, 47(14): 3201-3207.

[98] LIU J, HOU M D, TRAUTMANN C, et al. STM and Raman spectroscopic study of graphite irradiated by heavy ions[J]. Nuclear Instruments and Methods in Physics Research Section B: Beam Interactions with Materials and Atoms, 2003, 212: 303-307.

[99] ZENG J, LIU J, YAO H J, et al. Comparative study of irradiation effects in graphite and graphene induced by swift heavy ions and highly charged ions[J]. Carbon, 2016, 100: 16-26.

[100] LIU J, NEUMANN R, TRAUTMANN C, et al. Tracks of swift heavy ions in graphite studied by scanning tunneling microscopy[J]. Physical Review B, 2001, 64: 184115.

[101] CHILDRES I, JAUREGUI L A, FOXE M, et al. Effect of electron-beam irradiation on graphene field effect devices[J]. Applied Physics Letters, 2010, 97(17): 173109.

[102] WOO S O, TEIZER W. Effects of electron beam induced redox processes on the electronic transport in graphene field effect transistors[J]. Carbon, 2015, 93: 693-701.

[103] CHEN J H, CULLEN W, JANG C, et al. Defect scattering in graphene[J]. Physical Review Letters, 2009, 102(23): 236805.

[104] WANG Q, LIU S, REN N F. Manipulation of transport hysteresis on graphene field effect transistors with Ga ion irradiation[J]. Applied Physics Letters, 2014, 105(13): 133506.

[105] OCHEDOWSKI O, MARINOV K, WILBS G, et al. Radiation hardness of graphene and MoS_2 field effect devices against swift heavy ion irradiation[J]. Journal of Applied Physics, 2013, 113(21): 214306.

[106] KUMAR S, KUMAR A, TRIPATHI A, et al. Engineering of electronic properties of single layer graphene by swift heavy ion irradiation[J]. Journal of Applied Physics, 2018, 123(16): 161533.

[107] ERNST P, KOZUBEK R, MADAUß L, et al. Irradiation of graphene field effect transistors with highly charged ions[J]. Nuclear Instruments and Methods in Physics Research Section B: Beam Interactions with Materials and Atoms, 2016, 382: 71-75.

[108] ZENG J, LIU J, ZHANG S X, et al. Graphene electrical properties modulated by swift heavy ion irradiation[J]. Carbon, 2019, 154: 244-253.

[109] WANG Q H, KALANTAR-ZADEH K, KIS A, et al. Electronics and optoelectronics of two-dimensional transition metal dichalcogenides[J]. Nature Nanotechnology, 2012, 7(11): 699-712.

[110] MAK K F, LEE C, HONE J, et al. Atomically thin MoS_2: A new direct-gap semiconductor[J]. Physical Review Letters, 2010, 105(13): 136805.

[111] KOMSA H P, KOTAKOSKI J, KURASCH S, et al. Two-dimensional transition metal dichalcogenides under electron irradiation: Defect production and doping[J]. Physical Review Letters, 2012, 109: 035503.

[112] KOZUBEK R, TRIPATHI M, GHORBANI-ASl M, et al. Perforating freestanding molybdenum disulfide monolayers with highly charged ions[J]. The Journal of Physical Chemistry Letters, 2019, 10(5): 904-910.

[113] MORGAN D V, CHADDERTON L T. Fission fragment tracks in semiconducting layer structures[J]. Philosophical Magazine, 1968, 17(150): 1135-1143.

[114] ZHANG S X, ZENG J, HU P P, et al. Effects of substrate on swift heavy ion irradiation induced defect engineering in $MoSe_2$[J]. Materials Chemistry and Physics, 2022, 277: 125624.

[115] MADAUß L, OCHEDOWSKI O, LEBIUS H, et al. Defect engineering of single- and few-layer MoS_2 by swift heavy ion irradiation[J]. 2D Materials, 2016, 4: 015034.

[116] ZHANG S X, LIU J, ZENG J, et al. Electronic transport in $MoSe_2$ FETs modified by latent tracks created by swift heavy ion irradiation[J]. Journal of Physics D: Applied Physics, 2019, 52(12): 125102.

[117] XU L J, ZHAI P F, ZHANG S X, et al. Characterization of swift heavy ion tracks in MoS_2 by transmission electronmicroscopy[J]. Chinese Physics B, 2020, 29(10): 106103.

[118] HENRY J, DUNLOP A, DELLA-NEGRA S, et al. Tracks in MoS_2 irradiated with 20 MeV fullerene and 1GeV lead ions[J]. Radiation Measurements, 1997, 28(1-6): 71-76.

[119] MAGUIRE P, FOX D S, ZHOU Y B, et al. Defect sizing, separation, and substrate effects in ion-irradiated monolayer two-dimensional materials[J]. Physical Review B, 2018, 98: 134109.

[120] STANFORD M G, PUDASAINI P R, BELIANINOV A, et al. Focused helium-ion beam irradiation effects on electrical transport properties of few-layer WSe_2: Enabling nanoscale direct write homo-junctions[J]. Scientific Reports, 2016, 6(1): 27276.

[121] KRETSCHMER S, MASLOV M, GHADERZADEH S, et al. Supported two-dimensional materials under ion irradiation: The substrate governs defect production[J]. ACS Applied Materials & Interfaces, 2018, 10(36): 30827-30836.

[122] RADISAVLJEVIC B, RADENOVIC A, BRIVIO J, et al. Single-layer MoS₂ transistors[J]. Nature Nanotechnology, 2011, 6(3): 147-150.

[123] YOON Y, GANAPATHI K, SALAHUDDIN S. How good can monolayer MoS₂ transistors be?[J]. Nano Letters, 2011, 11(9): 3768-3773.

[124] VOGL T, SRIPATHY K, SHARMA A, et al. Radiation tolerance of two-dimensional material based-devices for space applications[J]. Nature Communications, 2019, 10(1): 1202.

[125] FOX D, ZHOU Y B, MAGUIRE P, et al. Nanopatterning and electrical tuning of MoS₂ layers with a subnanometer helium ion beam[J]. Nano Letters, 2015, 15(8): 5307-5313.

[126] KIM T Y, CHO K, PARK W, et al. Irradiation effects of high-energy proton beams on MoS₂ field effect transistors[J]. ACS Nano, 2014, 8(3): 2774-2781.

[127] PALUMBO F, WEN C, LOMBARDO S, et al. A review on dielectric breakdown in thin dielectrics: Silicon dioxide, high-k, and layered dielectrics[J]. Advanced Functional Materials, 2019, 30(18): 1900657.

[128] DENNARD R H, GAENSSLEN F H, YU H N, et al. Design of ion-implanted MOSFET's with very small physical dimensions [J]. IEEE Journal of Solid-State Circuits, 1974, 9: 256-268.

[129] ROBERTSON J. High dielectric constant oxides[J]. The European Physical Journal - Applied Physics, 2004, 28(3): 265-291.

[130] TAUR Y, NING T H. Fundamentals of Modern VLSI Devices[M]. Cornwall: Cambridge University Press, 2022.

[131] FOSTER J C. Radiation effects on the electrical properties of hafnium oxide based MOS capacitors[D]. Ohio: Air Force Institute of Technology, 2011.

[132] LI Z, LIU T, BI J, et al. Charge trapping effect in HfO₂-based high-k gate dielectric stacks after heavy ion irradiation: The role of oxygen vacancy[J]. Nuclear Instruments and Methods in Physics Research Section B: Beam Interactions with Materials and Atoms, 2019, 459: 143-147.

[133] LI Z, LIU J, ZHAI P, et al. Latent reliability degradation of ultrathin amorphous HfO₂ dielectric after heavy ion irradiation: The impact of nano-Crystallization[J]. IEEE Electron Device Letters, 2019, 40(10): 1634-1637.

[134] AGOSTINELLI S, ALLISON J, AMAKO K, et al. Geant4—a simulation toolkit[J]. Nuclear instruments and methods in physics research section A: Accelerators, Spectrometers, Detectors and Associated Equipment, 2003, 506(3): 250-303.

[135] ALLISON J, AMAKO K, APOSTOLAKIS J, et al. Geant4 developments and applications[J]. IEEE Transactions on Nuclear Science, 2006, 53(1): 270-278.

[136] VALENTIN A, RAINE M, GAILLARDIN M, et al. Geant4 physics processes for microdosimetry simulation: Very low energy electromagnetic models for protons and heavy ions in silicon[J]. Nuclear Instruments and Methods in Physics Research Section B: Beam Interactions with Materials and Atoms, 2012, 287: 124-129.

[137] VALENTIN A, RAINE M, SAUVESTRE J E, et al. Geant4 physics processes for microdosimetry simulation: Very low energy electromagnetic models for electrons in silicon[J]. Nuclear Instruments and Methods in Physics Research Section B: Beam Interactions with Materials and Atoms, 2012, 288: 66-73.

[138] WARREN K M, WELLER R A, MENDENHALL M H, et al. The contribution of nuclear reactions to heavy ion single event upset cross-section measurements in a high-density SEU hardened SRAM[J]. IEEE Transactions on

Nuclear Science, 2005, 52(6): 2125-2131.

[139] LUO J, WANG T S, HOU M D, et al. Investigation of flux dependent sensitivity on single event effect in memory devices[J]. Chinese Physics B, 2018, 27(7): 076101.

[140] LIU J, YAN S, XUE J, et al. Comparison of ionization track structure models for electronic devices of different sizes[J]. Nuclear Instruments and Methods in Physics Research Section B: Beam Interactions with Materials and Atoms, 2019, 444: 43-49.

[141] ALLEN M P, TILDESLEY D J. Computer Simulation of Liquids[M]. Oxford: Oxford University Press, 1989.

[142] PAKARINEN O H, DJURABEKOVA F, NORDLUND K, et al. Molecular dynamics simulations of the structure of latent tracks in quartz and amorphous SiO_2[J]. Nuclear Instruments and Methods in Physics Research Section B: Beam Interactions with Materials and Atoms, 2009, 267(8-9): 1456-1459.

[143] RIDGWAY M C, BIERSCHENK T, GIULIAN R, et al. Tracks and voids in amorphous Ge induced by swift heavy-ion irradiation[J]. Physical Review Letters, 2013, 110(24): 245502.

[144] ZHAO S J, XUE J M. Modification of graphene supported on SiO_2 substrate with swift heavy ions from atomistic simulation point[J]. Carbon, 2015, 93: 169-179.

[145] VÁZQUEZ H, ÅHLGREN E H, OCHEDOWSKI O, et al. Creating nanoporous graphene with swift heavy ions[J]. Carbon, 2017, 114: 511-518.

[146] 赵中华, 渠广昊, 姚佳池, 等. 热峰作用下单斜 ZrO_2 相变过程的分子动力学模拟[J]. 物理学报, 2021, 70(13): 136101.

第3章 纳米器件总剂量效应与可靠性

3.1 引 言

随着器件特征尺寸的缩小，当集成电路进入深亚微米领域时，MOSFET 器件的总剂量效应表现出新的特点：栅氧化层越来越薄。由于栅氧化层本身的尺寸和隧穿电流的影响，栅氧化层对 MOSFET 器件辐射特性的影响虽然可能会下降，但是浅槽隔离(shallow trench isolation，STI)氧化层的影响不容忽视，STI 氧化层的厚度约比栅氧化层高两个数量级，氧化层积累辐射产生固定正电荷的能力与氧化层的厚度密切相关，因为厚度越大，积累的固定正电荷越多，所以厚的 STI 区域是 MOSFET 器件在长时间辐射作用下受影响严重的区域。因此，着重研究在先进工艺与制程下硅基 MOSFET 器件的辐射损伤机理仍然十分必要。

3.2 总剂量效应概述

20 世纪 60 年代初，出于对空间辐射环境以及核辐射环境中芯片器件受辐射累积引起退化机理的了解以及加固芯片的需要，最早由美国海军研究实验室的 Hughes 和 Giroux 两位科研工作者发现总剂量效应，他们发现辐射的累积会使 MOS 器件的栅氧化层中产生陷阱电荷，从而引发 MOS 器件性能退化，并进一步阐释了栅氧化层中陷阱电荷产生、移动、俘获的过程。70 年代初，研究员 Federico 等将 MOS 器件置于 γ 射线与 α 射线环境中，他们发现给 MOS 器件栅极施加偏压时，MOS 器件产生的电子-空穴对受电压的影响出现定向移动或扫出电极的现象，从而引起 MOS 器件电学参数退化[1]。70 年代中期，美国圣地亚国家实验室的研究人员发现辐射后 MOS 器件的阈值电压漂移量与工艺参数有关，同时首次提出栅氧化层厚度减薄有助于改善 MOS 器件的退化，成为 MOS 器件加固技术的有力依据[2]。80 年代，较为完善的总剂量效应引起 MOS 器件退化的理论得以建立，研究的重点放在 MOS 器件内部缺陷和杂质受辐射影响等方面。同时，对于界面态陷阱的研究也有了进展，Winokur 等建立了 SiO_2/Si 界面态陷阱经验模型，他们的实验结果说明了空穴没有直接参与界面态的形成[3,4]。得益于电子自旋技术的发展，可以很好地观察氧化层陷阱中心和界面态陷阱中心的类型，从而得知氧化层陷阱中心主要是氧空位，界面态陷阱是 P_b 陷阱。因此，总剂量效应引起 MOS 器件退化主要是氧化层陷阱电荷(Q_{ot})和界面态陷阱电荷(Q_{it})共同作用的结果。与此同时，芯片制备工艺、材料得到发展，CMOS 晶体管的 Al 制栅变成有更好抗辐射性能的多晶硅栅。但这也引入了一些新的问题，在制备芯片时采用硅局部氧化隔离技术制作晶体管间的隔离物。在此工艺中氧会在 SiO_2 层中横向扩散引发鸟嘴效应积累氧化层陷阱电荷[5]。90 年代，总剂量效应的研究重心放在了退火效应中，退火过程中 MOS 器件接受辐射后产生的陷阱电荷会逐渐变为电中性，从而 MOS 器件的退化现象减弱。为了研究这一过程的影响，Oldham 等发表了隧穿模型来解释退火速率，并发现退火速率与 SiO_2/Si 界面距离有直接关系[6]。同在 90 年代，科研人员研发了一些新工艺来减少 MOS 器件的界面态陷阱，如耶鲁大学研究者发现在栅氧化层中引入氟离子后界面态陷阱会大大减少且界面态陷阱密度随时间推移而继续减小[7]。进入 21 世纪后，软件计算能力受益于芯片发展得到极大加强，更多理论验证可借助软件进行建模、仿真研究，极大地减少财、物消耗，研究速率得以提升。陆续有科研工作者基于半导体工艺模拟和器件模拟工具(TCAD)仿真得出 MOS 器件受辐射效应退化规律，其中 2011 年 Martinez 等通过软件仿真器件的 C-V 特性曲线，得到了可较好地反映氧化层陷阱电荷、界面态陷阱电荷以及两者相结合引起平带电压随辐射剂量增大而增加的关系模型。与此同时，微米级氧化层、浅槽隔离等新工艺的应用也加强了器件的抗辐射性能。但极薄的栅氧化层厚度，会使载流子从沟道中隧穿至栅极的概率增大，影响 MOS 器件的控制能力，因而需要增大隧穿势垒。栅氧化层减薄会使漏电流增大，因此引入新材料高 K 介质改善该现象，高 K 介质具有很高的介电常数，可以满足 MOS 电容需求，减少漏电。但高 K 介质由于工艺问题会产生比 SiO_2 氧化层更多的氧空位，这无疑会使总剂量效应更加严重，可采取 SiO_2 与高 K 介质氧化层堆叠工艺，在满足高介电常数的同时减少氧空位。2017 年 Fleetwood 表示高 K 介质作为栅氧化层的引入会给器件抗大剂量辐射研究带来挑战，并发现在没有栅氧化层的宽带隙半导体器件(如 GaN/AlGaN HEMT)中也观察到了总剂量效应[8]。STI 技术的引入会减少鸟嘴效应，但仍会引入氧化层陷阱电荷，这依然是造成 MOS 器件退化的重要原因之一。因而研究 MOS 器件在总剂量效应下新的退化现象十分必要。

目前国内对于总剂量效应的研究有了长足的进步，对于总电离剂量(total ionizing dose, TID)效应的研究起始于 20 世纪 70 年代，辐照实验设置了辐射剂量、偏压对比、环境控制等变量对 TID 效应进行研究[9-12]。限于当时的资金、设备等综合因素，整体研究水平与国际同期有较大差距[11]。进入 21 世纪，我国对于辐射效应的研究逐步进入正轨。2005 年，西安电子科技大学包军林等[13]使用 1/f 噪声分析方式验证 MOS 器件的总剂量效应退化机理。2007 年，孟志琴等发表了深亚微米级别的研究成果，证明氧化层陷阱电荷是深亚微米级别 MOS 器件退化的主要原因[14]。2010 年，王思浩研究了超深亚微米级别的 MOS 器件总剂量效应退化机理，验证了环栅有更强的抗辐射特性并建立了电流模型[15]。2015 年，国内针对 MOS 器件总剂量效应的研究进入纳米级别，张丹[16]仿真研究了 65nm 工艺的 MOS 器件，发现器件开始有了较为明显的窄沟效应，STI 区域陷阱电荷对器件退化的影响增强。2019 年，丁曼等发现高 K 介质作为栅极的 MOS 器件产生陷阱电荷与 SiO$_2$ 不同。

纵观国内外专家学者对 MOS 器件总剂量效应的研究，成果斐然。20 年内基本建立了总剂量效应机理模型，解决了辐射引起的退化问题，提出了新工艺、新材料。新工艺、新材料又会引入新的问题，需要将理论修正，二者相互促进，使得国际航空、核工业等产业平稳发展。我国发射了首枚火星探测器"天问一号"，代表着我国需要比探月更高水平的抗辐射特性芯片。此外，电子仪器的集成度必定越来越高，因此，探寻 MOS 器件总剂量效应机理十分必要也具有挑战。

3.3　纳米 MOSFET 器件总剂量效应

3.3.1　总剂量效应对纳米 MOSFET 器件电学参数的影响

对 MOS 器件进行总剂量辐射时，高能射线与粒子进入器件内部会使器件产生氧化层陷阱电荷和界面态陷阱电荷。当陷阱电荷累积到一定数量后引起器件退化甚至损坏。通常，可通过观察 MOS 器件的电学特征参数的变化来了解其退化程度。常见的电学特征参数有阈值电压、跨导、亚阈摆幅、1/f 噪声等。下面对各个电学特征参数进行分析。

(1) 阈值电压。MOS 器件受高能射线或粒子影响在氧化层以及 Si 与 SiO$_2$ 的界面处产生陷阱电荷，二者均为带电粒子，会影响器件的阈值电压(V_{th})。其中，氧化层陷阱电荷为正电荷，氧化层陷阱密度 ΔN_{ot} 对阈值电压的影响可以用下式表示：

$$\Delta V_{ot} = \frac{-t_{ox}}{\varepsilon_{ox}\varepsilon_0} \times q \times \Delta N_{ot} \tag{3.1}$$

式中，t_{ox} 是栅氧化层的厚度；ε_{ox} 为介电常数；ε_0 为真空介电常数。对于 N 型金属氧化物半导体(NMOS)来说，氧化层陷阱正电荷会引起其阈值电压的负向漂移，用更小的电压即可开启 MOS 器件沟道，使漏电流增大；对于 P 型金属氧化物半导体(PMOS)来说，氧化层陷阱正电荷会引起其阈值电压的负向漂移，阈值电压绝对值增大，因此氧化层陷阱正电荷会对 NMOS 器件、PMOS 器件产生退化作用。

由式(3.1)可知，氧化层越薄，对阈值电压的影响越小，而新型工艺下栅氧化层已进入 5nm 以下，对阈值电压的影响有限，但浅槽隔离氧化层比栅氧化层厚至少 2 个数量级，可以引入更多的氧化层陷阱正电荷，且浅槽隔离氧化层的制作工艺相对栅氧化层来说较差，会引入更多的缺陷，对纳米级 MOS 器件总剂量效应退化起关键作用。

界面态陷阱电荷会对 NMOS 器件与 PMOS 器件造成不同的影响。界面态陷阱分为施主态陷阱与受主态陷阱，分别位于 MOS 能带的下部与上部。对于 PMOS 器件，当费米能级临近价带时，施主界面陷阱带正电荷，受主界面态陷阱呈电中性，因此界面态陷阱将引起负的阈值电压漂移；对于 NMOS 器件，当费米能级临近导带时，施主界面陷阱呈电中性，受主界面态陷阱带负电荷，因此界面态陷阱将引起阈值电压正向漂移[17]。界面态陷阱电荷引起 MOS 器件阈值电压退化 ΔV_{it} 可用下式表示：

$$\Delta V_{it} = \frac{-t_{ox}}{\varepsilon_{ox}\varepsilon_0} \times q \times \Delta N_{it} \tag{3.2}$$

界面态陷阱电荷的产生速率慢于氧化层陷阱电荷，因此当辐射总剂量较小时界面态陷阱电荷产生较少，对 MOS 器件退化影响较小。当辐射总剂量超过 2Mrad 时，界面态陷阱积累增多。对于 PMOS 器件来说，两种陷阱电荷均为正电荷，因此加剧器件退化；对于 NMOS 器件来说，两种陷阱电荷电性相反，因此会出现"反弹"效应，器件退化程度减小。

综上，两种陷阱电荷共同作用于 MOS 器件引起阈值电压退化，可用下式表示：

$$\Delta V_{th} = \Delta V_{ot} + \Delta V_{it} = \frac{-t_{ox}}{\varepsilon_0 \varepsilon_{ox}} \times q \times \left(\Delta N_{ot} \pm \Delta N_{it} \right) \tag{3.3}$$

(2) 跨导。对于 MOS 器件而言，跨导 g_m 是漏极电流变化量与栅极电压变化量的比值，可以反映出 MOS 器件电压控制电流的能力。跨导越大，说明用更小的电压即可获得更大的电流，因此 MOS 器件最大跨导的退化情况可以反映 MOS 器件在总剂量效应下控制、放大能力的退化情况。跨导与器件宽长比、载流子迁移率和阈值电压等相关。跨导可用下式表示：

$$g_m = \frac{W}{L} \mu C_{ox} [V_{GS} - (V_{th} \pm \Delta V_{th})] \tag{3.4}$$

式中，W 与 L 分别为器件沟道的宽度与长度；μ 为载流子迁移率；C_{ox} 为栅氧电容；V_{GS} 为栅源电压。因此，当器件宽长比固定时，跨导反映 MOS 器件陷阱电荷变化情况。器件的 Si/SiO$_2$ 界面或界面附近缺陷，一方面增强了散射作用，影响载流子的运输，使其迁移率下降；另一方面，界面态陷阱会俘获或者释放载流子形成陷阱电荷，从而增强或者减弱 MOS 器件的阈值电压退化情况，影响载流子的迁移率[17]。宽长比固定时，MOS 器件迁移率与跨导的关系可以用下式表示：

$$\mu_m = \frac{\mu_{m0}}{1 + \lambda \Delta N_{it}} \tag{3.5}$$

式中，λ 为常数，与器件材料有关；μ_{m0} 为 MOS 器件的初始迁移率。

(3) 亚阈摆幅。亚阈摆幅是衡量 MOS 器件开关特性的重要指标，表示漏极电流 I_{DS} 上升一个数量级时栅压的变化量，可用下式进行求解：

$$SS = \frac{dV_{GS}}{d(\lg I_{DS})}(V \cdot dec^{-1}) \tag{3.6}$$

式中，V_{GS} 为栅源电压(简称"栅压")；I_{DS} 为漏极电流。

当 MOS 器件的栅压为零时，理论上器件处于关闭状态。但是当栅压较小时，器件的沟道会产生弱反型效应，产生漏极电流[18]。此电流可用下式表示：

$$I_{DS} = I_0 \frac{W}{L}\left[1 - \exp\left(-\frac{V_{DS}}{V_t}\right)\right] \times \exp\left(\frac{V_{GS} - V_{th} - V_{off}}{nV_t}\right) \tag{3.7}$$

式中，V_t 为热电压；I_0 和 V_{off} 为常量；n 为亚阈摆幅常量；V_{DS} 为漏源电压。由式(3.7)可知，当 MOS 器件的宽长比一定时，阈值电压变化会直接导致漏极电流的改变。因此，亚阈摆幅的变化可以反映器件在未完全开启时漏电流的大小，从而反映 MOS 器件放大性能的退化情况。

(4) 1/f 噪声。对于电子器件而言，噪声通常来自电压、电路等电学物理量与时间相关的随机变化过程，一般半导体器件噪声中包含白噪声、G-R 噪声和 1/f 噪声。其中，电子器件的内部缺陷、杂质会引起 1/f 噪声，MOS 器件相比其他电子器件而言，1/f 噪声要大很多[19]。因此，研究 MOS 器件的 1/f 噪声，可以了解氧化层中的缺陷密度、数量，从而解释总剂量效应退化机理。功率频谱密度与频率成反比且呈现起伏的物理过程可称为 1/f 噪声。1/f 噪声可用下式表示：

$$S_V(f) = EI^\beta / f^\gamma \tag{3.8}$$

式中，E 为常数，与器件的工艺、材料有关；γ 为频率指数；β 为噪声幅值。目前，有两个模型可以解释 1/f 噪声，分别为迁移率涨落模型和载流子涨落模型[20]。20 世纪 50 年代末，科学家提出了载流子涨落模型，并对 1/f 噪声进行解释，材料导带或者价带中的载流子隧穿至半导体表面并与氧化层陷阱进行反应，从而引起沟道载流子的涨落，沟道载流子的涨落又会引发库仑散射，进而引起迁移率的涨落，使得漏电流涨落，引发 1/f 噪声。迁移率涨落模型则是来自 Hooge 通过测量各种金属与半导体材料的 1/f 噪声而总结的经典公式：

$$\frac{S_V(f)}{V^2} = \frac{S_R(f)}{R^2} = \frac{\alpha_H}{fN} \tag{3.9}$$

式中，V 为施加在样品上的电压；R 为电阻；α_H 为 Hooge 常数，由材料性质所决定；N 为器件的载流子总数。迁移率涨落模型认为 1/f 噪声是由迁移率涨落引起的，因而有

$$\frac{S_\mu(f)}{\mu^2} = \frac{\alpha_H}{fN} \tag{3.10}$$

式中，μ 为迁移率。设每个载流子的迁移率为 μ_i，则

$$\mu = \sum_{i=1}^{N} \mu_i \tag{3.11}$$

$$\bar{\mu} = \frac{1}{N} \sum_{i=1}^{N} \mu_i \tag{3.12}$$

$$S_V(f) = \frac{1}{N^2} \sum_{i=1}^{N} S_{\mu_i}(f) = \frac{1}{N} S_{\mu_i}(f) \tag{3.13}$$

把式(3.11)~式(3.13)代入式(3.10)可得

$$\frac{S_\mu(f)}{\mu^2} = \frac{1}{N} \frac{S_{\bar{\mu}_i}(f)}{\bar{\mu}_i^2} = \frac{\alpha_H}{fN} \tag{3.14}$$

因而可以用 Hooge 公式来表示 MOS 器件的迁移率涨落模型，且得

$$\alpha_H = \frac{S_{\bar{\mu}_i}(f)}{\bar{\mu}_i^2} f \tag{3.15}$$

式(3.15)展示了 Hooge 常数与单个载流子之间的关系，单个载流子可直接用该常数进行表述。因此，Hooge 常数可以用来描述单个载流子的特性，而不用考虑器件尺寸等特性，具有很强的适用性。

近年来，通过实验验证，对于 MOS 器件，使用上述两种理论建立的耦合模型可以很好地解释 1/f 噪声。该模型可表示为陷阱电荷影响 MOS 器件沟道处载流子和迁移率的涨落，如下式：

$$\frac{S_{I_D}(f)}{I_D^2} = \frac{S_N(f)}{N^2} + \frac{S_\mu(f)}{\mu^2} \tag{3.16}$$

式中，$S_{I_D}(f)$、$S_N(f)$、$S_\mu(f)$ 分别为漏电流、载流子、迁移率的功率频谱函数。因此，1/f 噪声可以很好地反映器件内部的缺陷电荷情况，即氧化层陷阱电荷和界面态陷阱电荷。经过总剂量辐射后，MOS 器件氧化层处会产生多个陷阱电荷，每个陷阱电荷的陷阱时常数不同，因此可将多个缺陷与器件沟道交换载流子归纳为

$$S(f) \propto 1/f^{-\gamma} \tag{3.17}$$

MOS 器件噪声由白噪声、G-R 噪声和 1/f 噪声构成。图 3.1 所示为 MOS 器件测量噪声功率频谱密度，可由下式表示：

$$S(f) = A + \frac{B}{f^\gamma} + \frac{C}{1 + \left(\dfrac{f}{f_0}\right)^\alpha} \tag{3.18}$$

式中，A 为白噪声幅值；B 为 1/f 噪声幅值；C 为 G-R 噪声幅值；α 为转折频率；f_0 为指数因子。不同的噪声代表不同的物理含义，本书主要探寻总剂量效应退化机理。因此，对于成分复杂的噪声，需通过限制测试频率范围、滤波等方法得到所需噪声参数。

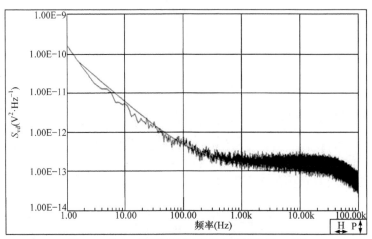

图 3.1　MOS 器件测量噪声功率频谱密度 S_{vd}[21]

3.3.2　纳米 MOSFET 器件总剂量效应关键影响区域

3.3.2.1　浅槽隔离区陷阱电荷

MOS 器件进入纳米级后，其栅氧化层也进入纳米级，而 STI 区域远远比栅氧化层厚。因此，STI 区域可积累更多的氧化层陷阱电荷，器件受其影响更为显著。对于 NMOS 器件，当器件两侧的 STI 区域积累足够多的陷阱正电荷后，其库仑作用会吸引 NMOS 器件沟宽方向的沟道、STI 界面处的电子，从而生成寄生晶体管，成为器件未开启状态下漏电流的一部分，影响器件的开关特性。随着器件进入纳米级，其沟道变窄，寄生晶体管更易开启，因而寄生晶体管开启是导致纳米器件退化的重要因素[22]。图 3.2 为 NMOS 器件内的寄生沟道示意图。

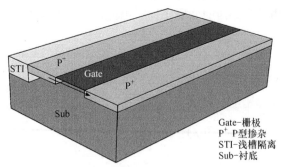

Gate-栅极
P+ P型掺杂
STI-浅槽隔离
Sub-衬底

图 3.2　NMOS 器件内的寄生沟道

对于 PMOS 器件，辐射在 STI 区域产生正的陷阱电荷，陷阱正电荷受库仑作用排斥沟道内的多子空穴，导致栅电极对于沟道边缘部分控制能力减弱，使沟道的有效宽度减小。随着器件特性尺寸的不断减小，沟道边缘部分宽度占器件宽度的比例越来越大，因此栅电极对沟道边缘部分控制能力的减弱越来越影响器件的性能。图 3.3 为总剂量效应使 PMOS 器件沟道有效宽度减小示意图。

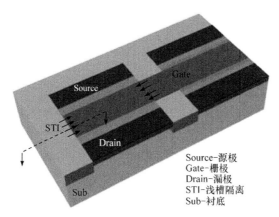

Source-源极
Gate-栅极
Drain-漏极
STI-浅槽隔离
Sub-衬底

图 3.3　总剂量效应使 PMOS 器件沟道有效宽度减小

3.3.2.2　高 K 介质对总剂量效应的影响

MOS 器件的特征尺寸不断减小，其栅氧化层的厚度势必也减小，对于 28nm 器件而言，用 SiO_2 作为栅氧化层材料时，其厚度小于 2nm[21]。但过小的栅氧化层厚度会带来栅漏电流变大、功耗增大的问题。MOS 器件的漏电流可以用下式表示：

$$I_D = \mu C_{ox} \frac{W}{L} (V_{GS} - V_{th})^2 \tag{3.19}$$

式中，μ 为载流子迁移率；C_{ox} 为栅氧电容；W 与 L 分别为 MOS 器件沟道的宽度与长度；V_{GS} 为栅源电压。然而，栅氧电容又与栅氧化层厚度、面积、介电常数等有关，如式(3.20)所示：

$$C_{ox} = \varepsilon_{ox} \times \varepsilon_0 \times \frac{S}{t} \tag{3.20}$$

式中，ε_{ox} 为二氧化硅介电常数；ε_0 为真空介电常数；S 为栅氧电容面积；t 为栅氧化层厚度。由式(3.20)可知，具有更大介电常数的材料可以保持合适的栅氧化层厚度。高 K 介质的介电常数高于 SiO_2，可以将栅氧化层厚度做得更厚，以减弱功耗增大的影响。但高 K 介质的晶格系数与 Si 不匹配，会产生大量缺陷，因而可以在 Si 生长 SiO_2 后再引入高 K 介质，这样器件接受总剂量辐射后会在高

K 介质氧化层内和高 K 介质与 SiO₂ 界面处产生陷阱电荷[23-25]。高 K 介质氧化层主要为带 0~2 个正电荷的氧空位缺陷，且厚度增大和工艺等原因使其中的陷阱多于 SiO₂ 氧化层陷阱，是纳米器件栅氧化层造成器件退化的主要因素。其中高 K 介质氧化层陷阱电荷生成过程与 SiO₂ 相同，而生成的 H 进一步向高 K 介质处扩散，在高 K 介质与 SiO₂ 界面处和 O—H 键反应生成 H₂，并在高 K 介质与 SiO₂ 界面生成陷阱。图 3.4 为 NMOS 器件在工作电压的栅极偏置下高 K 介质 SiO₂/HfO₂ 陷阱生成示意图，辐射生成的电子在外加电压作用下传输至 HfO₂ 氧化层中并被其缺陷所俘获。

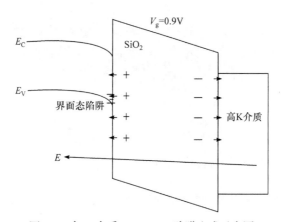

图 3.4　高 K 介质 SiO₂/HfO₂ 陷阱生成示意图

3.3.3　多变量对纳米 MOSFET 器件总剂量效应的影响

3.3.3.1　沟道长度对总剂量效应的影响

图 3.5 为 500nm/30nm、500nm/60nm PMOS 器件辐射前后电学参数对比。图 3.5(a)显示不同结构参数下阈值电压随辐射剂量的变化量，沟道长度为 30nm 的器件总剂量辐射后阈值电压总退化量为 0.00732V，沟道长度为 60nm 的器件总剂量辐射后阈值电压总退化量为 0.00361V，L=30nm 器件的阈值电压漂移率为 15.2‰，L=60nm 器件的阈值电压漂移率为 9.24‰，随着沟道长度的减小，器件参数的退化明显增加。器件退化随沟长的变化可能与栅氧化层边缘更多的陷阱损伤有关。制造工艺会造成栅边缘更多的潜在损伤，从而使得辐射过程中栅氧化层边缘形成更多的陷阱缺陷，进而导致器件性能退化。随着沟道长度的减小，栅极边缘区域占栅极总长度的比例增大，栅极边缘效应的影响增大。在栅边缘效应作用下，PMOS 阈值电压退化。图 3.5(b)显示器件亚阈特性，从图中可看出，短沟道器件关态下漏电流较大。由于栅边缘效应，沟道越短的器件受影响范围占总沟道长度的比例越大，受其影响越严重。

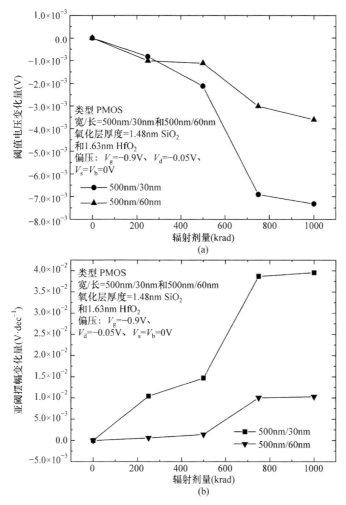

图 3.5 500nm/30nm、500nm/60nm PMOS 器件辐射前后电学参数对比
(a) 阈值电压变化量对比；(b) 亚阈摆幅变化量对比

图 3.6 为不同沟长 NMOS 器件电学参数对比，辐射总剂量为 1300krad。由图可知，两个器件阈值电压均随辐射剂量的增大发生负向漂移，且沟道短的器件退化程度大，这是因为在栅边缘效应的作用下，栅氧两端更易产生陷阱，俘获空穴，使 NMOS 器件阈值电压减小。两个器件亚阈摆幅变化量均随辐射剂量的增大而增大，且沟道短的器件退化程度大。

3.3.3.2 沟道宽度对 MOS 器件总剂量效应的影响

1. 沟道宽度对 NMOS 器件总剂量效应的影响

选取相同沟长 $L=30$nm，不同沟宽 $W=1000$nm、750nm、500nm 的 NMOS 器件

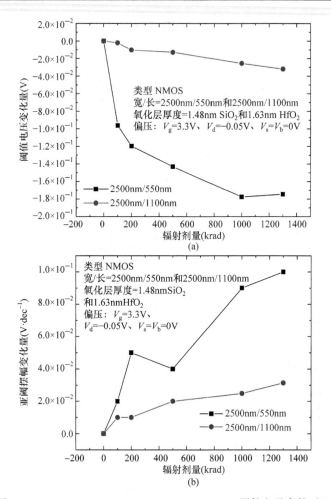

图 3.6　2500nm/550nm、2500nm/1100nm NMOS 器件电学参数对比
(a) 阈值电压变化量对比；(b) 亚阈摆幅变化量对比

参照组，进行辐照实验。同沟长不同沟宽的器件辐射前后转移特性对比如图 3.7 所示，可以看出，辐射后器件转移特性曲线向左漂移严重，并且阈值电压漂移量和最大漏电流均出现一定程度的退化。

　　在同沟长同辐射源条件下，沟宽 1000nm 器件的阈值电压从 0.4412V 降低到 0.4404V，变化较小；沟宽 750nm 器件的阈值电压从 0.4488V 降低到 0.4486V，变化很小；沟宽 500nm 器件的阈值电压从 0.4470V 降低到 0.3899V，变化很大。阈值电压漂移量随沟宽变化的趋势如图 3.8 所示。

　　在同沟长同辐射源条件下，沟宽 1000nm 器件的最大漏电流从 1.2167×10^{-4}A 增加到 1.2202×10^{-4}A；沟宽 750nm 器件的最大漏电流从 8.539×10^{-5}A 增加到 9.132×10^{-5}A；沟宽 500nm 器件的最大漏电流从 6.32×10^{-5}A 增加到 7.58×10^{-5}A。

最大漏电流漂移量随沟宽变化的趋势如图 3.9 所示。

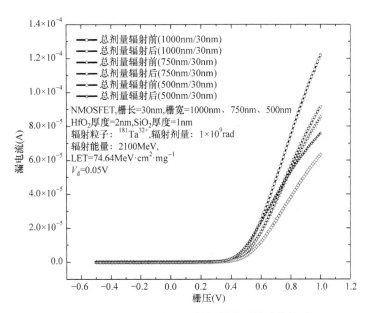

图 3.7 同沟长不同沟宽的器件辐射前后转移特性对比

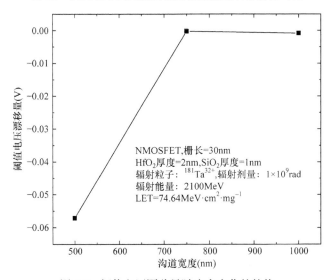

图 3.8 阈值电压漂移量随沟宽变化的趋势

在辐射过程中,器件的特性及参数变化主要受到 STI 区域的影响。辐射效应通过引入空穴的方式在 STI 侧墙生成大量带正电的陷阱电荷。随着陷阱电荷的积累,其感生电子的作用逐渐增强,导致衬底表面电子数量急速上升,直到衬底呈现出反型的状态,寄生漏电通道开启,导致器件的反型层沟道提前开启，漏电流上升。

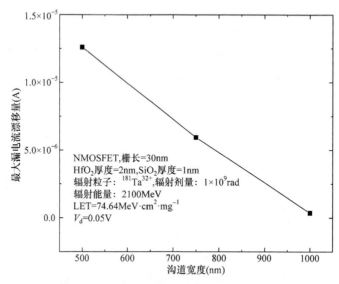

图 3.9　最大漏电流漂移量随沟宽变化的趋势

可以看出，在同沟长同辐射源的条件下，随着沟宽的减小，阈值电压漂移量和最大漏电流漂移量均增大。出现这种现象的原因主要是栅极电荷与 STI 边界电荷相互作用产生边缘电场，如图 3.10 所示。边缘电场的产生可以使边缘部分的表面电势增高，甚至超过反型层中间的表面电势，从而导致寄生沟道的产生。对于宽沟器件来说，上述效应的作用并不明显，对于窄沟器件来说，STI 的边缘效应将使阈值电压漂移程度变得更加严重。此外，由于宽沟器件本身的电流较大，故辐射效应所引起的电流变化并不明显。

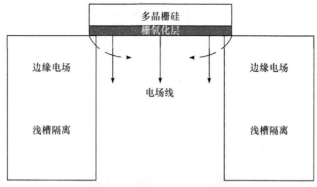

图 3.10　边缘电场产生示意图

2. 沟道宽度对 PMOS 器件总剂量效应的影响

对同沟长不同沟宽的 28nm 工艺平面 PMOS 器件进行辐射对比，研究沟道宽度对重离子辐射效应的影响，器件组沟道长度为 30nm，沟道宽度为 300nm、500nm 和 750nm。

(1) 对阈值电压的影响。

图 3.11 为沟道长度为 30nm，沟道宽度为 300nm、500nm 和 750nm 的 PMOS 器件辐射前后转移特性对比，辐射源为重离子，辐射剂量为 $1×10^{10}$rad，纵坐标为 I_d 绝对值，横坐标表示栅极所加电压 V_g。栅压的扫描范围为 $-1.0 \sim 0.5$V，为便于观察，横坐标实际显示范围稍大，为 $-1.2 \sim 0.6$V。图中，实心表示辐射前器件，空心表示辐射后器件。从图中可以观察到，W=300nm PMOS 器件的转移特性退化较明显，W=500nm、750nm 器件的转移特性退化较小。

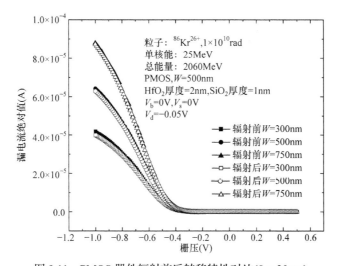

图 3.11　PMOS 器件辐射前后转移特性对比(L = 30nm)

为了对比不同沟道宽度下辐射产生的退化效应的大小，通过定电流法提取图 3.11 中六条曲线对应的阈值电压，结果如表 3.1 所示。根据表中数据，三组不同沟道宽度的 PMOS 器件的阈值电压都出现了负向漂移。沟道宽度 W=300nn 的器件，辐射前阈值电压 V_{th}=-0.422V，辐射后阈值电压为 -0.432V，负漂 0.010V；W=500nm 的器件，辐射前阈值电压 V_{th}=-0.406V，辐射后变为 -0.411V，负漂 0.005V；W=750nm 的器件，辐射前阈值电压 V_{th}=-0.390V，辐射后为 -0.391V，负漂 0.001V。可见，$1×10^{10}$rad 的重离子辐射对不同沟道宽度的器件造成的阈值电压退化量不一样，沟道宽度越小，阈值电压负漂越大，即 PMOS 器件受重离子辐射后的退化与沟道宽度负相关，沟道越宽，器件受辐射后退化越小，该器件的抗重离子辐射能力越强。

表 3.1　L=30nm PMOS 器件辐射前后阈值电压 V_{th}

沟道宽度(nm)	辐射前(V)	辐射后(V)
300	−0.422	−0.432
500	−0.406	−0.411
750	−0.390	−0.391

由于重离子感生电荷为正电荷，对于 PMOS 器件沟道开启具有抑制作用，随着 PMOS 器件沟道宽度的减小，STI 区域感生电荷对沟道的控制作用逐渐增强，加剧了窄沟器件阈值电压 V_{th} 的负漂，使得器件更加难以开启。对于宽沟器件，STI 侧墙电荷对沟道内电场的影响有限，沟道内电场主要受到栅极电压的控制。由以上分析可知，重离子辐射效应中，STI 区域感生电荷是阈值电压漂移量随沟道变窄而增加的主要原因。

(2) 对跨导的影响。

将图 3.11 中六条转移特性曲线对栅压 V_g 求导，得到的跨导曲线如图 3.12 所示。横坐标不变，纵坐标为跨导 g_m。对比不同沟宽器件辐射前后跨导曲线可以发现：W=300nm PMOS 器件的跨导曲线不重合，退化明显，跨导峰值降低且向左移；W=750nm PMOS 器件的跨导曲线局部重合，退化程度最小；W=500nm PMOS 器件的跨导退化程度趋于二者之间。

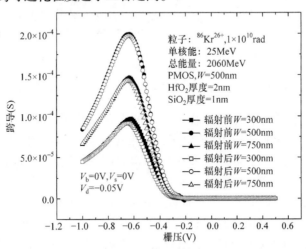

图 3.12　PMOS 器件辐射前后跨导曲线(L = 30nm)

提取出最大跨导，结果如表 3.2 所示。数值对比发现：辐射导致 W=300nm PMOS 器件最大跨导减小 5.1×10^{-6}S，退化率 5.3%；W=500nm 器件最大跨导减小 3.0×10^{-6}S，退化率 2.1%；W=750nm 器件最大跨导减小 2.0×10^{-6}S，退化率 1.0%。说明重离子辐射作用下，沟道越窄的 PMOS 器件最大跨导退化越严重，不论是跨导退化量还是退化率，都是窄沟器件大于宽沟器件。跨导的退化说明栅极对沟道的控制作用减弱，这种影响对窄沟器件更为严重，这是因为窄沟 PMOS 器件的沟道不仅受到栅极垂直电场的影响，STI 侧墙内辐射感生的正电荷产生的横向电场也会抑制沟道反型层的形成，这种影响对于宽沟器件则不明显。另外，STI 侧墙感生电荷也会对沟道内载流子形成散射作用，对迁移率具有负面影响，沟道越窄，散射作用越强，这也解释了重离子辐射效应对窄沟器件跨导的影响。

表 3.2　L=30nm PMOS 器件辐射前后最大跨导 g_{mmax}

沟道宽度(nm)	辐射前(S)	辐射后(S)
300	9.69×10^{-5}	9.18×10^{-5}
500	1.46×10^{-4}	1.43×10^{-4}
750	1.99×10^{-4}	1.97×10^{-4}

(3) 对输出特性的影响。

测量 PMOS 器件输出曲线，漏极电压 V_d 为 0～-1.0V，栅极电压 V_g 为 0V、-0.2V、-0.4V、-0.6V、-0.8V 和-1.0V。图 3.13 为沟道宽度不同的 PMOS 器件辐射前后在 $V_g=-1.0$V 时的输出特性曲线，横坐标为漏极电压 V_d，纵坐标为输出电流。分析可知，当栅压较小时，如 V_g 大于等于-0.2V 时，不论漏极电压怎么增加，输出电流本身过小，都无法明显观察到退化现象。因此，使用栅压 $V_g=-1.0$V 时的输出特性曲线进行分析，此时 PMOS 器件已经完全开启。

从之前对不同沟宽下阈值电压 V_{th} 和跨导 g_m 的变化分析可知，PMOS 器件阈值电压的负向漂移和沟道迁移率降低都会造成器件输出电流减小，由于这些影响都随着沟道变窄而加剧，因此必然导致窄沟 PMOS 器件的输出电流退化更加严

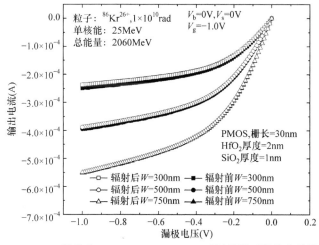

图 3.13　PMOS 器件在 L=30nm、$V_g=-1.0$V 时辐射前后的输出特性曲线

重。从图 3.13 可以看出，不同沟宽 PMOS 器件经历辐射后都发生了输出电流的退化，且沟道越窄，输出电流退化越明显。

以上分析结果表明：沟道越窄，重离子累积辐射导致的退化效应越严重。这主要是因为重离子辐射在 STI 区域造成了损伤，辐射下该区域的感生电荷对于 PMOS 器件的开启和沟道迁移率具有负面影响，这种影响会随着沟道变窄而逐渐增强，导致窄沟 PMOS 器件的阈值电压、跨导和输出电流退化更加严重。

3.3.3.3　不同栅压对总剂量效应的影响

图 3.14 为 W/L=1500nm/550nm NMOS 器件在栅压为 3.3V 与 0.9V 对数坐标下的线性转移图像，对数坐标可以很好地反映器件亚阈特性。按照前文分析，NMOS 器件随着辐射总剂量的增大，其寄生晶体管逐渐开启，超过一定辐射剂量后甚至会损坏器件。图 3.14(a)遵从这一规律，随着辐射剂量的增大关态漏电流增大，尤其在 750krad 总剂量辐射后关态漏电流增量较大。图 3.14(b)中同一工

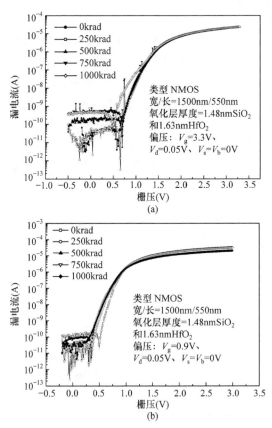

图 3.14　1500nm/550nm NMOS 器件不同栅压对数坐标下的线性转移图像
(a) V_g=3.3V 线性转移；(b) V_g=0.9V 线性转移

艺、尺寸 NMOS 器件辐射后每一阶段关态漏电流均比辐射前小，但在 250krad 至 500krad 辐射剂量后测试器件关态漏电流增大，750krad 至 1000krad 辐射剂量后测试器件关态漏电流反而减小。更高的栅压使得器件氧化层电子更快被扫出栅极，与空穴复合率降低，空穴也会更快向界面处运动，使得陷阱俘获空穴生成带电陷阱电荷的概率上升。因此，在较大栅压下同一辐射剂量会生成更多氧化层陷阱电荷，STI 边缘效应增强，使关态漏电流增大。界面态陷阱电荷会随着辐射剂量增大逐渐积累，在 NMOS 中界面态陷阱电荷为负电性，因而栅压小的器件产生较少氧化层陷阱电荷与界面态陷阱电荷中和，漏电流出现"反弹"，使得退化量减小。

图 3.15 为 1500nm/550nm 器件在栅压为 0.9V 与 3.3V 下阈值电压变化量，栅压为 0.9V 的器件阈值电压出现"反弹"效应，证明 NMOS 界面陷阱电荷增多，使器件关态漏电流出现先增大后减小的现象。因此，NMOS 器件的栅压越小，在大剂量辐射过程中越容易受界面态陷阱电荷影响，出现"反弹"效应；PMOS 器件栅压为负值，不利于将电子扫出栅极，电子空穴复合率较高，因而一般情况下其抗辐射性能优于同工艺、尺寸下的 NMOS 器件。

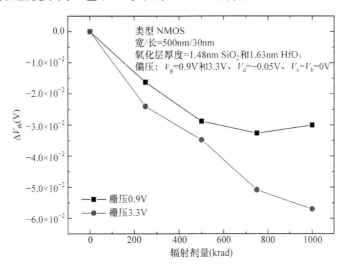

图 3.15　1500nm/550nm 器件在不同栅压下阈值电压变化量

图 3.16 为 2500nm/880nm 器件在–3.3V 与–0.9V 栅压下对数坐标的线性转移图像，图 3.16(a)中栅压为–0.9V 的 PMOS 器件亚阈区漏电流随着辐射剂量的增加而增加，未出现 NMOS 器件中的"反弹"现象，图 3.16(b)中栅压为–3.3V 的 PMOS 器件亚阈区漏电流却基本没有变化。PMOS 器件内两种陷阱电荷电性相同，共同引起器件退化，–3.3V 栅压使得更多的空穴向栅电极方向运动，空穴难以被陷阱俘获且电子迁移率受电场影响进一步降低，电子与空穴复合率增大，使得 PMOS 器

件退化减弱。同时，该器件尺寸较大，STI 区域的陷阱电荷影响有限，因此亚阈区漏电流基本没有变化。可见，开态下 PMOS 器件的抗辐射性能优于关态下。

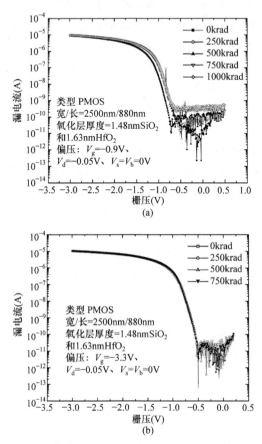

图 3.16　2500nm/880nm 器件在不同栅压下对数坐标的线性转移图像
(a) V_g = −0.9V 线性转移；(b) V_g = −3.3V 线性转移

3.3.3.4　不同辐射剂量对 MOS 器件总剂量效应的影响

通过软件仿真，得到了辐射总剂量为 0krad、250krad、750krad、1000krad 和 2000krad 的 NMOS 器件与 PMOS 器件受总剂量效应影响的数据。

图 3.17 为 NMOS 器件在不同辐射剂量下的线性转移特性曲线，总剂量效应会使氧化层内部产生电子-空穴对，电子迁移率比空穴迁移率高，因而在氧化层陷阱中，陷阱大多俘获空穴显正电性，陷阱电荷随着辐射剂量的增大而增大，使 MOS 器件退化程度增大。但当辐射剂量超过 2000krad 时，界面态陷阱电荷逐渐增多，界面态陷阱电荷显负电会中和一部分氧化层陷阱的作用，器件退化程度反而降低。NMOS 器件总剂量辐射后，在 STI 区域会积累较多的陷阱正电荷，从而

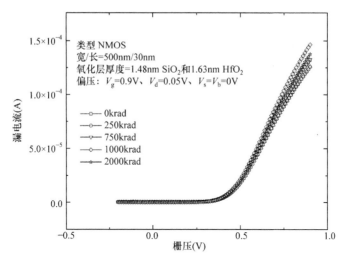

图 3.17　NMOS 器件在不同辐射剂量下的线性转移特性曲线

导致寄生沟道产生，致使器件开关特性受影响甚至损坏。这也进一步验证，纳米 MOS 器件中 STI 区域的氧化层陷阱正电荷是造成器件退化的重要因素。

　　图 3.18 为辐射前后 NMOS 器件的电势分布图。从图中可以看出，电势的变化主要发生在沟道区及其与源漏极接触区域，对源漏区域的影响很小，漏端加电为 0.05V，因而电势比源端高 0.05V。沟道与源漏极接触区域电势变化明显，说明器件对沟道的控制作用减弱。沟道区电势在辐射后增大，因此用更小的栅压即可使 MOS 器件导通工作，说明两种陷阱电荷的积累引发器件退化，使得器件阈值电压出现负漂。

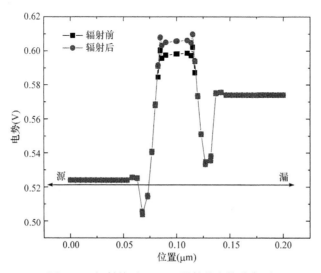

图 3.18　辐射前后 NMOS 器件的电势分布图

　　图 3.19 为 PMOS 器件在不同辐射剂量下的线性转移特性曲线，随着辐射剂量的增大，器件退化现象更严重。PMOS 器件中两种陷阱电荷均为正电荷，不会出现 NMOS 器件中阈值电压"反弹"现象。但 STI 区域的陷阱电荷依旧是影响 PMOS 器件退化的重要因素。

　　图 3.20 为辐射前后 PMOS 器件的电势分布图，高辐射剂量使栅氧边缘区域积累更多陷阱电荷，陷阱电荷越多，其库仑排斥作用越明显，沟道处载流子越难运输到沟道两端。这样器件能够控制的有效沟长变短，器件开关特性变差。仿真器件的栅长仅有 28nm，有效沟长变短会很大程度影响其控制性能。因此，PMOS 器件中，栅边缘效应也是器件发生退化的重要原因。

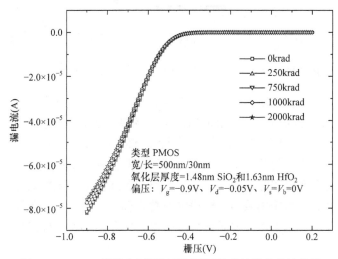

图 3.19　PMOS 器件在不同辐射剂量下的线性转移特性曲线

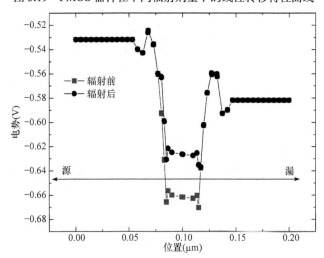

图 3.20　辐射前后 PMOS 器件的电势分布图

3.3.3.5 器件的实验参数对 1/f 噪声的影响

1. 器件沟道长度对 1/f 噪声的影响

图 3.21 为不同沟道长度下,器件在工作电压 $V_{\mathrm{g}}=-0.9\mathrm{V}$ 时测得的辐射前后的 1/f 噪声,可见辐射后器件噪声幅值增大,频率指数偏移,其中沟道长度为 30nm 的器件辐射前噪声幅值归一量 $B=2.83\times10^{-9}$,频率指数 $\gamma=0.985$,辐射后噪声幅值归一量为 4.33×10^{-9},频率指数为 0.978;沟道长度为 60nm 的器件辐射前噪声幅值归一量 $B=2.24\times10^{-9}$,频率指数 $\gamma=0.983$,辐射后噪声幅值归一量为 3.12×10^{-9},频率指数 $\gamma=0.981$。辐射后噪声幅值增大,氧化层内部缺陷增多;频率指数越偏移均匀($\gamma=1$)时缺陷越多,缺陷的增多使得器件内部材料更不均匀。

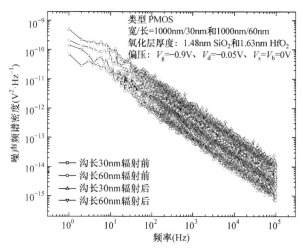

图 3.21 1000nm/30nm 器件与 1000nm/60nm 器件辐射前后 1/f 噪声对比

图 3.21 将器件辐射过程中 1/f 噪声与器件的电学参数建立关联,通过计算 1/f 噪声的关键参数噪声幅值归一量 B、频率指数 γ,即可与阈值电压、跨导、亚阈摆幅等建立关联。图 3.22 为器件辐射前后噪声辐射变化量关系,从图中可知噪声幅值、频率指数等参数变化与阈值电压变化量正相关。1/f 噪声随实验变量的改变与电学参数相同,二者均可反映两种陷阱电荷对器件造成的影响。

2. 栅压大小对 1/f 噪声的影响

图 3.23 为栅压为 0.9V 与 3.3V 下,1500nm/550nm NMOS 器件测得的辐射后 1/f 噪声,可见大栅压器件的 1/f 噪声参数偏移量更大,此现象与电学参数表现一致,验证了大栅压下同尺寸、工艺的 NMOS 器件受总剂量辐射后会产生更多陷阱电荷。

图 3.24 为 2500nm/880nm PMOS 器件不同栅压下辐射后 1/f 噪声对比,可见大栅压噪声频谱密度在双对数坐标下反而处于小栅压噪声频谱密度下面,退化程

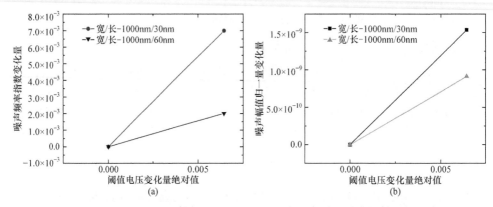

图 3.22　1000nm/30nm 器件与 1000nm/60nm 器件辐射前后噪声辐射变化量关系

(a) 阈值电压变化量绝对值与噪声频率指数 γ 变化量关系；(b) 阈值电压变化量绝对值与噪声幅值归一量变化量关系

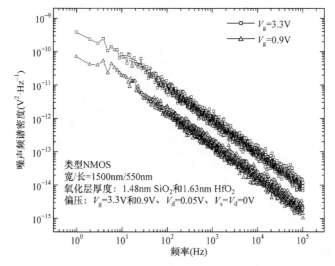

图 3.23　1500nm/550nm NMOS 器件不同栅压下辐射后 1/f 噪声对比

度小于小栅压器件。该现象与电学参数一致，因此改变总剂量效应实验条件，电学参数与 1/f 噪声均会出现相应的变化，这些变化规律会从不同方面引起器件的退化。

　　综上，1/f 噪声可以良好地反映器件内部的缺陷分布情况，而器件生产过程中引入杂质和缺陷，这些缺陷会在辐射效应中俘获电荷，引起器件退化。目前测试器件的一般方法为先进行辐照实验，后对器件退火使其回到较好性能状态，但回到最佳状态的退火程度难以掌握，极有可能引发反向退火，使器件性能更差。同时，辐照实验的高昂成本也使得器件筛选成本居高不下，难以大规模商用。引发 1/f 噪声的缺陷与造成器件退化的缺陷是同一缺陷，因此对于同一设计、尺寸的不同批次器件通过测试 1/f 噪声来验证其抗辐射性能，是一种良好的无损检测器件抗辐射性能的手段。

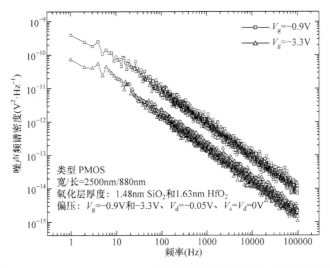

图 3.24　2500nm/880nm PMOS 器件不同栅压下辐射后 1/f 噪声对比

3.4　纳米 MOSFET 器件长期可靠性

3.4.1　经时击穿效应

经时击穿(time dependent dielectric breakdown，TDDB)也称时变击穿，指的是栅氧化层在工作一段时间后才发生击穿的一种失效现象。这种击穿可以简单地分为两个过程，首先是电应力下价键断裂引起缺陷，然后是缺陷累积直到形成导电通路[26]。

随着研究的深入，TDDB 的多个物理模型逐渐被提出。其中最著名、最常用的有 E 模型和 1/E 模型，它们在各自适用条件下都能很好地解释经时击穿现象，后来随着栅氧化层减薄，新的模型(如幂指数模型)被提出，更好地弥补了前几个模型在超薄栅氧化层下 TDDB 的空白。下面就几种模型对纳米 MOSFET 器件 TDDB 效应的机制解释进行介绍。

(1) E 模型。E 模型也被称为热化学模型，它由 Crook 最先发现，再由 Baglee 等总结而得[27]。该模型指出，缺陷的产生实际上是价键获得能量发生断裂形成的氧空位。施加电应力会使得 Si—O—Si 键角度变大，由开始的 120°夹角增加至 150°夹角以上，这样就会在 Si—O—Si 键间形成氧空位。E 模型是与电场相关的模型，当介质层厚度大于 5nm 时常常用来外推寿命，并且外推出来的寿命和其他模型相比会较小，表现得更为保守。但是它也有相应的缺点，就是无法解释电压极性对经时击穿的影响。当电荷从栅极注入和衬底注入时经时击穿具有不同的表征。

（2）1/E 模型。1/E 模型也被称为阳极空穴模型，也是第一个基于电流的经时击穿寿命模型。其最早由 Chen 等[28]发现并提出。图 3.25 为 1/E 模型导电示意图，电子从多晶硅栅到阳极一般有三种方式。第一种是电子获得高能量翻越过 3.1eV 的阴极势垒到达阳极。第二种是电子通过 F-N 隧穿形式从三角势垒到二氧化硅层的导带或者隧穿到阳极衬底。第三种是当栅氧化层厚度在 5nm 以下时，电子将会发生直接隧穿(direct tunneling)，穿过栅氧化层。第二种和第三种方式由于电子与栅氧化层晶格碰撞发生散射，从而对栅氧化层中 Si—O 键造成一定损伤。另外，加速过后的电子在阳极与晶格发生碰撞电离，空穴继续隧穿，返回到二氧化硅氧化层中再一次产生缺陷，这就是阳极空穴模型。因为阳极空穴模型主要是根据 F-N 隧穿来解释 TDDB 失效现象的，所以该模型主要应用在高电场下，而在低电场时则与实验结果相差很大。同时，该模型也不能解释介质层在只承受热应力下发生退化的现象。

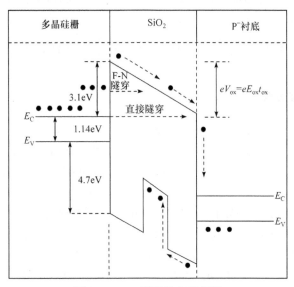

图 3.25　1/E 模型导电示意图

（3）幂指数模型。幂指数模型是指栅氧化层失效时间与栅极电压成幂指数关系的模型。幂指数模型的物理机制可以看成是氢释放模型[29]，该模型基于第一性原理密度泛函理论认为缺陷产生是一种质子化学反应过程，氢对 MOS 器件漏电流有一定影响，它可以使 Si 悬挂键钝化，在介质层中释放氢。普遍认为，移动的质子形式的氢是缺陷的重要组成部分。其过程为，电子在阳极界面处释放能量和质子，然后释放的质子与氧空位反应形成缺陷[30]。

3.4.2　热载流子注入效应

在电场的加速作用下，MOS 器件中的载流子获得了比热平衡载流子的平均动能更高的动能，一般把这一类看起来像是加热过的载流子统称为热载流子。这种热载流子一方面从电场中获取能量，另一方面通过沟道中的散射将能量传递给点阵。但热载流子由于获得的能量超过了传递给点阵的能量，拥有足够的能量翻越界面势垒，一些留在界面产生了界面态，还有一些进入栅氧化层中形成陷阱电荷。随着这些损伤的积累，MOS 器件性能的退化越发严重[31-33]。

3.4.2.1　热载流子效应分类

根据 MOS 器件中热载流子效应产生方式的不同，可以把热载流子效应分为两大类，分别为衬底热载流子效应与沟道热载流子效应。

图 3.26 分别给出了两种热载流子效应示意图。图 3.26(a)中衬底结中的漏电流以及其倍增电流共同产生了衬底热载流子。这些衬底热载流子在表面耗尽区纵向电场的作用下，向 Si-SiO$_2$ 界面移动，当获取能量足够翻越势垒时，就会将一部分衬底热载流子注入栅氧化层中，产生界面态及氧化层陷阱电荷[34]。这些衬底热载流子在横向均匀电场作用下产生的损伤是沿沟道均匀分布的。然而，在 MOS 器件特征尺寸进入纳米量级时，衬底热载流子还未达到表面就会被源漏极吸收，这样造成的结果是衬底热载流子效应对MOS 器件寿命的影响大大减弱[35]。因此，目前的研究重点不在衬底热载流子效应上，但衬底热载流子注入的均匀性仍可对热载流子退化机理的研究起推动作用。

沟道热载流子效应如图 3.26(b)所示，沟道中的电荷在横向电场的推动下获得高的动能，在其运动过程中会发生碰撞产生倍增电荷，一些电荷在受到弹性碰撞之后会幸运地沿着垂直于沟道的方向运动，在能量足够翻越 Si-SiO$_2$ 势垒时，会在漏结附近的界面及栅氧化层中形成缺陷，在沟道热载流子不断累积的过程

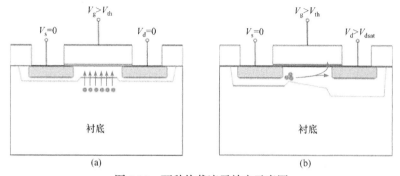

图 3.26　两种热载流子效应示意图

(a) 衬底热载流子效应；(b) 沟道热载流子效应

V_{dsat} 为饱和漏电压

中，界面态和陷阱电荷越来越多，造成器件性能退化，如阈值电压的漂移、饱和漏电流的减小、跨导的降低以及栅漏电流的增大等。然而，沟道热载流子注入造成的影响是不均匀的，目前的实验设备无法精确提取界面以及栅氧化层中的损伤，因此对热载流子效应的物理机制与物理建模存在多种不同的看法。

3.4.2.2　热载流子效应的物理机制

由于 MOS 器件的工作状态和沟道中的电场强度强烈依赖于器件各端所施加偏压的大小，因此偏置条件决定了沟道热载流子产出和注入的机制。根据施加栅压的大小，将热载流子效应分为三个不同的区域，每个区域的损伤机制不尽相同。

(1) 低栅压应力区。施加栅压 $V_g \approx V_d/4 \sim V_d/2$ 时，栅上的电压刚刚超过阈值电压，器件的工作状态刚刚进入强反型区，此时由热载流子造成的界面态很少，垂直于沟道的纵向电场会吸引热空穴的注入，因此，这时的损伤机制可以归结为处于漏端的空间电荷区中热空穴的注入[36]。但是这种损伤的物理机制比较复杂，因为通过 Doyle 等[37]的实验发现：长时间注入热空穴到栅氧化层中时，器件的退化并不明显，但随后几秒的热电子注入会使器件产生非常明显的退化。然而，同等偏压之下只有热电子注入时，并不会产生以上的退化量。Doyle 等将这种实验结果解释为注入栅氧化层中的热空穴会产生大范围的中性电子缺陷。

(2) 中栅压应力区。施加栅压 $V_g \approx V_d/2$，这样的偏置使得器件处于饱和状态，并且使得器件中横向电场最大。这种偏置的结果是漏端的碰撞电离率达到峰值，大量的高能热载流子注入 Si-SiO₂ 界面时会打破 Si—Si 键、Si—O 键、Si—H 键，产生大量的悬挂键，成为受主界面态，此时器件的退化与应力施加时间成幂指数关系。随着栅氧化层厚度的减小，这种损伤累积会更加严重[38,39]。

(3) 高栅压应力区。施加栅压 $V_g \geqslant V_d$，这种偏置条件使得器件处于临界饱和状态，横向电场未处于最大值，碰撞电离率也未处在最大值处。此时热载流子产生的界面态较少，但较高的纵向电场会吸引电子注入栅氧化层中被电荷陷阱所俘获，成为高栅压下器件损伤的主要原因[40]。这种热电子集中在漏端附近的栅氧化层中，但随着注入时间的增加，损伤区域会向源端扩展。随着栅氧化层中热电子的不断累积，产生越来越大的陷阱电荷势垒，阻止沟道中的热电子继续注入。这种情况下界面态的损伤作用就会凸显出来。

3.4.3　偏置温度不稳定效应

偏置温度不稳定(bias temperature instability，BTI)效应是指在热应力与电应力的作用下 MOS 器件内部产生界面态陷阱缺陷与氧化物陷阱电荷，从而导致器件特性及参数随时间呈现出不稳定的现象。BTI 效应又分为正偏置温度不稳定(positive bias temperature instability，PBTI)效应(对 NMOS 器件)和负偏置温度不稳定(negative bias temperature instability，NBTI)效应(对 PMOS 器件)。其中 NBTI 是针对在高温和负偏压条件下 PMOS 器件的一种效应，PBTI 是针对在高温和正偏置条件下 NMOS 器件的一种效应[41]。研究结果表明，BTI 效应的退化程度与器件尺寸、栅介质有重要的关系：①对于大尺寸器件，其阈值电压较大，BTI 效应导致的阈值电压漂移对器件工作性能参数产生的影响并不大，而对于小尺寸器件，其阈值电压较小，器件工作性能参数对阈值电压漂移更为敏感，微小的变化可能会导致器件发生故障，故 BTI 效应对于小尺寸器件长期可靠性的研究尤为重要；②对于 SiO_2 栅介质 MOS 器件来说，PBTI 效应退化不明显，故 NBTI 效应成为研究热点，对于高 K 栅介质(含有 HfO_2 与 SiO_2 两种介质)器件来说，PBTI 效应的研究逐渐受到关注，下面将分别介绍 MOS 器件的 NBTI 效应与 PBTI 效应机理。

3.4.3.1　MOS 器件的 NBTI 效应

(1) 界面态的产生。界面态在 200～500℃的氢气氛环境中经过钝化处理后，Si 悬挂键被钝化成 Si—H 键，此时界面态具有较低电学活性的界面态陷阱。当对 PMOS 器件施加应力后，这些被钝化的 Si 悬挂键在高温和高电场的环境下发生断裂，使 Si-SiO$_2$ 界面生成大量的界面态陷阱电荷。界面态的产生主要是由于 Si-SiO$_2$ 界面上 Si—H 键的断裂，反应扩散(R-D 模型)过程中电化学反应产生的 H 物质将扩散到栅氧化层，最终会转移到多晶硅里面。在反向沟道中空穴将促进 Si—H 键的断裂，界面态陷阱电荷数最终由 H 物质的扩散程度和 Si 悬挂键的钝化过程所决定。

(2) 氧化层陷阱的产生与激活。虽然通常认为 Si—H 键断裂会导致 NBTI 过程中界面态陷阱的产生，但是对于带正电荷的块状氧化物缺陷的生成缺乏充分的解释。事实上，正电荷离子在 CMOS 工艺过程中到达栅氧化层时，在高温应力作用下，将向多晶 Si-SiO$_2$ 界面聚集，导致在 Si-SiO$_2$ 界面附近有空穴电荷的生成。有四种不同的机制在 NBTI 应力期间促进氧化物缺陷的形成或活化：①Si—H 键断裂反应后固定的正电荷副产物；②通过俘获 Si—H 键断裂反应的 H 扩散副产物而形成的体陷阱(body trap)；③电子隧穿辅助过程中产生的深能级空穴陷阱；④冷空穴在应力作用下引起的冷孔陷阱的活化。前两种机制是界面态产生的电化学反应的副产品。机制②的产生与 H 正电荷形成的中性栅氧化物缺陷有关；机制③的产生与电子多价带隧穿时相互作用的损失有关；机制④则是由冷空穴隧穿引起的空穴所致。参与机制②、③和④的氧化物缺陷在施加应力之前就一直存在，并且栅氧化物形成步骤中的再氧化过程也能产生该缺陷。

3.4.3.2　高 K 栅介质 MOS 器件的 PBTI 效应

对于高 K 栅介质 MOS 器件来说，导致 PBTI 效应产生的缺陷主要来源于 HfO_2 层和 HfO_2/SiO_2 界面。

在 HfO_2 层处，HfO_2 是一种过渡金属氧化物，由于其较低的加工温度和较高的配位数而具有大量带正电荷的氧空位缺陷。据报道，这些带正电荷的氧空位缺陷起着电子俘获中心的作用，可俘获电子引起 HfO_2 层中的电荷发生变化，从而对 MOS 器件的特性及参数产生影响。

在 HfO_2/SiO_2 界面处，有研究者利用陷阱生成监视器来研究高 K 栅介质 MOS 器件内部因 PBTI 应力作用而发生的电化学反应，并提出改进的 R-D 模型，他们认为 PBTI 效应的产生机理与 HfO_2/SiO_2 界面存在的 H 钝化 Ov 缺陷(Ov—H) 有关。在栅极正向垂直电场的作用下，电子从沟道反型层隧穿至 HfO_2/SiO_2 界面，与 Ov—H 键发生反应，并使其断裂，释放出 H 原子，随后 H 原子与 XH 缺陷(如 SiH 缺陷)发生反应，产生 H_2 与界面态陷阱。

3.4.4　总剂量效应与电应力耦合作用

本小节主要研究纳米 MOSFET 器件总剂量效应与电应力的耦合作用，讨论两者耦合对纳米器件电学参数的影响，并分析应力耦合作用下纳米 MOSFET 器件的退化机理。实验分为两个部分：第一部分为对照组，即只做电应力实验；第二部分为实验组，先做总剂量辐照实验，然后做电应力实验。实验采用的器件为 NMOSFET，W/L=1500nm/550nm、W/L=2500nm/550nm、W/L=1500nm/1100nm 三种可对比器件，等效氧化层厚度为 6.19nm。

3.4.4.1　累积辐射效应对 MOS 器件的影响

1. 辐射对转移特性的影响

进行辐照试验后，先对其总剂量效应进行分析。图 3.27 为 NMOS 器件在 TID 辐射前后漏电流与栅压的关系。由于辐射过程中氧化层产生的正电荷和界面态陷阱积累，在辐射后阈值电压轻微负向漂移，亚阈值斜率略有减小，亚阈区关态漏电流增加。此外，器件发生退化还与 HfO_2 层和浅沟槽隔离(STI)有关。阈值电压偏移量由氧化层陷阱密度 N_{ot} 和界面态陷阱密度 N_{it} 二者共同影响。以下为界面态陷阱密度的计算公式[42]：

$$\Delta N_{it} = \frac{1}{\lg(kT)} \frac{C_{ox}}{q} \Delta SS \tag{3.21}$$

式中，ΔSS 为亚阈摆幅变化量；C_{ox} 为氧化层电容。亚阈摆幅是体现器件特性的参数之一，是漏电流每增加一个数量级引起的栅压变化量 ΔSS，计算出辐射前后

器件的 ΔSS，进而可以计算出界面态陷阱密度的大小。从图 3.27 中可以看出辐射后器件的亚阈摆幅增加，器件开启变慢。

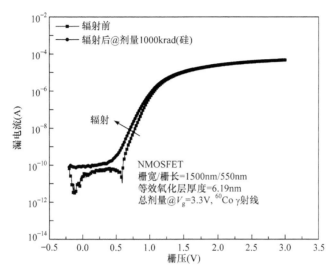

图 3.27　TID 辐射前后 NMOS 器件的漏电流与栅压的关系

经过计算，可以得到氧化层陷阱密度和界面态陷阱密度，如图 3.28 所示。从图 3.28 中可以看出，氧化层陷阱密度和界面态陷阱密度在 200krad(Si) 之前迅速增加，在 200krad(Si) 之后缓慢增加。氧化层陷阱密度的影响大于界面态陷阱密度的影响。对于 NMOSFET，V_{ot} 和 V_{it} 通常是相互补偿的。因此，即使 N_{ot} 和 N_{it} 引起的阈值电压偏移很大，NMOSFET 的阈值电压净偏移量也可能相对较小。

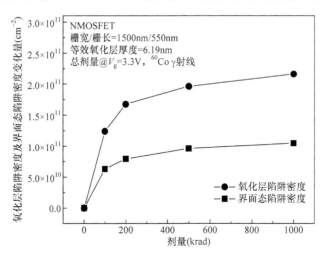

图 3.28　辐射过程中不同剂量的 ΔN_{ot} 和 ΔN_{it}

2. 栅压 0.9V 与 3.3V 的比较

在辐照实验中施加了不同栅压，观察在不同栅压下器件在辐射过程中阈值电压的变化情况。辐射时 0.9V 和 3.3V 栅压下阈值电压变化量对比如图 3.29 所示，由于测试条件限制，器件辐射总剂量为 1Mrad，对于栅压 $V_g=0.9$V 的器件，分别在 0krad、250krad、500krad、750krad、1000krad 时测试其阈值电压；对于栅压 $V_g=3.3$V 的器件，在 0krad、100krad、200krad、500krad、1000krad 时测试其阈值电压。从图中看出，栅压为 0.9V 时阈值电压的变化量远小于 3.3V 时阈值电压的变化量，几乎为 3.3V 时的三分之一。在 0～1Mrad 时，不同栅压下，两个器件的阈值电压变化量 ΔV_{th} 随着辐射剂量的增加，发生负向漂移，主要是氧化层陷阱正电荷起主要作用。

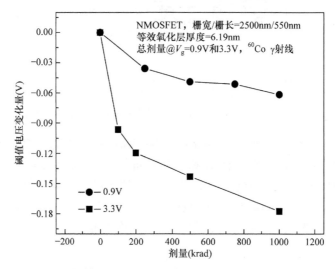

图 3.29　辐射时 0.9V 和 3.3V 栅压下阈值电压变化量对比

3.4.4.2　电应力与辐射耦合作用的影响

1. 电应力与辐射耦合作用对 I-V 特性的影响

图 3.30 为未辐射器件电应力前后、总剂量辐射后器件电应力前后的漏电流-栅压曲线关系。从图 3.30(a)和(b)可以看出，在电应力作用后，漏电流-栅压曲线正向漂移。总剂量+电应力后漏电流-栅压曲线的位移小于未辐射+电应力器件，但亚阈区(V_g<0.5V)漏电流大于未辐射+电应力器件。漏电流增加，主要是由 STI 中的氧化层电荷造成的。在 STI 处产生的正电荷不容忽视。在辐射过程中，器件不仅在栅氧化层中产生正电荷，在 STI 处也产生正电荷，STI 处产生的电场会对沟道产生影响，如图 3.31 所示，因此沟道两侧漏极漏电流增大，形成寄生栅效应，这使得经过辐射的器件的漏极漏电流大于未经过辐射的器件的漏极漏电流。

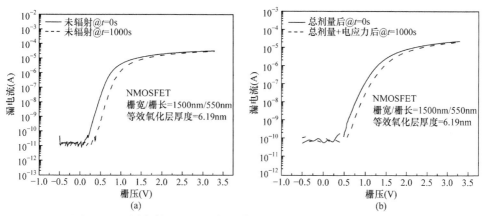

图 3.30 不同条件下漏电流-栅压曲线的变化(W/L 为 1.5μm/0.55μm)

(a) 未辐射器件电应力前后；(b) 总剂量辐射后器件电应力前后

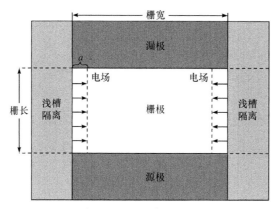

图 3.31 STI 电场示意图

2. 电应力与辐射耦合作用对器件长期可靠性的影响

根据图 3.30 中的转移曲线计算阈值电压，可以很明显地比较二者的差异。从图 3.32(a)可以看出，辐射后施加栅极电应力器件的阈值电压退化比直接进行电应力器件的阈值电压退化小。从图 3.32(b)可以看出，在双对数坐标下，无论是单独进行电应力的器件还是进行了辐射的器件，阈值电压变化量与应力时间均成线性关系。换句话说，由栅极电应力引起的阈值电压的变化符合幂函数规律，类似于常温下偏置温度不稳定效应的影响。

在未辐射的器件中，经过 1000s 的电应力作用后，阈值电压偏移 0.2V；在辐射器件中，经过 1000s 的电应力作用后，阈值电压偏移 0.15V，说明在偏置过程中辐射效应对器件的退化起弱化作用。这是因为 H 物质参与了辐射和电应力两个过程。此外，在进行辐射和电应力实验时，由于有高 K 栅介质，因此除 Si/SiO₂ 界面外，陷阱也产生在 SiO₂/HfO₂ 界面和 HfO₂ 层内。

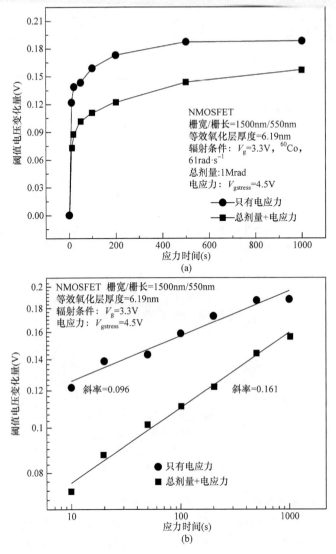

图 3.32　阈值电压在纯电应力和总剂量+电应力下的退化比较
(a) 线性坐标; (b) 双对数坐标

图 3.33 显示了高 K 介质中陷阱的产生机理。

当施加正偏压时,沟道反型层中的电子隧穿进入栅极氧化层,导致 Si/SiO$_2$ 和 SiO$_2$/HfO$_2$ 界面处 Si—H 键和 O—H 键断裂,形成 H 原子。然后 H 原子与 X—H 反应形成 H$_2$,从而形成 Si 或 O 界面态陷阱。此外,HfO$_2$ 介质在较低的加工温度和较高的配位数下在 HfO$_2$ 内部产生了大量的氧空位缺陷,形成了电子俘获中心。这样电子就能被困在氧化层中形成氧化层陷阱电荷。

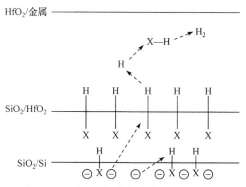

图 3.33 高 K 介质中陷阱的产生机理

　　器件在辐射过程中，在 SiO$_2$ 和 HfO$_2$ 层内将产生电子-空穴对。在栅电压下，电子可以与一些 Si—H 键或 O—H 键反应，并消耗一些 H 原子，从而在后期进行电应力测试时所需要的 H 原子减少了，减弱了器件的退化。此外，在电应力实验中，在栅极上施加 4.5V 正偏压，这将导致反型层中的电子隧穿到氧化层中。由于辐射效应在氧化层中产生了大量的正电荷，因此隧穿电子将中和一部分正电荷。这一过程消耗了部分电子，从而减弱了栅应力引起的退化。

　　在研究辐射及电应力对器件阈值电压影响的基础上，本小节也对器件最大漏电流的变化进行了分析。图 3.34 给出了在对数坐标下，只施加电应力器件和施加总剂量+电应力器件的最大漏电流退化量对比情况。随着时间的增加，漏电流的退化也不断增加。漏电流退化受阈值电压漂移的影响很大。

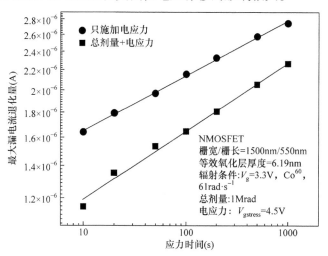

图 3.34 只施加电应力器件和施加总剂量+电应力器件的最大漏电流退化量对比

3. 电应力与辐射耦合作用对噪声的影响

图 3.35 和图 3.36 分别为器件辐射前后以及辐射加电应力后噪声频谱密度和

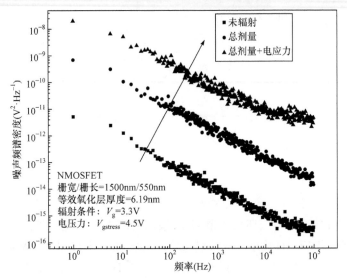

图 3.35　辐射前后以及辐射加电应力后器件的噪声频谱密度 S_{vd} 的变化

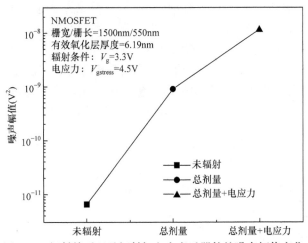

图 3.36　辐射前后以及辐射加电应力后器件的噪声幅值变化

噪声幅值的变化。可以看出，辐射后，噪声频谱密度和噪声幅值增大。但经过电应力作用后，噪声幅值的斜率变小，即幅值增量变小。以前研究人员认为 MOS 器件 1/f 噪声的产生是由载流子数涨落和迁移率涨落引起的，最近发现器件产生噪声主要是由于载流子数的涨落，与迁移率关系不密切。由于电子的有效质量低于空穴的有效质量，因而电子比空穴更容易交换载流子。在施加电应力后，由于栅氧化层陷阱正电荷及栅边缘处 STI 陷阱正电荷的减少，从而减小了对电子俘获和发射的程度，因此噪声幅值增量减小，但施加电应力后的总缺陷增加。

图 3.37 显示了辐射前、辐射后和辐射+电应力后器件噪声频谱密度 S_{vd} 和有

效阈值电压$|V_g - V_{th}|$的依赖性关系。根据公式$\beta = -\partial \ln S_{vd} / \partial \ln |V_g - V_{th}|$计算$S_{vd}$与$|V_g - V_{th}|$的关系。从图 3.37 中可以看出，辐射和电应力作用后，噪声幅值增大。这是因为，栅极介质中的氧空位和近界面氧化物[43]中 H$^+$的输运作用使得器件的缺陷浓度比以前大。此外，在 10Hz 时，β 值从辐射前的 3.82 下降到 3.49，辐射+电应力后下降到 3.48；在 100Hz 时，β 的下降趋势与 10Hz 时相同。在以上不同的频率下，β 值都减小并更接近 2(缺陷能级均匀分布)[44,45]，这意味着经过辐射和电应力作用后，在 Si/SiO$_2$ 界面产生陷阱，同时电应力又在氧化层界面及内部产生陷阱，Si—H 键不断减少，界面态陷阱增加，缺陷能级的分布变得更加均匀。

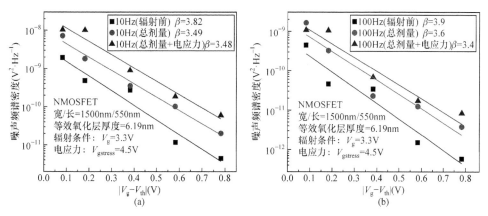

图 3.37　辐射前、辐射后和辐射+电应力后器件 S_{vd} 与$|V_g-V_{th}|$的关系
(a) $f = 10$Hz；(b) $f = 100$Hz

3.5　本章小结

纳米 MOSFET 器件的总剂量效应出现了新的特点，旧的退化理论不再适用于小特征尺寸的器件。基于此，本章采用先进工艺制成的纳米硅基 MOSFET 器件为实验对象，全面地研究了纳米硅基 MOSFET 器件的总剂量效应与可靠性，首先从研究现状和基础理论入手，详细介绍了总剂量效应的基本机理；其次以纳米 MOSFET 器件总剂量效应实验为基础，研究了总剂量效应对纳米 MOSFET 器件电学参数的影响、纳米 MOSFET 器件总剂量效应的关键影响区域以及多种变量对纳米 MOSFET 器件总剂量的影响，并对各种不同的实验现象给出了合理的机理分析；最后考虑到在实际应用中纳米 MOSFET 器件不仅会受到总剂量效应的影响，而且往往是电应力和总剂量效应共同作用于纳米 MOSFET 器件，以更加复杂的机制造成纳米 MOSFET 器件的退化，因此结合电应力下器件的 TDDB 效应、BTI 效应，研究了纳米 MOSFET 器件总剂量效应与电应力的耦合作用，讨论了两者耦合对纳米器件电学参数的影响，并分析了应力耦合作用下纳米

MOSFET 器件的退化机理。

参 考 文 献

[1] FEDERICO F, GIOVANNI C. Radiation-induced edge effects in deep submicron CMOS transistors[J]. IEEE Transactions on Nuclear Science, 2005, 52(6): 2413 - 2420.

[2] DERBENWICK G F, GREGORY B L. Process optimization of radiation-hardened CMOS integrated circuits[J]. IEEE Transactions on Nuclear Science, 1975, 22(6): 2151-2156.

[3] MA T P, PAUL V D. Ionizing Radiation Effects in MOS Devices and Circuits[M]. Hoboken: John Wiley & Sons, 1989.

[4] POWELL R J, DERBENWICK G F. Vacuum ultraviolet radiation effects in SiO_2[J]. IEEE Transactions on Nuclear Science, 1971, 18(6): 99-105.

[5] JOHN H, PAUL V, JOHN M. Scaling limitations of submicron local oxidation technology[C]. Electron Devices Meeting, Washington, USA, 1985: 392-395.

[6] OLDHAM T R, LELIS A J, MCLEAN F B. Spatial dependence of trapped holes determined from tunneling analysis and measured annealing [J]. IEEE Transactions on Nuclear Science, 1986, 33(6): 1203-1209.

[7] DASILVA E F, NISHIOKA Y, MA T P. Radiation response of MOS capacitors containing fluorinated oxides [J]. IEEE Transactions on Nuclear Science, 1987, 34(6): 1190-1195.

[8] FLEETWOOD D M. Evolution of total ionizing dose effects in MOS devices with Moore's law scaling[J]. IEEE Transactions on Nuclear Science, 2018, 65(8): 1465-1481.

[9] 贾晓菲, 魏群, 崔智军, 等. 20nm 金属氧化物半导体场效应晶体管的噪声特性分析[J]. 电子元件与材料, 2022, 41(10): 1060-1065.

[10] 刘远, 恩云飞, 李斌, 等. 器件尺寸对 MOS 器件辐照效应的影响[J]. 电子产品可靠性与环境试验, 2005(5): 25-28.

[11] YU Y, HAN L, ZHOU S. A study on the measurements and improvements of pointing accuracy of jiamusi 66m radio telescope[J]. Astronomical Research and Technology, 2016, 13(4): 408-415.

[12] 王剑屏, 徐娜军, 张廷庆, 等. 金属-氧化物-半导体器件 γ 辐照温度效应[J]. Acta Physica Sinica, 2000, 49(7): 1331-1334.

[13] 包军林, 庄奕琪, 杜磊, 等. 光电耦合器件 1/f 噪声和 g-r 噪声的机理研究[J]. 光子学报, 2005, 34(6): 857-860.

[14] 赵刚, 张思慧, 张恒景, 等. 基于 RBF 及滤波神经网络对参考站高程时间序列分析[J]. 大地测量与地球动力学, 2013(10): 136-139.

[15] 兰秋军, 马超群, 文凤华. 金融时间序列去噪的小波变换方法[J]. 理论与方法, 2004, (6): 117-120.

[16] 张丹. 65nm 工艺下 MOSFET 的总剂量辐照效应及加固研究[D]. 西安: 西安电子科技大学, 2015.

[17] 谢玖刚, 匡翠林, 周要宗. 一种改进的 GPS 坐标序列共模误差滤波方法[J]. 大地测量与地球动力学, 2019, 39(9): 924-927.

[18] 张旭东, 胡在凰. 一种基于自相关函数的 GNSS 时间序列噪声提取方法[J]. 测绘与空间地理信息, 2019, 42(10): 28-31.

[19] 张伟. MEMS 陀螺随机误差建模与 Kalman 滤波方法[J]. 现代导航, 2018(2): 100-103.

[20] 邓春宇, 吴克河, 谈元鹏, 等. 基于多元时间序列分割聚类的异常值检测方法[J]. 计算机工程与设计, 2020, 41(11): 3123-3128.

[21] BARNABY H J. Total-ionizing-dose effects in modern CMOS technologies[J]. IEEE Transactions on Nuclear Science,

2006, 53(6): 3103-3121.

[22] 马武英, 姚志斌, 何宝平, 等. 65nm 互补金属氧化物半导体场效应和晶体管总剂量效应及损伤机制[J]. 物理学报, 2018, 67 (14): 229-235.

[23] MUKHOPADHYAY S, JOSHI K, CHAUDHARY V, et al. Trap Generation in IL and HK layers during BTI / TDDB stress in scaled HKMG N and P MOSFETs[C]. IEEE International Reliability Physics Symposium, Waikoloa, Hawaii, USA, 2014: GD. 3. 1-GD. 3. 11.

[24] GOEL N, JOSHI K, MUKHOPASDHYAY S, et al. A comprehensive modeling framework for gate stack process dependence of DC and AC NBTI in SiON and HKMG p-MOSFETs[J]. Microelectronics Reliability, 2014, 54(3): 491-519.

[25] PARIHAR N, GOEL N, CHAUDHARY A, et al. A modeling framework for NBTI degradation under dynamic voltage and frequency scaling[J]. IEEE Transactions on Electron Devices, 2016, 63(3): 946-953.

[26] 徐通. 65nm MOS 器件 TDDB 效应的仿真与测试[D]. 西安: 西安电子科技大学, 2017.

[27] MCPHERSON J W, KHAMANKAR R B. Molecular model for intrinsic time-dependent dielectric breakdown in SiO$_2$ dielectrics and the reliability implications for hyper-thin gate oxide[J]. Semiconductor Science & Technology, 2000, 15(5): 462-470.

[28] CHEN I C, HOLLAND S, YOUNG K K, et al. Substrate hole current and oxide breakdown[J]. Applied Physics Letters, 1986, 49(11): 669-671.

[29] HAGGAG A, LIU N, MENKE D, et al. Physical model for the power-law voltage and current acceleration of TDDB[J]. Microelectronics Reliability, 2005, 45(12): 1855-1860.

[30] BUNSON P E, VENTRA M D, PANTELIDES S T, et al. Hydrogen-related defects in irradiated SiO$_2$[J]. IEEE Transactions on Nuclear Science, 2000, 47(6): 2289-2296.

[31] LI E, ROSENBAUM E, TAO J, et al. Hot carrier effects in nMOSFETs in 0.1/spl mu/m CMOS technology[C]. Reliability Physics Symposium Proceedings, San Diego, California, USA, 1999: 253-258.

[32] ZHAO S P, TAYLOR S, ECCLESTON W, et al. Oxide degradation study during substrate hot electron injection [J]. Microelectronic Engineering, 1993, 22(1-4): 269-272.

[33] 李尧. 65nm NMOS 器件的 HCI 效应仿真与测试[D]. 西安: 西安电子科技大学, 2018.

[34] STRONG A W, WU E Y, VOLLENSTEN R P, et al. Reliability Wearout Mechanisms in Advanced CMOS Technologies[M]. Hoboken: John Wiley & Sons, 2009.

[35] TSUCHIYA T, KOBAYASHI T, NAKAJIMA S. Hot-carrier-injected oxide region and hot-electron trapping as the main cause in Si nMOSFET degradation[J]. IEEE Transactions on Electron Devices, 1987, 34(2): 386-391.

[36] DOYLE B S, BOURCERIE M, BERGONZONI C, et al. The generation and characterization of electron and hole traps created by hole injection during low gate voltage hot-carrier stressing of n-MOS transistors[J]. IEEE Transactions on Electron Devices, 1990, 37(8): 1869-1876.

[37] DOYLE B, BOURCERIE M, MARCHETAUX J C, et al. Interface state creation and charge trapping in the medium-to-high gate voltage range ($V_d/2 > V_g > V_d$) during hot-carrier stressing of n-MOS transistors[J]. IEEE Transactions on Electron Devices, 1990, 37(3): 744-754.

[38] BALESTA F, MATSUMOTO T, TSUNO M, et al. New experimental findings on hot carrier effects in sub-0.1μm MOSFET's[J]. IEEE Electron Device Letters, 1995, 16(10): 433-435.

[39] HU C, TAM S C, HSU F C, et al. Hot-electron-induced MOSFET degradation-model, monitor, and improvement[J]. IEEE Journal of Solid-State Circuits, 1985, 20(1): 295-305.

·114· 纳米器件空间辐射效应

[40] HEREMANS P, WITTERS J, GROESENEKEN G, et al. Analysis of the charge pumping technique and its application for the evaluation of MOSFET degradation[J]. IEEE transactions on Electron Devices, 1989, 36(7): 1318-1335.

[41] 李超. 基于 65nm 商用 CMOS 工艺的 BTI 效应研究[D]. 成都: 电子科技大学, 2019.

[42] FRANCO J, KACZER B, MUKHOPADHYAY S, et al. Statistical model of the NBTI-induced threshold voltage, subthreshold swing, and transconductance degradations in advanced p-FinFETs[C]. 2016 IEEE International Electron Devices Meeting, San Francisco, CA, USA, 2016: 15. 3. 1-15. 3. 4.

[43] FRANCIS S A, DASGUPTA A, FLEETWOOD D M, et al. Effects of total dose irradiation on the gate-voltage dependence of the 1/f noise of nMOS and pMOS transistors[J]. IEEE Transactions on Electron Devices, 2010, 57(2): 503-510.

[44] GORCHICHKO M, FLEETWOOD D M, SCHRIMPF R D, et al. Total-ionizing-dose effects and low-frequency noise in 30-nm gate-length bulk and SOI FinFETs with SiO_2/HfO_2 gate dielectrics[J]. IEEE Transactions on Nuclear Science, 2020, 67(1): 245-252.

[45] 曹艳荣. 微纳米 PMOS 器件的 NBTI 效应研究[D]. 西安: 西安电子科技大学, 2009.

第4章　纳米器件单粒子效应

4.1　引　言

单粒子效应是空间辐射环境中电子系统面临的最主要威胁,严重影响航天器的在轨可靠运行。大量航天器的在轨异常被证实与 SEE 有关,如 STS-61 卫星星象跟踪仪导航失效、TDRS-5 卫星姿态控制系统异常、GOES-7 卫星中央遥测单元应答总线的通道异常切换、GOES-6 卫星的遥测系统性能退化、ERS-1 卫星的精密测距设备异常、SOHO 卫星电源模块异常关闭、SMM 卫星临时进入休眠状态导致科学数据丢失等[1,2]。

随着器件特征工艺尺寸的缩减,单粒子效应电荷共享加剧。单粒子效应电荷共享是指单个粒子入射后,在电路的多个节点发生电荷收集的现象。电荷共享发生在存储器会引发单粒子多位翻转,发生在组合逻辑电路会引发单粒子多瞬态。存储器单粒子多位翻转和组合逻辑电路单粒子多瞬态对纳米集成电路单粒子效应软错误的贡献日益显著。

纳米器件单粒子效应涉及很多研究热点,受篇幅限制,本章将重点介绍纳米存储器单粒子多位翻转和纳米组合逻辑电路单粒子多瞬态。首先,概述空间单粒子效应,因单粒子效应基本机理及分类在绪论中已介绍,这里重点阐述单粒子效应实验技术和仿真技术,介绍单粒子多位翻转和单粒子多瞬态的研究背景及现状;其次,描述纳米存储器单粒子多位翻转的实验技术,包括实验方法和表征方法,深入分析纳米存储器单粒子多位翻转的影响因素,包括离子入射角度、电源电压、离子径迹;再次,介绍纳米组合逻辑电路单粒子多瞬态的片上自测试技术、激光实验设置,阐述组合逻辑版图结构、电路参数对单粒子多瞬态的影响;最后,对本章进行小结。

4.2　单粒子效应概述

对 SEE 的认识可追溯到航天技术发展的初期。1962 年,Wallmark 等[3]做了预言:当卫星的存储单元密度增加时,宇宙射线重离子能引起暂时的位翻转错误。由于当时微电子技术和航天技术均处于较低水平,这一见解未引起足够重视。1975 年,Binder 等[4]首次为 Wallmark 的预言提供了证据,报道了通信卫星中 TTLJ2K 触发器的异常触发起因于 SEE,由于该款触发器属于小规模电路,因此仅监测到 SEU。1979 年,May 等[5]报道了 α 粒子导致动态随机存储器(dynamic random access memory,DRAM)发生

SEU。1978 年，Pickel 等[6]分析得出空间用存储电路的翻转源于重离子宇宙射线。1978 年和 1979 年，Guenzer 研究团队[7]和 Wyatt 研究团队[8]通过实验观察到高能质子导致的 SEU，Kolasinski 等[9]利用加速器产生的重离子辐照存储器件后，发现了软错误和单粒子闩锁(SEL)。后来，越来越多的 SEE 事件在航天器中被监测到，SEE 开始受到广泛关注。单粒子效应研究涉及实验和仿真，下面针对这两方面进行介绍。

4.2.1　单粒子效应实验技术

空间辐射环境十分复杂，粒子种类多、能谱范围广，地面模拟装置无法完全模拟真实的空间辐射环境，但相比空间飞行实验，地面模拟实验是主流。SEE 的地面模拟装置包含重离子加速器、质子加速器、脉冲激光实验装置、电子加速器、X 射线源、α 源和 ^{252}Cf 源等[10]。

重离子加速器是 SEE 研究的主流模拟源，模拟空间辐射环境中的重离子。加速器产生的重离子种类和能量可以在一定范围内进行人为的选择，以获取所需要的 LET 值。目前国内用于 SEE 研究的重离子加速器主要有中国原子能科学研究院的串列加速器、中国科学院近代物理研究所的回旋加速器和哈尔滨工业大学的回旋加速器。串列加速器更换重离子种类方便，一次实验中可获取多个 LET 值的 SEE 数据；回旋加速器提供的重离子能量高，穿透能力强，高 LET 值的重离子在倾角入射时仍具有较高的射程。

质子加速器是 SEE 研究不可或缺的模拟源，模拟空间辐射环境中大量存在的质子，加速器通过一定的能量调节技术可提供不同能量的质子。高能质子通过核反应诱发 SEE，与重离子直接电离导致的 SEE 在效应机理等方面存在一定差异。值得注意的是，当器件特征尺寸下降至纳米尺度，低能质子可通过直接电离诱发 SEU 甚至 MCU。目前国内可用于 SEE 研究的质子模拟装置主要有北京大学的 10MeV 低能质子加速器、中国原子能科学研究院的 100MeV 质子加速器、西北核技术研究所的 200MeV 质子加速器以及哈尔滨工业大学的 300MeV 质子加速器。

脉冲激光实验装置通过周期性地出射激光脉冲来模拟空间辐射环境中的粒子入射，一个激光脉冲代表空间中的一个辐射粒子。激光与半导体器件通过光致电离产生电子-空穴对，电子-空穴对被器件收集后诱发 SEE。因激光脉冲的入射位置和入射时刻可控，脉冲激光实验装置在器件的 SEE 空间和时间敏感信息获取方面具有独特的优势。同时，脉冲激光实验装置在开展新型器件的 SEE 机理研究和 SET 传播特性研究等方面发挥着重要作用。

^{252}Cf 源通过自发裂变产生的裂变碎片来模拟宇宙空间的重离子，裂变碎片的质量数和能量呈现明显的双峰分布[11]，Stephen 等[12]根据裂变产物数据计算得到 ^{252}Cf 裂变碎片的 LET 值谱，发现 95%以上裂变碎片的 LET 值介于 $41\sim45$MeV·cm^2·mg^{-1}，59.4%裂变碎片的LET值介于$43\sim44$MeV·cm^2·mg^{-1}，通常情况下，裂变碎片的LET

值被认为是 43~44MeV · cm^2 · mg^{-1}。

用于 SEE 研究的 α 源一般有 ^{241}Am 和 ^{210}Po，它们释放的 α 粒子通过与硅材料发生直接电离来产生 SEE，α 粒子与硅材料直接电离的 LET 值小于 1.5MeV · cm^2 · mg^{-1}。

电子 SEE 模拟装置通常有电子加速器、X 射线源以及 ^{90}Sr 源等，这些装置提供的电子有些是通过直接电离来引发 SEE，有些是通过韧致辐射释放的高能光子诱发光核反应，然后通过光核反应生成的次级粒子引发 SEE，也有些是通过核反应生成的次级粒子引发 SEE。

4.2.2　单粒子效应仿真技术

随着电子计算机技术的广泛应用，计算机仿真在 SEE 研究中发挥着越来越重要的作用，它可以模拟 SEE 损伤的基本物理过程、分析 SEE 在电路中的传播规律、预估系统的 SEE 错误率并找出芯片中 SEE 加固的薄弱环节，此外，芯片设计者还可以通过计算机仿真来验证 SEE 加固效果。SEE 仿真按电路规模可划分为器件级仿真、电路级仿真和系统级仿真[10]。

1. 器件级仿真

1967 年，NSREC 会议上报道了一维的漂移-扩散数值仿真技术[13]。后来，IBM 公司利用基于二维有限元法开发的 FIELDAY 工具[14]模拟了 PN 结中 α 粒子导致的电荷收集，使人们对 SEE 电荷收集机制有了深入认识[15]。1984 年，PISCES-Ⅱ[16]成为二维仿真的主流工具，但是二维仿真无法同时模拟正确的电荷密度和电荷总量，为解决这一问题，PISCES-Ⅱ准三维模拟[17]被提出，该工具基于圆柱对称和坐标变换，但是由于器件很少是圆柱对称，因此 PISCES-Ⅱ准三维模拟的应用范围受到了限制。随着半导体器件特征尺寸的减小，三维效应更加明显，全三维仿真器最早于 1980 年被报道[18]。通过对二维和三维仿真结果的比较发现，两者获取的瞬态电流幅值和时间维度差别很大[19]，研究者认为二维仿真更适合基本规律研究，三维仿真更适合效应的准确预估。直到 20 世纪 90 年代，商用的全三维仿真器逐渐出现[20-22]，分立器件的三维仿真未考虑负载和反馈结构对电荷收集的影响，多器件的三维仿真又大幅提高了计算量，器件-电路混合仿真[23]解决了计算量的问题，但小尺寸器件中相邻敏感单元之间在电荷收集方面的耦合效应不可忽略，器件-电路混合仿真的计算量也不可避免地增大。

纳米工艺节点下，器件的 SEE 损伤机制更加复杂。首先，纳米器件顶层金属布线中引入高 Z 材料，高 Z 材料与入射粒子发生核反应产生的次级粒子有引发 SEE 的可能，传统的器件仿真方法未考虑核反应的贡献，这对加固器件而言，容易导致 SEE 的 LET 阈值的过高估计。其次，当器件特征尺寸减小到纳米尺度时，工作电压的降低和节点电容的减小使得 SEE 临界电荷变小，相同 LET 值、不同种类和能量的离子入射纳米器件后，离子径迹特征的较小差异可能会导致单粒子响应的明显不同[24]。传统器件仿真方法将入射粒子径迹的电荷沉积分布简化成高斯分布、指数分布等解析分布，且认为 LET 值随径迹长度固定不变，无法精确地模拟入射离子的径迹特征，因此不适用于纳米器件 SEE 的准确预估。粒子输运模拟方法是模拟各种射线粒子在材料中微观输运过程行之有效的方法，其物理过程清晰、直观，可较精确地模拟入射离子的径迹特征，因此将器件仿真与粒子输运相结合的联合仿真方法逐渐发展起来[25,26]。该仿真方法的实现原理：①GEANT4 能量沉积模型从 TCAD 中获取器件的几何结构及材料定义等参数，并在 GEANT4 环境中重构与 TCAD 器件仿真完全一致的几何模型；②GEANT4 能量沉积模型记录入射粒子在几何模型中产生的能量沉积分布，把它转化为电子-空穴对的时间及空间分布并输入 TCAD 中；③TCAD 通过求解半导体方程组来获取器件的单粒子响应。

2. 电路级仿真

SEE 电路级仿真分为晶体管级和行为级两种。

1) 晶体管级的电路仿真

对于由几十至几百个晶体管组成的电路，SEE 仿真通常采取在集成电路模拟程序(simulation program with integrated circuit emphasis，SPICE)网表的敏感节点添加电流源，这种仿真方法对数字电路、模拟电路和数模混合电路都适用。随着计算机技术的发展，电路输入向量的遍历定义、电路敏感节点的依次注入、电流注入时间的抽样等过程可以通过特定的脚本来实现自动控制[27]，极大地提高了仿真效率。

2) 行为级的电路仿真

当电路的晶体管数量达到数以千计后，晶体管级的电路仿真变得不再现实，这时需采用行为级电路仿真。宏模型作为行为建模的基础，在 SPICE 发展的早期就已开始应用[28]。如果仿真允许降低计算精度来节省计算时间和资源，可以选择宏模型，即将晶体管级电路用理想的等价电路模型或数学近似模型来代替。

3. 系统级仿真

对于包含数百万晶体管的复杂集成电路而言，须在较大的功能块级开展行为建模，这样可以较容易地实现对大规模数字电路的重要性能参数的量化和数学描述，相比之下，模拟电路不能很容易地进行参数化，即使使用 VHDL-AMS 语言和 Verilog-A 语言。系统级的 SEE 仿真涉及电路表征方法、故障模型确定、故障传播建模、加速仿真方法、功能降额评估等较多方面[29-31]，这里不再详细介绍。

4.3 纳米存储器单粒子多位翻转

4.3.1 纳米存储器单粒子多位翻转实验技术

在存储器单粒子效应实验中，无论是动态测试还是静态测试，均保存的是发生翻转的存储单元逻辑地址以及相应的数据信息，无法分辨任意 2 个发生翻转的存储单元是否在物理上相邻，是否为多位翻转，因此在单粒子效应实验中实现对多位翻转的测量和提取是开展多位翻转研究工作的基础和关键[32]。基于该需求，本节重点介绍几种多位翻转实验方法以及多位翻转参数表征方法。

4.3.1.1　实验方法

对单粒子多位翻转测量和提取的关键在于分辨统计由一个粒子入射造成的多位翻转和由不同粒子入射在相邻物理位置造成的"伪"多位翻转。经过归纳分析，提出了几种实验中可采用的多位翻转数据处理和分析方法。

1) 时间分辨方法

单粒子效应辐照时采用低注量率离子入射，测试系统高速回读，数据处理时一旦发现一次回读得到多个翻转，即认定其为 MCU，这种方法应保证平均每个回读周期内发生 SEU 的次数小于 1。

2) 空间分辨方法

用空间分辨方法测试时同一般的单粒子测试方法，高注量率离子入射，数据处理时结合器件物理位图分析最终结果中有没有物理上相近的位发生翻转，如图 4.1 所示。该方法虽然测得的翻转数较多，但是每个测试周期内的翻转数和存储器总的位数相比还是很少的，假设翻转均匀发生，那么任意 2 位翻转处于相邻物理位置的概率还是比较低的。

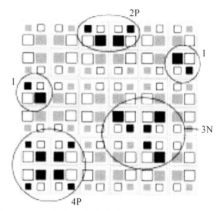

图 4.1　不同敏感节点相邻位置引起的多位翻转

3) 空间分辨+去除"伪"MCU 方法

空间分辨方法最大的问题在于精度较低，可能导致两个入射离子在相邻存储单元引起两个单独的 SEU 事件，被记作 MCU，即"伪"多位翻转，因此提出了空间分辨+去除"伪"MCU 的方法[33]。该方法涉及的一个重要问题是物理上相隔多近的位才被认为是 MCU，因此必须要首先确定一个相邻位的最大距离 k，这个指标 k 对应于在 X 和 Y 方向被记作一个 MCU 的两个 SEU 之间的最大单元数目。这个指标对 MCU 计数的影响如图 4.2 所示，图中表明 MCU 数量和类型是 k 值的函数，k 值越大，MCU 数量越大，然而，一个大的 k 值可能导致两个入射离子在相邻存储单元引起两个单独的 SEU 事件被记作 MCU，从而引起对 MCU 失效率的高估。

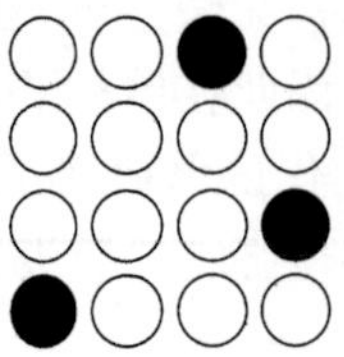

存储单元间隔指标	MCU数量
k=1	无MCU
k=2	一个2位MCU
k=3	一个3位MCU

图 4.2　存储单元间隔指标 k 对 MCU 计数的影响示意图

一定时间 t 内“伪”MCU 发生的次数 i 是 1 个随机变量 X，X 近似服从泊松分布：

$$P(X=i)=\mathrm{e}^{-\lambda t}\frac{(\lambda t)^i}{i!} \tag{4.1}$$

式中，λt 代表累计 E_{SRP} 个翻转时发生一次“伪”MCU 的概率，即

$$\lambda t=\frac{E_{\mathrm{SRP}}\times \mathrm{AdjCell}}{N_{\mathrm{Bits}}} \tag{4.2}$$

式中，E_{SRP} 表示辐照后记录的总 SEU 数量，可以通过静态测试或动态测试进行获取；N_{Bits} 表示 SRAM 总的位数；AdjCell 表示在 1 个 SEU 周围可能被记作 MCU 的存储单元数量，通常物理上完全相邻的存储单元发生翻转才被记作 MCU，因此计算时 AdjCell 取 8。

4) 时间空间联合分辨方法

辐照时离子低注量率入射，测试系统连续高速回读，测试数据和上一次测试数据进行比较，这样每次回读统计的是新增加的翻转数，结合器件物理位图分析有没有物理上相近的位。尽量保证一个回读周期内发生单粒子翻转的数量较少，这样观察到“伪”MCU 的概率就很低。受加速器实验条件的限制，注量率过低将导致束流的不稳定，因此，实际效应实验中，建议离子注量率选定的原则是保证辐照中每个回读周期测试的翻转数小于芯片总容量的 0.01%。

5) 统计分析方法

当无法获得器件物理位图时，可以采用一种统计分析的方法[34]获取器件 MCU 比例。假定在稳定的束流辐照下，每个周期读到的翻转数 $M=nk$，其中 n 是平均每次事件引起的翻转数，k 是单粒子事件数。M 的均值和方差分别为 μ_M 和 σ_M，那么 2 个随机变量乘积的方差为

$$\sigma_M^2=(\sigma_k^2+\mu_k^2)(\sigma_n^2+\mu_n^2)-\mu_M^2 \tag{4.3}$$

一般来说，k 服从泊松分布，因此有

$$\frac{\sigma_M^2}{{\mu_M}^2}=\frac{\sigma_k^2}{\mu_k^2}+\frac{\sigma_n^2}{\mu_n^2}+\frac{\sigma_k^2\sigma_n^2}{\mu_M^2}=\frac{\mu_n}{\mu_M}+\frac{\sigma_n^2}{\mu_n^2}+\frac{\sigma_n^2}{\mu_M\mu_n} \tag{4.4}$$

由此得到了每个周期读到的翻转数 M 的均值和方差(可测量)与 n(MCU 比例+1)的均值和方差的关系式,这时只需知道 n 的分布形式,就可以得到 n 的均值和方差的关系,从而推出 μ_n 的表达式。实验数据表明,n 服从几何分布,即每多 1 位发生的概率都下降 1 个固定的比例,即

$$P(n = N) = q^{N-1}(1-q) \tag{4.5}$$

由此可得

$$\mu_n = \frac{1 - 2\mu_M + \sqrt{(2\mu_M - 1)^2 + 4(\sigma_M^{\,2} + \mu_M)}}{2} \tag{4.6}$$

当均值大于 1,即说明存在多位翻转,并获知多位翻转的百分比。该方法具有较高的精度,缺点在于无法获知多位翻转的图形,并对实验时束流稳定性要求很高。

6) 概率统计信息提取方法

由于厂家保密等因素,器件物理位图信息通常难以获取,对 MCU 信息提取造成极大困难,针对这种问题,建立了基于概率统计的单粒子多位翻转信息提取方法[35]。该方法基本思路:首先计算翻转逻辑地址间的按位异或(XOR)和汉明距离(BHD),然后根据 XOR 和 BHD 的统计结果提取器件的 MCU 模板,最后利用该模板提取单粒子翻转数据中的 MCU 信息。下面给出方法的具体步骤,包括数据准备、参数计算、MCU 模板提取和 MCU 提取四步,如图 4.3 所示。第一步通过单粒子效应实验收集 SEU 实验数据,按照不同测试周期组织数据,每个测试周期数据包括本周期测得的 SEU 地址和数据。第二步在每一个测试周期内,任意两个 SEU 逻辑地址之间按位异或得到 XOR 值,进一步通过统计 XOR 值中"1"的个数得到对应的汉明距离(BHD)值,得到一组由 XOR 和 BHD 两个参数组成的数组;将所有测试周期中得到的 XOR 和 BHD 结果合并,并将合并后的结果按照 BHD 值的大小进行分组,每个 BHD 值归为一组;在每一个 BHD 下,统计不同 XOR 值出现的次数,并在组内按照 XOR 出现次数的多少对结果重新排序。图 4.4 给出了 XOR 和 BHD 参数计算和统计流程。第三步,如果对任意 BHD

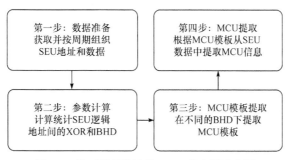

图 4.3 基于概率统计的 MCU 信息提取步骤

值，MCU 的存在导致 XOR 值的分布变得不均匀，则对于相同 BHD，提取出频次最高且明显高于其他值的 XOR 作为 MCU 模板元素。第四步利用上述得到的 MCU 模板判断两个逻辑地址(addr1，addr2)间相邻关系。

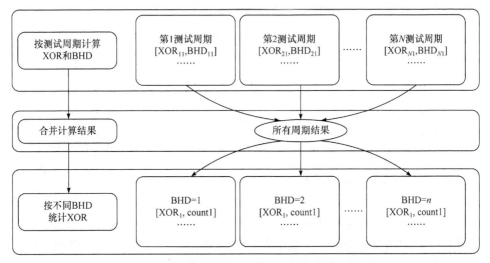

图 4.4　XOR 和 BHD 参数计算和统计流程

综上分析，表 4.1 给出了几种单粒子多位翻转数据测量和处理方法比较。实际实验中，可结合器件信息、精度要求以及所需获取信息等方面的考虑，选择合适的 MCU 实验方法。

表 4.1　几种单粒子多位翻转数据测量和处理方法比较

方法	位图	束流要求	回读要求	结果精度	主要缺点
时间分辨	否	弱	快	较高	耗时、无翻转图形
空间分辨	是	无	无	一般	需位图、精度低
空间分辨+去除"伪"MCU	是	无	无	较高	需位图
时间空间联合分辨	是	弱	快	最高	需位图、耗时
统计分析	否	稳定	每个回读周期翻转数大于4	较高	无翻转图形
概率统计信息提取	否	弱	快	较高	受版图布局限制

4.3.1.2　参数表征方法

对保存记录的单粒子翻转实验数据，结合物理位图映射关系，可进一步统计单位翻转(single-cell upset，SCU)、不同位数多位翻转的事件数和拓扑图形，从而对多位翻转进行参数表征。这里首先提到两种单粒子翻转截面表示方法[36,37]，

一种是传统的单粒子翻转截面，表示为

$$\sigma_{U\text{-}SEU} = \sum_{i=1}^{\infty} \frac{i \times \text{Event}_{i\text{-bit}}}{\varPhi} = \frac{1 \times \text{Event}_{1\text{-bit}} + 2 \times \text{Event}_{2\text{-bit}} + 3 \times \text{Event}_{3\text{-bit}} + \cdots}{\varPhi} \quad (4.7)$$

另一种是单粒子翻转事件截面，为单位翻转事件截面和多位翻转事件截面之和。相比于单粒子翻转截面，二者的差别在于单粒子翻转事件截面将由同一个离子引起的所有翻转都看作一个事件，无论是单位翻转还是多位翻转，截面计算时不考虑该事件引起的翻转数，事件仅仅记作一次，不涉及权重，表示成：

$$\sigma_{E\text{-}SEU} = \sum_{i=1}^{\infty} \frac{\text{Event}_{i\text{-bit}}}{\varPhi} = \frac{\text{Event}_{1\text{-bit}} + \text{Event}_{2\text{-bit}} + \text{Event}_{3\text{-bit}} + \text{Event}_{4\text{-bit}} + \cdots}{\varPhi} \quad (4.8)$$

式中，i 表示一个单粒子事件引起的单粒子翻转数；$\text{Event}_{i\text{-bit}}$ 表示可引起 i 位翻转的单粒子翻转事件数；$\varPhi$ 表示入射离子的注量。

SEU 事件截面的大小可以反映单粒子多位翻转的严重性，SEU 截面和 SEU 事件截面相差越大，表明一个离子入射能够引起更多位的翻转，多位翻转多样性的大小可以用 MCU 均值进行表示，即一个单粒子翻转事件引起的平均单粒子翻转数，表示为

$$\text{Mean} = \frac{\sigma_{U\text{-}SEU}}{\sigma_{E\text{-}SEU}} = \frac{\sum_{i=1}^{\infty} i \times \text{Event}_{i\text{-bit}}}{\sum_{i=1}^{\infty} \text{Event}_{i\text{-bit}}} \quad (4.9)$$

单位翻转截面 σ_{SCU} 即影响一位翻转事件的截面，表示为

$$\sigma_{SCU} = \frac{1 \times \text{Event}_{1\text{-bit}}}{\varPhi} \quad (4.10)$$

类似地，有着 i 位翻转的 MCU 事件截面定义为

$$\sigma_{i\text{-bit}} = \frac{\text{Event}_{i\text{-bit}}}{\varPhi} \quad (4.11)$$

所有 MCU 事件的总截面是指 2 位翻转以及更多位翻转的 MCU 事件截面，每个 MCU 事件记作一次事件，不考虑位翻转数，表示为

$$\sigma_{MCU} = \sum_{i=2}^{\infty} \frac{\text{Event}_{i\text{-bit}}}{\varPhi} = \frac{\text{Event}_{2\text{-bit}} + \text{Event}_{3\text{-bit}} + \text{Event}_{4\text{-bit}} + \cdots}{\varPhi} \quad (4.12)$$

σ_{SCU} 和 σ_{MCU} 的总和即表示 SEU 事件截面，MCU 事件不涉及权重的问题，是为了对 SCU 事件和 MCU 事件进行比较，以便对 MCU 比例有清晰的定义。

MCU 比例是 MCU 辐射响应的一个重要特征，它在存储器结构设计中起着重要的作用。MCU 比例反映了工艺对 MCU 事件的敏感性以及错误检测与纠正

(error detection and correction，EDAC)技术的可靠性，MCU 比例是 MCU 事件的百分比，表示成[36]：

$$P_{\mathrm{MCU}} = \frac{\sum\limits_{i=2}^{\infty} \mathrm{Event}_{i\text{-bit}}}{\sum\limits_{i=1}^{\infty} \mathrm{Event}_{i\text{-bit}}} \tag{4.13}$$

单位翻转或 i 位翻转的 MCU 比例可以表示成：

$$P_{\mathrm{MCU}_{i\text{-cell}}} = \frac{\mathrm{Event}_{i\text{-cell}}}{\sum\limits_{i=1}^{\infty} \mathrm{Event}_{i\text{-cell}}} \tag{4.14}$$

本节针对单粒子多位翻转研究工作的需求，提出了六种单粒子多位翻转实验方法，比较了几种方法的适用范围和优劣，给研究人员提供了多种技术手段。MCU 表征方法方面提出了 SEU 事件截面、MCU 事件截面、MCU 比例、MCU 均值的定义方法和计算方法，给出了评价器件抗多位翻转有效性的量化依据。在本章研究工作中，力求分析不同因素对单粒子多位翻转拓扑形状和表征参数的影响，要求信息量全，精度高，因此主要采用时间空间联合分辨方法，获取清晰的纳米器件单粒子多位翻转物理图像，为准确评价器件抗单粒子翻转能力、改进器件加固设计提供支撑。

4.3.2　纳米存储器单粒子多位翻转的影响因素

4.3.2.1　离子入射角度和方位角

器件特征尺寸减小，导致电荷收集机制发生变化，多位翻转出现，原有较大尺寸下的实验方法、理论模型和加固技术在纳米工艺下受到挑战。如何通过地面辐照模拟试验科学有效地验证和评估纳米集成电路的抗辐射性能，成为提高集成电路抗单粒子性能面临的迫切问题。本小节在多位翻转实验技术建立的基础上，重点开展离子 LET 值、入射角度、入射方位角对纳米 SRAM 单粒子多位翻转影响的实验研究，分析单粒子多位翻转的关键影响因素和效应规律，为建立纳米器件重离子单粒子翻转模拟试验方法，考核评价纳米器件抗单粒子翻转能力和加固技术有效性提供了技术支撑。

1. 实验设置

1) 实验装置

重离子单粒子效应实验在中国原子能科学研究院 HI-13 串列加速器单粒子效应辐照平台上开展，该加速器能加速除惰性气体外的所有离子，更换离子种类方便快捷，离子能量连续可调。表 4.2 给出了开展实验所选用的离子种类信息以及离子不同入射角时器件表面有效 LET 值。

表 4.2 实验离子种类以及器件表面有效 LET 值

离子	能量(MeV)	LET 值 (MeV·cm²·mg⁻¹)	Si 中射程(μm)	30°/60°入射角下的有效 LET 值 (MeV·cm²·mg⁻¹)
C	80	1.73	127.1	—
F	110	4.2	82.7	4.9/8.4
Cl	160	13.1	46.0	15.1/26.2
Br	220	42.0	30.4	48.5/84.0
I	265	64.7	28.8	—

2) 实验样品

实验样品为 65nm 体硅 CMOS 工艺标准六管 SRAM，存储容量 32k×8bit。器件内核标准电压 1.2V，外围 I/O 标准电压 3.3V。存储单元尺寸 1.25μm×0.5μm，面积 0.625μm²。

辐照时，器件存储阵列填充测试图形 55H，工作电压 1.2V，用 F、Cl、Br 离子开展离子 30°、60°倾角入射实验，倾角入射时选用了两种入射方位角，即分别沿着 X 轴($\theta = 0°$)和沿着 Y 轴($\theta = 90°$)倾角入射，如图 4.5 所示，以研究离子入射角度、器件方位角对纳米尺度 SRAM 器件单粒子多位翻转的影响。

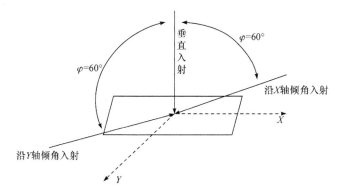

图 4.5 重离子倾角入射器件时的两种方位角示意图

3) 测试

基于对数据信息高精度的考虑，采用时间空间联合分辨的实验方法，保障对单粒子多位翻转相关参数的获取。实验时低注量辐照，测试系统高速回读，无翻转时测试系统完成一次循环检测的时间约为 4ms。实验中离子注量率选取原则是保证辐照中每个回读周期测试的翻转数小于芯片总容量的 0.01%，这样发生"伪"多位翻转的最劣概率小于 $8×10^{-4}$。

每个回读周期后将回读数据与上一周期回读数据进行比较，不一致则判定发生单粒子翻转，发生单粒子翻转的存储单元逻辑地址和数据被记录。全部实验数据保存记录后，结合位图转换软件，统计处理单粒子多位翻转拓扑图形、比例、均值等参数，研究不同因素对多位翻转影响的物理机制和效应规律。

2. 结果与讨论

1) 6T SRAM 重离子单粒子翻转截面曲线

图 4.6 给出了 6T SRAM 器件重离子单粒子位翻转截面曲线，并对垂直入射条件下器件单粒子翻转数据进行了威布尔函数拟合。可以看出，垂直入射时，6T SRAM 单粒子翻转截面曲线在 LET 值大于 $42\mathrm{MeV} \cdot \mathrm{cm}^2 \cdot \mathrm{mg}^{-1}$ 后逐渐趋于饱和，其饱和截面为 $1.85 \times 10^{-8}\mathrm{cm}^2$，即 $1.85\mu\mathrm{m}^2$，约是 6T SRAM 存储单元面积 $0.625\mu\mathrm{m}^2$ 的 3 倍。然而，倾角入射特别是沿 Y 轴方位角入射时，SEU 截面仍然持续增加，沿 Y 轴倾角 60° 有效 LET 值为 $84\mathrm{MeV} \cdot \mathrm{cm}^2 \cdot \mathrm{mg}^{-1}$ 时，SEU 截面为 $2.67 \times 10^{-8}\mathrm{cm}^2$，即 $2.67\mu\mathrm{m}^2$，约是存储单元面积的 4 倍，这表明离子倾角入射时，器件单粒子多位翻转更加严重。这是因为在高 LET 值时，归因于电荷共享和双极放大，斜入射会导致更多的存储单元同时翻转引发多位翻转。离子入射方位角也会影响 SEU 截面大小，沿 Y 轴倾角入射的 SEU 截面高于沿 X 轴倾角入射，潜在机理将在后面进行分析。

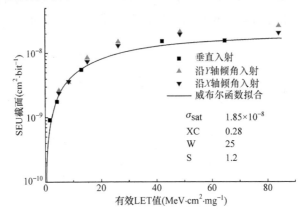

图 4.6   6T SRAM 器件重离子单粒子位翻转截面曲线

另外，当离子 LET 值小于 $20\mathrm{MeV} \cdot \mathrm{cm}^2 \cdot \mathrm{mg}^{-1}$，相同有效 LET 值时，离子倾角入射对应的 SEU 截面实验数据和垂直入射条件下拟合的 SEU 截面曲线符合较好；但在 LET 值大于 $20\mathrm{MeV} \cdot \mathrm{cm}^2 \cdot \mathrm{mg}^{-1}$ 时，离子倾角入射对应的实验数据点落在垂直入射条件下拟合的 SEU 截面曲线之上。基于倾斜角度的余弦定理重离子单粒子效应实验方法通常适应于低纵横比器件，即器件 SEU 灵敏体积厚度远小于横向二维尺寸，然而，对于纳米尺度器件，SEU 灵敏体积呈现高纵横比特点，离子大角度入射器件时会出现明显的边界效应，且在高 LET 值时引发明显的多位翻转。因此，由于几何效应和MCU效应，有效 LET 值的角度相关性并不简单地遵从余弦定理。基于余弦定理的重离子单粒子效应实验方法的适用性与器件类型、离子 LET 值、离子入射角度相关，对于纳米体硅 SRAM，通常在离子低 LET 值低角度入射时适用。

2) LET 值对单粒子多位翻转的影响

图 4.7 给出了重离子垂直入射下 SCU 和 MCU 事件百分比与 LET 值的关系，由于 C 离子入射时，单粒子翻转均为单位翻转，因此这里没有进行显示。可以看出，随着 LET 值的增加，MCU 多样性和比例明显增加。LET 值为 $4.2\mathrm{MeV\cdot cm^2\cdot mg^{-1}}$ 时，单粒子翻转主要表现为单位翻转，SCU 事件数占总事件数的 82%，多位翻转仅表征为 2 位翻转。当离子 LET 值大于 $4.2\mathrm{MeV\cdot cm^2\cdot mg^{-1}}$ 时，SEU 事件贡献主要来自 MCU 事件，多位翻转事件数和位数增加，SCU 事件百分比降低。当 LET 值为 $64.7\mathrm{MeV\cdot cm^2\cdot mg^{-1}}$ 时，SCU 事件仅占总事件的 6%，高位 MCU(高于 5 位的 MCU)已经高达 32%，MCU 均值从 $4.2\mathrm{MeV\cdot cm^2\cdot mg^{-1}}$ 时的 1.18 增加到 $64.7\mathrm{MeV\cdot cm^2\cdot mg^{-1}}$ 时的 4.41，这意味着一个入射重离子能平均引起四个存储单元同时发生翻转。

MCU 拓扑图形被进一步分析，表 4.3 给出了不同拓扑图形的 MCU 比例与 LET 值的关系。当重离子垂直入射时，2 位翻转以竖直 2 位翻转为主，只有极少量的水平 2 位翻转；3 位翻转也以竖直 3 位翻转为主，L 形翻转占比较小；4 位翻转以田字形 4 位翻转和一些竖直 4 位翻转为主；5 位翻转和更高位翻转的拓扑形状主要表现为两个相邻的竖直型翻转，竖直 MCU 相比于水平 MCU 具有更高敏感性。

当重离子撞击器件敏感节点，电子-空穴对初始产生在离子径迹范围之内，一部分沉积电荷被相邻节点快速漂移收集，其余电荷向周边扩散，在扩散过程中

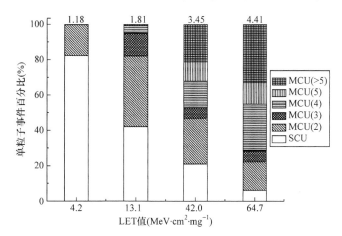

图 4.7 重离子垂直入射下 SCU 和 MCU 事件百分比与 LET 值的关系

被更多相邻单元收集。随着 LET 值的增大，扩散更多，扩散距离更长，寄生双极放大效应更容易被开启，从而引起更多单元翻转。

表 4.3　重离子垂直入射下 6T SRAM 不同拓扑图形的 MCU 比例与 LET 值的关系

LET 值 (MeV·cm²·mg⁻¹)	MCU 比例(%)							
	2 位 MCU		3 位 MCU		4 位 MCU		5 位 MCU	更高位 MCU
4.2	0	17.6	0	0	0	0	0	0
13.1	1.7	38.3	11.0	1.7	2.7	1.7	0.5	0
42.0	1.5	24.2	3.0	3.0	13.6	1.5	10.1	21.9
64.7	0	16.0	6.0	0	25.6	0.9	12.2	33.2

3) 离子入射角度对 MCU 的影响

图 4.8 给出了 F 离子沿 Y 方向不同倾角入射时 6T SRAM SCU 和 MCU 事件百分比。可以看出，随着入射角度的增加，多位翻转的比例、多样性和位数增加。垂直入射时，MCU 比例为 18%；倾角 30° 入射时，MCU 比例为 30%；倾角 60° 入射时，MCU 比例增加到 73%。MCU 均值从垂直入射时的 1.18 增加到 60° 入射时的 2.08。倾角越大，将引起更高位的多位翻转。当 F 离子垂直入射时，仅有少量 2 位翻转；当倾角 60° 入射时，出现了 3 位翻转和少量 4 位翻转。离子垂直入射和沿 Y 方向倾角入射时，均为竖直 2 位翻转，竖直 2 位翻转相比于水平 2 位翻转具有更高的灵敏度。

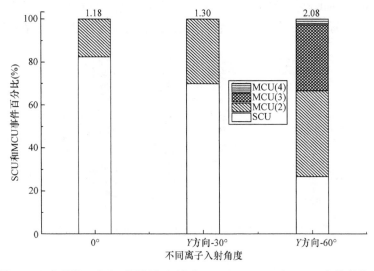

图 4.8　F 离子沿 Y 方向不同倾角入射时 6T SRAM SCU 和 MCU 事件百分比

从上文可知，MCU 响应明显依赖于离子入射角度。随着离子入射角度的增加，离子在器件中的路径长度增加，有效 LET 值增大，同时离子会穿过多个反偏灵敏漏区的下方，导致更多的灵敏节点发生电荷共享，增加了 MCU 事件百分比。电荷除了被灵敏节点漂移和扩散收集，在阱中沉积的多数载流子还会引起阱电势的崩塌，导致多个寄生双极晶体管的开启，进一步触发 MCU。在 Br 离子倾角 60°入射时甚至出现了竖直 7 位 MCU，基于对器件存储单元版图尺寸的了解，表明对于高 LET 值重离子，当离子沿 Y 轴大角度倾斜入射时，阱电势崩塌的作用距离可达 3.5μm。

4) 离子入射方位角对器件 MCU 的影响

图 4.9 给出了 F 离子不同方位角入射时 M328C 的 SCU 和 MCU 事件百分比。表 4.4 进一步给出了 F 离子沿不同方位角倾角 60°入射时 M328C 的 MCU 比例。可以看出，即使倾角相同，离子沿不同方位角入射时，MCU 比例有着明显差别。当离子沿 X 轴倾角入射时，多位翻转比例仅为 21%，且仅有 2 位多位翻转，相比于离子垂直入射，仅显示了轻微的角度效应。特别说明的是，水平 2 位 MCU 事件数占了 2 位 MCU 事件总数的一半。然而，当离子沿 Y 轴倾角入射时，多位翻转的比例高达 73.7%，3 位和 4 位 MCU 比例达到 33.7%。所有的 MCU 拓扑图形均表现为沿着 Y 轴方向的竖直图形，无论是 2 位、3 位多位翻转，还是 4 位多位翻转，即 MCU 拓扑图形沿着离子入射路径呈现径迹朝向特性。随着 LET 值增加，如 Br 离子，即使离子沿 Y 轴倾角入射，也能引起水平 MCU。但无论 Br 离子是沿 X 轴还是 Y 轴倾角入射，水平方向最大翻转位数仅为 2 位，即仅仅两列存储单元被同时影响，这使得沿水平方向累积 MBU 的概率较低。本次研究中，Br 离子倾角 60°时，沿 Y 轴入射 MCU 拓扑图形最大尺寸为 6 行×2 列，沿 X 轴入射 MCU 拓扑图形最大尺寸为 4 行×2 列。

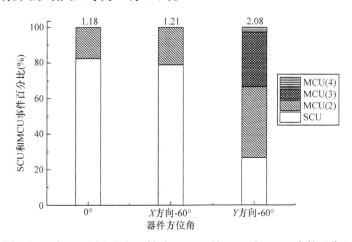

图 4.9　F 离子不同方位角入射时 M328C 的 SCU 和 MCU 事件百分比

表 4.4　F 离子沿不同方位角倾角 60°入射时 M328C 的 MCU 比例

器件方位角	MCU 比例(%)						
	2 位 MCU	3 位 MCU		4 位 MCU		5 位 MCU	
沿 X 轴	14	7	0	0	0	0	0
沿 Y 轴	0	40	31	0	0	2.7	0

离子入射方位角对器件 MCU 的影响主要有三个方面的因素。首先，SRAM 存储单元版图(图 4.10)导致包含 PMOS 的 N 阱和包含 NMOS 的 P 阱呈交替布局的方式。当离子以不同方位角入射时，离子路径与阱结构之间的相对位置不同。离子沿 X 轴倾角入射时横跨阱的方向，入射离子路径被交替的阱所分割，穿过多个反偏 P 阱/N 阱结，从而影响电荷共享的发生。当离子沿 Y 轴倾角入射时，离子路径沿着阱的方向，产生的电荷在同一阱内沉积和扩散，引起更大的电荷共享和阱电势调制[38,39]，因此 MCU 比例更大。其次，两个竖直方向相邻的 NMOS 灵敏节点共享同一个硅扩散区，然而水平方向相邻 NMOS 敏感节点之间是 STI 隔离氧化区。相比于离子撞击在厚 STI 氧化区，撞击在硅扩散区能引起相邻 NMOS 敏感节点更多的电荷共享。最后，在横跨阱的方向，存储单元的长度是沿着阱的方向单元宽度的两倍多，离子沿横跨阱的方向倾角入射时，如要引起水平方向超过 2 位的多位翻转，则离子必须穿越更长的距离。这些因素导致相比于水平方向的多单元翻转，MCU 拓扑图形表征为竖直方向更多单元的翻转。

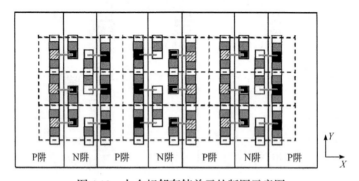

图 4.10　九个相邻存储单元的版图示意图

虚线框表示一个存储单元，条状和白色方框分别表示 NMOS 漏区和 PMOS 漏区，黑色方框表示反偏 NMOS 和反偏 PMOS 的敏感漏区

本节基于 MCU 数据获取与处理技术的建立，采用时间空间联合分辨方法，

开展了重离子 LET 值、离子入射角度、入射方位角对 65nm SRAM 单粒子多位翻转的影响研究。结果表明，MCU 比例和多样性随 LET 值增大而增加；离子入射角度对 MCU 响应的影响归因于有效 LET 值的增加和电荷共享的增强。离子入射方位角对 MCU 敏感性的影响与入射离子相对于单元版图的方向性密切相关，当离子沿阱的方向倾角入射时，MCU 具有更大的比例和翻转位数。需要强调的是，由于 MCU 的增加和器件灵敏体积几何结构的变化，在高 LET 值时有效 LET 值的角度相关性并不简单地遵从余弦定理。以上工作为建立科学合理的纳米器件重离子单粒子效应地面模拟试验技术奠定了基础。

4.3.2.2　电源电压

随着器件特征尺寸的减小，器件工作电压和单粒子效应临界电荷也在不断降低，导致单粒子效应敏感性不断增强[40,41]。SRAM 在航天器超大规模集成电路和电子学系统中得到广泛应用，由于其对单粒子效应非常敏感，因此是空间单粒子效应研究持续关注的重点。器件空间应用时，通常期待低的功耗，降低电压是降低功耗常用的一种有效手段[42,43]。器件特征尺寸到了纳米尺度，通常认为降低电压会导致 SRAM 单粒子翻转临界电荷降低，使得单粒子翻转和多位翻转加剧[44,45]，即使版图设计中采用位交错布局，累积 MBU 的概率也会明显增加，导致 EDAC 加固技术的失效。因此，为了阻止 MBU 的发生，就需要增人器件刷新频率，这反过来会带来器件功耗的增加[46]，从而导致总的功耗降低并不明显。因此，器件空间实际应用时，需要研究电压降低是否会带来单粒子翻转和多位翻转的明显增加，从而确定最优工作电压，在空间单粒子翻转率的有效控制和功耗电压降低之间进行综合平衡。

针对纳米器件单粒子翻转和多位翻转与电压相关性的研究目前已开展了大量的工作[47-54]。当电源工作电压为 0.75～1.2V 时，低能质子、低能 μ 子、α 离子、低 LET 重离子会导致 90nm、65nm、45nm SRAM 和 22nm D 触发器(D-flip-flop, DFF)单粒子翻转截面随电压降低而增加[47-50]。对于 14/16nm FinFET DFF，当重离子 LET 值为 $0.89 \sim 58.78 \mathrm{MeV} \cdot \mathrm{cm}^2 \cdot \mathrm{mg}^{-1}$ 时，随着电源电压在 0.5～0.8V 变化时，SEU 截面随电压减小而增大[51]。当器件工作在超低电压时，此时器件仅能保存数据，但不能进行正常的读写操作。在这种情况下，即使是低能电子也能通过直接电离导致 45nm 和 28nm SRAM 工作在器件电压 0.45V 和 0.55V 时发生单粒子翻转，且随着电压减小，SEU 截面增大[52]。散裂中子源和 α 离子会导致 65nm 10 管 SRAM 在 0.3～1V 很宽的电压条件下，单粒子软错误率随电压降低而增加，但对于散裂中子源，MCU 比例在 0.5V 以上随电压增加而增加，而 α 离子 MCU 比例在 0.5V 以下随电压降低而增加[53,54]。

关于电压降低对纳米 SRAM 单粒子翻转的影响，以前的研究主要集中在中子、

α离子和电子。对重离子的研究仅仅有几篇关于纳米 DFF 器件的结果被报道。空间辐射环境下，重离子 LET 值范围为 $0.002\sim120\text{MeV}\cdot\text{cm}^2\cdot\text{mg}^{-1}$，在很宽 LET 值范围下，电压减小对不同版图设计纳米 SRAM 单粒子翻转的影响，特别是多位翻转的影响，相关研究还少见报道。本工作以非加固和加固两款 65nm SRAM 为载体，开展 LET 值为 $0.35\sim84\text{MeV}\cdot\text{cm}^2\cdot\text{mg}^{-1}$ 时电压降低对 SEU 和 MCU 的影响研究，从而为 SRAM 空间环境下的可靠应用提供支撑。由于器件在辐照期间处于超低工作电压时，无法对器件进行正常读写，因此只有当器件被辐照到指定注量后停止辐照，器件电压调回到标准电压后，才能对器件发生单粒子翻转的逻辑地址和数据进行统计。这对于研究电压对单粒子翻转的影响是有效的，但由于大量单粒子翻转的累积，不同离子入射到相邻位置引发"伪"多位翻转的概率明显增加，难以对不同尺寸 MCU 的数量和拓扑图形进行准确的分析和统计[32,55]。因此，本研究中 65nm SRAM 电源电压设定在标准电压±10%范围内变化，辐照期间对器件存储数据进行高速回读，并与上一周期数据进行比较，从而实现对不同尺寸多位翻转事件数和拓扑图形的有效统计，并进一步开展电压变化对 SEU 和 MCU 的影响研究。

1. 实验设置

1) 器件信息

两款 SRAM 均采用体硅 65nm CMOS 工艺。一种为标准 6T SRAM，存储容量为 32k×8bit，存储单元尺寸为 1.25μm × 0.5μm，面积为 0.625μm²。另一种为"双互锁存储单元(dual interlocked storage cell，DICE)"加固 SRAM，通过采用双 DICE 单元交叉版图布局的设计方式，在不牺牲面积和功耗的情况下，能有效增加 DICE 单元灵敏节点对之间的距离，包含 12 个晶体管的单 DICE 单元面积为 5.2μm²，交叉布局后的双 DICE 单元面积仅为 6μm²。对于这两款 SRAM，内核存储阵列标准电压均为 1.2V，外围 I/O 电路标准电压为 3.3V，器件上方包含 5.7μm 厚的六层 Cu 互联层。

辐照时器件工作在动态模式，存储阵列填充测试图形"55H"，存储单元数据被连续回读，发生 SEU 的存储单元逻辑地址和数据被记录。执行 1.2V±10%范围内三个电压下的器件单粒子翻转测试，即 1.08V、1.2V、1.32V。

2) 重离子实验装置

重离子单粒子效应实验在中国原子能科学研究院 HI-13 串列加速器以及中国科学院近代物理研究所回旋加速器(HIRFL)重离子辐照装置上开展。表 4.5 总结了实验中采用的离子种类及信息，给出了离子入射器件表面的 LET 值。受加速器束流时间的限制，对于 6T SRAM，仅在 C 离子、Cl 离子、Ti 离子和 Br 离子辐照下开展电压对 SEU 和 MCU 的影响研究，而对于 DICE SRAM，仅在 Br 离子和 Ta 离子辐照下开展电压相关性研究。重离子均采用垂直入射方式。

表 4.5　实验离子种类及信息

离子种类	能量 (MeV)	射程 (μm)	LET 值 (MeV·cm²·mg⁻¹)
¹²C	80	127.1	1.73
¹⁹F	110	82.7	4.2
³⁵Cl	160	46.0	13.1
⁴⁸Ti	169	34.7	21.8
⁷⁹Br	220	30.4	42.0
¹²⁷I	265	28.8	64.7
¹⁸¹Ta	1096	67.6	84.6
²⁰⁹Bi	923	53.7	99.8

3) 低能质子单粒子效应实验

为了获取 LET 值低于 $0.5\text{MeV}\cdot\text{cm}^2\cdot\text{mg}^{-1}$ 的 SEU 数据，低能质子单粒子效应实验在北京大学重离子物理研究所的 EN 串列加速器上开展。质子能量在 $1\sim10\text{MeV}$ 连续可调。选择初始质子能量 1.2MeV，通过不同厚度 Al 降能片获取低至 0.2MeV 的低能质子。低能质子直接电离导致单粒子翻转截面峰及其相应质子能量被获取，在该能量下进一步开展 SEU 截面与电压相关性研究工作。

4) 数据处理

发生 SEU 的存储单元逻辑地址和数据被记录后，基于器件逻辑地址和物理地址的映射关系，不同位数 MCU 事件数和拓扑图形被统计，进一步，MCU 均值、MCU 比例、SEU 截面、SCU 截面、SEU 事件截面、MCU 事件截面被计算和分析。

2. 实验结果

1) 电压对 6T SRAM SEU 和 MCU 的影响研究

图 4.11 给出了 6T SRAM 在标准工作电压 1.2V 下，SEU 截面、SEU 事件截面和 MCU 事件截面与重离子 LET 值的关系曲线。低能质子单粒子效应测试中，SEU 截面峰对应的质子平均能量为 0.77MeV，基于 SRIM-2013，计算了该能量穿过器件多层金属布线层后落入灵敏区的平均质子能量为 270keV，相应的质子平均 LET 值为 $0.35\text{MeV}\cdot\text{cm}^2\cdot\text{mg}^{-1}$。由于低能质子通过直接电离引发单粒子翻转，因此将该 LET 值及其相应的 SEU 截面也绘制在了图 4.11 中。

从图 4.11 中可以看出，当 LET 值为 $1.73\text{MeV}\cdot\text{cm}^2\cdot\text{mg}^{-1}$ 及以下时，SEU 截面和 SEU 事件截面是相同的，这表明，所有的单粒子翻转均来自于单位翻转。当 LET 值为 $4.2\text{MeV}\cdot\text{cm}^2\cdot\text{mg}^{-1}$ 时，这两个截面有轻微差异，开始出现少量多位翻转，MCU 事件截面是低的。随着 LET 值进一步增大，SEU 截面和 SEU 事件

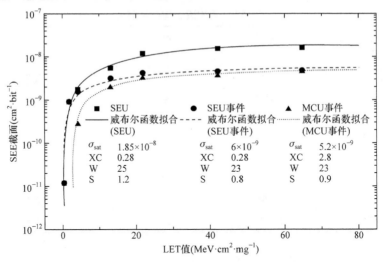

图 4.11　6T SRAM SEU 截面、SEU 事件截面、MCU 事件截面与重离子 LET 值的关系曲线

截面呈现了明显差异，这表明多位翻转日益严重，在高 LET 值时，MCU 事件截面甚至逼近 SEU 事件截面。图 4.11 也给出了对 3 种截面数据基于威布尔函数拟合的结果，可知，器件 SEU 和 MCU 的 LET 阈值分别约为 0.28MeV·cm²·mg⁻¹ 和 2.8MeV·cm²·mg⁻¹。SEU 饱和截面为 $1.85 \times 10^{-8} \mathrm{cm}^2$，SEU 事件饱和截面为 $6 \times 10^{-9} \mathrm{cm}^2$，前者是后者的 3 倍以上，这表明在高 LET 值时 1 个离子入射即可平均引起 3 位的 MCU。

图 4.12 给出了不同 LET 值下电源电压对 6T SRAM 单粒子翻转截面的影响。当 LET 值为 0.35MeV·cm²·mg⁻¹ 时，随着电压降低，SEU 截面从 1.32V 时的 $2.67 \times 10^{-12} \mathrm{cm}^2$ 增大到 1.08V 时的 $3.5 \times 10^{-11} \mathrm{cm}^2$，SEU 截面增大了 13 倍。当 LET 值增加到 1.73MeV·cm²·mg⁻¹ 时，SEU 截面从 1.32V 时的 $8.01 \times 10^{-10} \mathrm{cm}^2$ 增大

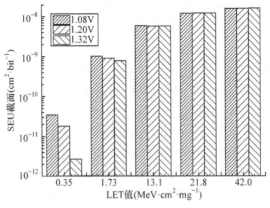

图 4.12　不同 LET 值下 6T SRAM 单粒子翻转截面与电源电压的关系

到 1.08V 时的 $1.04 \times 10^{-9} \text{cm}^2$，SEU 截面仅增加了 1.3 倍，增加比例明显减小。随着 LET 值增加到 $13.1 \text{MeV} \cdot \text{cm}^2 \cdot \text{mg}^{-1}$ 及以上时，SEU 截面随电压降低基本保持不变。这表明，随着 LET 值的增加，非加固 SRAM 器件 SEU 截面随电压变化的敏感性减弱。

对于 LET 值 $13.1 \text{MeV} \cdot \text{cm}^2 \cdot \text{mg}^{-1}$、$21.8 \text{MeV} \cdot \text{cm}^2 \cdot \text{mg}^{-1}$ 和 $42.0 \text{MeV} \cdot \text{cm}^2 \cdot \text{mg}^{-1}$，由于单粒子翻转截面大于单粒子翻转事件截面，单粒子翻转事件由单位翻转事件和多位翻转事件组成，因此主要针对这三种 LET 值，分析电压减小对 MCU 比例、MCU 均值、SEU 事件截面、SCU 事件截面和不同位数 MCU 事件截面的影响，如表 4.6 所示。从表中可以看出，随着 LET 值的增加，MCU 比例、MCU 均值、MCU 事件截面均明显增加。然而，对于不同 LET 值，降低电压对 MCU 均值和 MCU 比例的影响并没有遵从一致的趋势。仅对于 LET 值 $13.1 \text{MeV} \cdot \text{cm}^2 \cdot \text{mg}^{-1}$，MCU 均值和 MCU 比例随电压降低而增加。MCU 事件截面在 LET 值 $13.1 \text{MeV} \cdot \text{cm}^2 \cdot \text{mg}^{-1}$ 和 $21.8 \text{MeV} \cdot \text{cm}^2 \cdot \text{mg}^{-1}$ 时基本随电压减小而增加，有趣的是，MCU2～MCU4 事件截面的总和增加，而 MCU5～MCU8 事件截面的总和降低。对于 LET 值 $42.0 \text{MeV} \cdot \text{cm}^2 \cdot \text{mg}^{-1}$，MCU 事件截面处于饱和区域，此时，不同电压下 MCU 事件截面、MCU2～MCU4 事件截面总和、MCU5～MCU8 事件截面总和均没有明显变化。另外，这三种 LET 值下，最高位 MCU 事件截面随电压降低会有一定程度减小。举例来说，LET 值 $13.1 \text{MeV} \cdot \text{cm}^2 \cdot \text{mg}^{-1}$ 下，最高位 MCU6 事件截面从 1.32V 的 $2 \times 10^{-11} \text{cm}^2$ 降低到 1.08V 的 $6 \times 10^{-12} \text{cm}^2$。LET 值 $42.0 \text{MeV} \cdot \text{cm}^2 \cdot \text{mg}^{-1}$ 下，最高位 MCU8 事件截面从 1.32V 的 $4.8 \times 10^{-10} \text{cm}^2$ 降低到 1.08V 的 $1.5 \times 10^{-10} \text{cm}^2$。

表 4.6 不同 LET 值下 MCU 比例、MCU 均值、SEU 事件截面、SCU 事件截面和不同位数 MCU 事件截面

LET 值 ($\text{MeV} \cdot \text{cm}^2 \cdot \text{mg}^{-1}$)	13.1			21.8			42.0		
电压(V)	1.08	1.20	1.32	1.08	1.20	1.32	1.08	1.20	1.32
MCU 比例(%)	65.4	62.1	58.4	68.8	76.3	70.2	79.9	79.6	85.5
MCU 均值	1.90	1.84	1.78	2.57	2.98	2.93	3.70	3.48	3.92
SEU 事件截面 ($10^{-9} \text{cm}^2 \cdot \text{bit}^{-1}$)	3.14	3.17	3.30	4.79	4.22	4.28	4.38	4.59	4.24
SCU 事件截面 ($10^{-9} \text{cm}^2 \cdot \text{bit}^{-1}$)	1.09	1.20	1.38	1.49	1.00	1.28	0.88	0.94	0.61
MCU1 事件截面 ($10^{-9} \text{cm}^2 \cdot \text{bit}^{-1}$)	2.05	1.97	1.93	3.29	3.23	3.00	3.70	3.66	3.63
MCU2 事件截面 ($10^{-9} \text{cm}^2 \cdot \text{bit}^{-1}$)	1.46	1.39	1.44	1.23	1.06	0.81	0.96	1.12	1.02

续表

LET 值 (MeV · cm² · mg⁻¹)	13.1			21.8			42.0		
MCU3 事件截面 (10^{-9}cm² · bit⁻¹)	0.43	0.46	0.38	0.49	0.38	0.32	0.32	0.35	0.33
MCU4 事件截面 (10^{-9}cm² · bit⁻¹)	0.16	0.11	0.09	1.14	1.13	1.09	0.63	0.63	0.59
MCU5 事件截面 (10^{-9}cm² · bit⁻¹)	0	0	0	0.28	0.41	0.51	0.70	0.73	0.61
MCU6 事件截面 (10^{-9}cm² · bit⁻¹)	0.006	0.01	0.02	0.10	0.07	0.13	0.56	0.37	0.46
MCU7 事件截面 (10^{-9}cm² · bit⁻¹)	0	0	0	0.03	0.11	0.05	0.38	0.28	0.14
MCU8 事件截面 (10^{-9}cm² · bit⁻¹)	0	0	0	0.02	0.06	0.08	0.15	0.18	0.48

2) 电压对辐射加固 DICE SRAM SEU 和 MCU 的影响研究

图 4.13 给出了 DICE SRAM 器件 SEU 截面、SEU 事件截面和 MCU 事件截面随 LET 值的变化。可以看出，即使在相当高的 LET 值，SEU 截面和 SEU 事件截面的差异非常小，因此图中仅给出 SEU 截面的威布尔函数拟合曲线。相比于非加固 6T SRAM，DICE SRAM 的单粒子翻转 LET 阈值从 0.28MeV · cm² · mg⁻¹ 增加到 21MeV · cm² · mg⁻¹。对于 LET 值 64.7MeV · cm² · mg⁻¹ 的 I 离子，6T SRAM 和 DICE SRAM 的 SEU 截面分别为 1.55×10^{-8}cm² 和 2.33×10^{-9}cm²，通过采用交叉布局的双 DICE 版图方式，器件抗单粒子翻转能力有了明显提高。当 LET 值为 42.0MeV · cm² · mg⁻¹ 及更低时，所有的单粒子翻转均来自单位翻转。

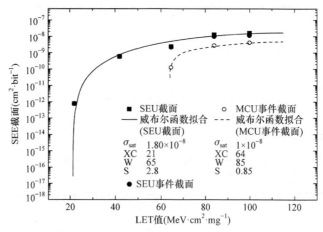

图 4.13　DICE SRAM 器件 SEU 截面、SEU 事件截面和 MCU 事件截面与 LET 值的关系曲线

随着 LET 值增加到 64.7MeV·cm²·mg⁻¹，超过器件 MCU 的 LET 阈值 64.0MeV·cm²·mg⁻¹ 时，少量的水平 2 位翻转，即 MCU2 出现；SEU 事件截面为 $2.20 \times 10^{-9}\text{cm}^2$，MCU 事件截面为 $1.23 \times 10^{-10}\text{cm}^2$，这意味着 MCU 事件仅占 6%。即使 LET 值增加到 99.8MeV·cm²·mg⁻¹，MCU 比例增加到 36%，MCU 的拓扑图形依然表征为 2 位 MCU，这表明 DICE SRAM 相比于 6T SRAM 在抑制多位翻转方面具有明显的优势。

图 4.14 给出了 DICE SRAM 在不同 LET 值下电源电压对 SEU 截面的影响。LET 值为 42.0MeV·cm²·mg⁻¹ 时，SEU 截面随着电压降低，从 1.32V 时的 $5.58 \times 10^{-10}\text{cm}^2$ 增加到 1.08V 时的 $6.87 \times 10^{-10}\text{cm}^2$，SEU 截面增大至 1.23 倍。当 LET 值增大到 84.0MeV·cm²·mg⁻¹ 时，SEU 截面随电压降低基本保持不变。这些特性与 6T SRAM 相似，当器件单粒子翻转均为单位翻转时，器件 SEU 截面随电压降低而增加；随着 LET 值增加，MCU 事件出现，电压变化对 SEU 截面基本没有影响。图 4.15 进一步给出了 LET 值为 84.6MeV·cm²·mg⁻¹ 时，SEU 截面、SEU 事件截面、SCU 事件截面和 MCU 事件截面与电源电压的关系。可以看出，随着电压降低，SEU 截面和 SEU 事件截面基本没有变化，但 SCU 事件截面轻微增加，MCU 事件截面轻微降低，MCU 事件截面从 1.32V 的 $3.14 \times 10^{-9}\text{cm}^2$ 降低到 1.08V 的 $2.31 \times 10^{-9}\text{cm}^2$，原因将在下面给出详细分析。

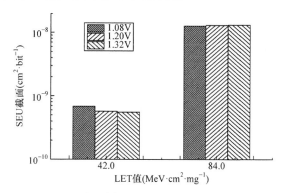

图 4.14　DICE SRAM 在不同 LET 值下 SEU 截面与电源电压的关系

3. 讨论与分析

1) MCU 的产生机制

为揭示电压对器件 SEU 和 MCU 的影响机制，需要结合存储单元版图信息清楚识别 SRAM 阵列中灵敏节点的相对位置，根据 MCU 拓扑图形分析入射离子导致单粒子翻转的作用范围和电荷收集机制。图 4.16 给出了包含相邻六个存储单元的 6T SRAM 存储阵列示意图，图中黑色方块为存储单元 SEU 敏感节点：反偏 NMOS 和反偏 PMOS 漏区。为抑制寄生双极放大效应，每个单元内均布放有 P

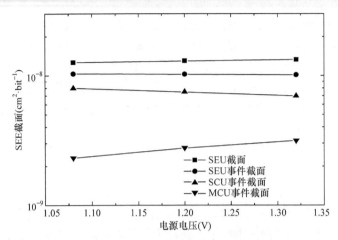

图 4.15　LET 值为 84.6MeV · cm² · mg⁻¹ 时，SEU 截面、SEU 事件截面、SCU 事件截面和
MCU 事件截面与电源电压的关系

阱和 N 阱接触[54]，单元尺寸为 1.25μm × 0.5μm，面积为 0.625μm²。为降低
MBU(一个逻辑字里的多位翻转)事件的发生，设计中采用了位间隔交错技术，即
每 16 个字的相邻位布放在一起。当填充逻辑棋盘时，存储阵列被划分成大片
"0" 和 "1" 交替的区域，区域宽度为 16 个存储单元的宽度。在这种情况下，填
充 "0" 的存储阵列区域敏感节点的相邻位置与填充 "1" 的存储阵列区域敏感节
点相邻位置是相似的，即反偏 NMOS 敏感节点水平和竖向相邻，反偏 PMOS 敏
感节点仅竖向相邻。

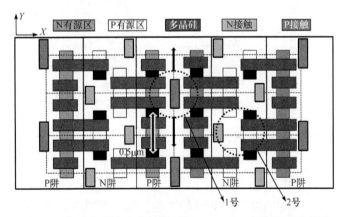

图 4.16　包含相邻六个存储单元的 6T SRAM 存储阵列示意图
黑色虚线圆圈表示离子入射位置

图 4.17 给出了重离子垂直入射后引发的不同位数 MCU 拓扑图形的集合，每
个位数 MCU 包含 1～3 种拓扑图形，图中第一种拓扑图形是该位数 MCU 的主要

表征模式，具有最高的概率。从图中可以看出，当重离子垂直入射时，水平方向最大仅引起 2 位翻转，而竖向最大可引起 4 位多位翻转，沿着阱的方向竖向多位翻转相比于水平方向占据明显优势。结合图 4.16 中存储单元版图布局可知，当重离子入射 P 阱时(图 4.16 中 1 号位置)，相邻存储单元的反偏 NMOS 敏感节点共用 P 阱，重离子横向径迹可同时覆盖水平方向两个存储单元，引发水平方向两个存储单元同时翻转。在竖直方向，产生的电荷可沿 P 阱的方向扩散，被相邻多个敏感节点所收集，LET 值 $42\text{MeV} \cdot \text{cm}^2 \cdot \text{mg}^{-1}$ 时最大可引起 4 行×2 列的 8 位多位翻转。当重离子入射 N 阱时(图 4.16 中 2 号位置)，同一 N 阱内水平方向仅包含一个存储单元的反偏 PMOS 灵敏节点，难以引起水平方向跨阱的两位多位翻转。因此，不同 LET 值时 n 行×2 列的高位 MCU 应来自于 P 阱中 NMOS 电荷扩散引发的电荷共享，而 n 行×1 列的单粒子多位翻转则主要来自于离子入射在 N 阱导致竖向相邻 PMOS 电荷共享引发的 MCU[56]。

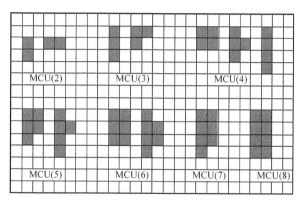

图 4.17　不同位数 MCU 拓扑图形集合示意图

2) 电源电压对 SEU 和 MCU 的影响机理

当关注存储单元由于电荷共享引发的多位翻转时，单元内部不同位置单粒子翻转敏感性的差异需要被考虑，因此存储单元灵敏体积通常被构建为具有不同电荷收集效率的多个子灵敏体积组成的嵌套灵敏体积，如图 4.18 所示。中心子灵敏体积为反偏 NMOS 或反偏 PMOS 的漏区，电荷主要通过漂移收集，因此电荷收集效率最高。随着离漏区中心位置越远，灵敏区面积越大，离子入射在这些外部区域主要通过电荷扩散被收集，电荷收集效率

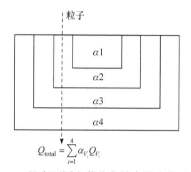

图 4.18　具有不同电荷收集效率的多个子灵敏体积组成的嵌套灵敏体积结构示意图[57,58]

也会相应减小。器件灵敏体积总的收集电荷为各子灵敏体积考虑各自收集效率权重之后的收集电荷总和[57]。当灵敏体积收集电荷大于器件 SEU 临界电荷值时，SEU 发生。

可以看出，电压降低导致器件噪声容限降低，引发存储单元发生单粒子翻转的临界电荷也随之减小。另外，降低电压也会带来漏–衬底反偏结空间耗尽区的减小，当离子入射在漏区时，漏极电荷收集过程中瞬态电流峰值降低，延迟时间增加，最终不同电压时，总的收集电荷几乎是相同的，这种情况下不变[59]。但当离子入射在漏区以外时，归因于漂移收集的电流峰值是小的，较低的电压将增加扩散电荷收集的时间，更多电荷在扩散过程中被复合。因此，外部子灵敏体积的电荷收集效率随着电压降低而减小。

当 6T SRAM 工作在 1.2V 时，其单粒子翻转 LET 阈值大约为图 4.11 中的 $0.28\mathrm{MeV} \cdot \mathrm{cm}^2 \cdot \mathrm{mg}^{-1}$，中心子灵敏体积的厚度大约为 STI 氧化层的厚度 350nm，因此器件 SEU 临界电荷约为 1fC。对于低能质子，其落入灵敏区的平均 LET 值为 $0.35\mathrm{MeV} \cdot \mathrm{cm}^2 \cdot \mathrm{mg}^{-1}$，刚刚超过单粒子翻转 LET 阈值，仅当离子入射在敏感漏区时才能引发 SEU。此时，仅考虑降低电压对临界电荷的影响，忽略对中心灵敏体积电荷收集效率的影响。由于临界电荷通常与电压成正比[60]，当 6T SRAM 工作在 1.32V 时，其 SEU 临界电荷约为 1.1fC，仅当离子入射在漏区中心，电荷才能被快速漂移收集引起 SEU。当电压降低到 1.08V 时，临界电荷降至 0.9fC，即使离子入射在漏区中心边缘，一定量的电荷也能被收集触发 SEU，因此 SEU 截面明显增加，甚至可增加一个量级。当 LET 值增加到 $1.73\mathrm{MeV} \cdot \mathrm{cm}^2 \cdot \mathrm{mg}^{-1}$ 时，SEU 截面基本和漏区面积相等，所有的单粒子翻转仍然是单位翻转。由于离子 LET 值明显高于 LET 阈值，产生的电荷远大于不同电压时的 SEU 临界电荷，因此电压变化对 SEU 截面的影响减弱。

图 4.11 中 6T SRAM 单粒子多位翻转的 LET 阈值在 $2.8\mathrm{MeV} \cdot \mathrm{cm}^2 \cdot \mathrm{mg}^{-1}$。降低电压也会降低 MCU 的 LET 阈值。随着 LET 值从 $2.8\mathrm{MeV} \cdot \mathrm{cm}^2 \cdot \mathrm{mg}^{-1}$ 增加到图 4.11 中 SEU 截面曲线的膝点位置，即 LET 值为 $13.1\mathrm{MeV} \cdot \mathrm{cm}^2 \cdot \mathrm{mg}^{-1}$ 时，表 4.6 中 MCU 均值、MCU 比例、MCU 事件截面均随电压降低而增加，但 SCU 事件截面降低，导致总的 SEU 事件截面降低。最终，当离子 LET 值超过多位翻转 LET 阈值后，SEU 截面随电压降低保持不变。当 LET 值增加到 $13.1\mathrm{MeV} \cdot \mathrm{cm}^2 \cdot \mathrm{mg}^{-1}$ 以上时，表 4.6 中 MCU 比例达到 60% 以上，由于 LET 值远高于不同电压时的多位翻转 LET 阈值，因此电压差异引起的多位翻转 LET 阈值差异对 MCU 参数的影响也将弱化。

值得注意的是，由于表 4.5 中重离子单核子能量最大约为 6MeV(C 离子)，最大离子径迹半径约为 $2\mu\mathrm{m}$，离子径迹中心电荷密度最高，随着径迹半径的增大而急剧降低[61]。当重离子入射在图 4.16 中的 1 号位置，敏感节点之间在水平和竖直方向的间距均为 0.5μm 左右，四个相邻敏感节点能被离子径迹覆盖。由于敏感节点与离子径迹中心之间距离短，四个敏感节点能通过漂移快速收集足量电荷，引发多位翻转，因此电压变化对 LET 阈值的影响占据主导。当离子 LET 值为 13.1MeV · cm^2 · mg^{-1} 和 21.8MeV · cm^2 · mg^{-1} 时，多位翻转 LET 阈值随着电压降低而减小，导致 MCU2～MCU4 事件截面总和增加。由于 LET 值 42MeV · cm^2 · mg^{-1} 远高于不同电压时的多位翻转 LET 阈值，因此电压变化对 MCU2～MCU4 事件截面总和几乎没有影响。对于 MCU5～MCU8，外围敏感节点远离离子径迹中心，主要通过扩散进行电荷收集。对于 LET 值 13.1MeV · cm^2 · mg^{-1} 和 21.8MeV · cm^2 · mg^{-1}，电压降低引起外部子灵敏体积电荷收集效率降低，导致 MCU5～MCU8 事件截面总和减小。当 LET 值为 42MeV · cm^2 · mg^{-1} 时，高的 LET 值导致电压降低对 MCU5～MCU8 事件截面总和影响很小。对于最高位 MCU 事件，电荷扩散收集的贡献是最大的。随着电压降低，外部子灵敏体积电荷收集效率的降低相比于多位翻转 LET 阈值的降低具有竞争优势，引起最高位 MCU 事件截面降低。

图 4.19 给出了双 DICE SRAM 抗辐射加固存储单元版图布局示意图。可以看出，为抑制寄生双极放大效应，通过在 N 阱中添加保护环和在 P 阱中添加条状阱接触来达到稳定阱电势的目的[39]。基于版图分析和 SEU 实验结果发现，相比于填充全"0"和逻辑棋盘，全"1"为单粒子翻转最敏感测试图形。表 4.7 给出

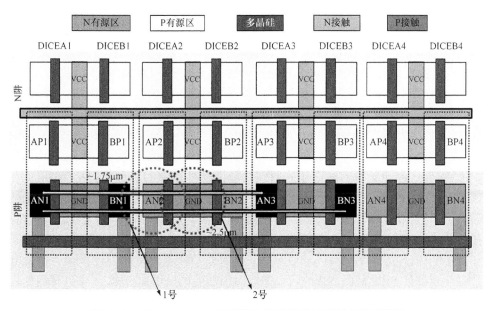

图 4.19 双 DICE SRAM 抗辐射加固存储单元版图布局示意图

虚线圈为不同离子入射位置；VCC 为电源；AN1～AN4、BN1～BN4 分别为 DICE A 和 DICE B 的 4 个 NMOS 漏区；AP1～AP4、BP1～BP4 分别为 DICE A 和 DICE B 的 4 个 PMOS 漏区

了 DICE 存储单元在填充数据 "1" 时, 单元内部四组敏感节点对之间的距离。根据图 4.13 对器件垂直入射下 SEU 截面的威布尔函数拟合结果可知, DICE SRAM 单粒子翻转和多位翻转的 LET 阈值分别约为 $21\mathrm{MeV \cdot cm^2 \cdot mg^{-1}}$ 和 $64\mathrm{MeV \cdot cm^2 \cdot mg^{-1}}$。当 LET 值为 $42\mathrm{MeV \cdot cm^2 \cdot mg^{-1}}$ 的 Br 离子入射时, 所有的单粒子翻转均为单位翻转, 由于其 LET 值已明显大于单粒子翻转 LET 阈值, 因此与 6T SRAM 相似, 此时电压减小虽能导致 SEU 截面的增加, 但影响相对较弱。

表 4.7　DICE 存储单元在填充数据 "1" 时, 单元内部四组敏感节点对之间的距离

数据	敏感节点对	双 DICE 敏感节点间的距离(μm)
	N1/N3	1.75
	P2/P4	1.75
BL=1,(A,B,C,D)=(1,0,1,0)	N1/P2	1.10
	N3/P4	1.10

注: BL 为位线; A、B、C、D 为 DICE 存储单元的 4 个存储节点。

值得注意的是, LET 值为 $42\mathrm{MeV \cdot cm^2 \cdot mg^{-1}}$ 的 Br 离子垂直入射时, 6T SRAM 的最高位 MCU 为 MCU8, 拓扑图形为 4 行×2 列, 这表明, 沿着 P 阱的方向, 离子径迹和扩散长度共同影响的最大作用距离为 $2\mu m$。对于双 DICE SRAM, 采用保护环等设计, 当离子垂直入射时, 由于电子高的迁移率, 沿着 P 阱的 NMOS 敏感节点之间电荷扩散是单粒子翻转的主要原因。因为对于 DICE A 来说, AN1 和 AN3 的距离为 $1.75\mu m$, 小于最大作用距离 $2\mu m$, 所以当 Br 离子入射在图 4.19 中 1 号位置时, 能够引起 DICE A 发生单位翻转。由于 DICE A 的 AN1 和 DICE B 的 BN3 之间的距离为 $2.5\mu m$, 大于作用距离 $2\mu m$, 因此当 Br 离子入射在图 4.19 中 2 号位置时, 难以引起 DICE A 和 DICE B 同时翻转, 导致 2 位 MCU。当 LET 值增大到 I 离子 $64.7\mathrm{MeV \cdot cm^2 \cdot mg^{-1}}$ 时, 轻微高于多位翻转的 LET 阈值 $64\mathrm{MeV \cdot cm^2 \cdot mg^{-1}}$ 时, 开始出现少量的水平 2 位翻转。当 LET 值为 $84.6\mathrm{MeV \cdot cm^2 \cdot mg^{-1}}$ 的 Ta 离子入射到 2 号位置时, MCU2 比例已达 20%以上。需要补充说明的是, Ta 离子最大可引起 6T SRAM 出现 6 行×2 列的 11 位多位翻转, 但事件数极其稀少, MCU(10)具有较高比例, 则离子径迹与扩散长度在 P 阱中的最大影响距离为 $2.5\mu m$, 从而引起 DICE SRAM 出现 2 位 MCU。由于 Ta 离子的 LET 值高达 $84.6\mathrm{MeV \cdot cm^2 \cdot mg^{-1}}$, 远高于单粒子翻转的 LET 阈值, 因此电压变化对器件 SEU 截面的影响可以忽略。但随着电压增加, MCU 事件截面即最高位 MCU2 事件截面略有增加, 这与 6T SRAM 情况相似。一定电压范围内, 电压增加导致的电荷收集效率增加相比于多位翻转的 LET 阈值增加有一个轻微的竞争优势, 使得扩散到远处的少量电荷更易被 AN1/BN3 所收集, 引发更多的 2 位 MCU。MCU 事件截面的增加和 SCU 事件截面的减小, 使得总的 SEU 截面和

SEU 事件截面基本保持不变。

本节对于两种不同版图设计的 65nm SRAM, 在 $0.35\sim84.6$MeV·cm^2·mg^{-1} 很宽的 LET 值范围内, 重点开展了电压降低对单粒子翻转和多位翻转的影响研究。研究结果表明, 无论是抗辐射加固 DICE SRAM 还是非加固 6T SRAM, 当所有单粒子翻转来自于单位翻转时, SEU 截面随电源电压降低而增加, LET 值越低, 电压降低对 SEU 的影响越显著。当多位翻转开始出现时, SEU 截面随电压变化几乎保持不变, 这归因于外部子灵敏体积电荷收集效率降低, 最高位 MCU 事件截面随电压降低而减小。

对于纳米 SRAM 器件, 随着器件特征尺寸降低, 单粒子翻转和多位翻转的 LET 阈值均降低, 预计电压降低对 SEU 截面和 MCU 事件截面影响的 LET 值将进一步降低。对于应用于低轨卫星的商用现货(COTS)非加固 SRAM 器件, 仅在极低 LET 值重离子或其他低能粒子辐照下才需考虑电压变化对 SEU 的影响。这意味着在纳米 COTS SRAM 器件实际空间应用时, 通过适当的电源电压优化方法, 降低电压仍是一种有效手段。

4.3.2.3　入射离子径迹特征

空间辐射环境复杂, 具有粒子种类多、能量范围宽(1keV·n^{-1}~10GeV·n^{-1})等特点, 难以利用地面辐照装置模拟或重现。日前地面重离子单粒子效应实验中通常不考虑离子种类和能量的差异, 仅以离子 LET 值作为表征参量, 以此来评价器件抗单粒子能力和加固技术的有效性。但事实上, 相同 LET 值、不同能量和种类重离子的径迹结构特征存在明显的差异, 因此粒子径迹特征差异对单粒子效应可能带来的影响一直被研究人员所关注[62-77]。

Martin 等[62]最早通过蒙特卡罗仿真发现, 离子径迹半径越大, MCU 占比越高, 单元间距越小, 径迹半径差异导致的 MCU 比例差异越大。Duzeilier 等[63]报道在单粒子效应截面曲线阈值区域存在明显的 SEU 截面差异, 低能重离子结果似乎给出了 SEU 敏感性的上限。Dodd 等[64,65]公布的实验研究结果表明, 对于特征尺寸为 $0.14\sim0.2\mu$m 的高阈值加固器件, 在单粒子翻转饱和区域时, 高能离子的测试结果略低于低能离子, 低能离子单粒子翻转测试结果相对更加保守。然而, 对于非加固器件, 一些研究结果表明[66,67], 实验误差范围内, 高低能离子引起的单粒子效应截面无明显差异。

对于纳米尺度器件, 相关研究主要基于蒙特卡罗或 TCAD 仿真模拟。对于 SOI 晶体管, 其电荷收集主要来自寄生双极放大效应, 高能离子大的径迹半径导致其寄生晶体管放大增益和漏极收集电荷量小于低能离子[68]; 然而, 对于体硅器件, 当其单粒子翻转主要来自电荷扩散时, 器件临界电荷小于 2fC, 高能重离子 SEU 截面大于低能重离子 SEU 截面, 且临界电荷和单元面积越小, 两者差异越明显[69]。对于纳米 SOI 和体硅 SRAM 器件，低 LET 值时低能重离子 SEU 截面更大，高 LET 值时高能重离子 MCU 比例和 SEU 截面更大[70,71]。单核子能量越高，径迹半径越大，能在距离入射位置更远的地方沉积能量触发更高位的 MCU[72]。当离子倾角入射时，低能重离子由于更高的电荷密度，有更多的电荷被沉积，MCU 比例更大[73]。

以上研究，主要集中在重离子 LET 阈值以上离子径迹差异对 SEU 和 MCU 的影响，然而，一些实验和仿真结果表明[65,74-77]，在 LET 阈值以下 SEU 截面亚阈区，相同 LET 值不同能量重离子也能导致单粒子效应截面的差异。这是因为低 LET 值的重离子通过与器件材料原子发生核反应产生高于直接电离 LET 阈值的次级粒子，从而引发单粒子翻转。不同能量的重离子，与材料原子发生核反应的反应类型、反应截面和反应产物不同，从而导致 SEU 截面存在差异。

总的说来，对 LET 阈值以下相同 LET 值不同能量重离子核反应导致的 SEU 截面差异已有相对比较清晰的认识和结论，而对于 LET 阈值以上离子径迹特征对器件单粒子翻转和多位翻转影响的研究结果多样化，且主要集中在蒙特卡罗仿真，特别是对于纳米尺度器件，相关实验研究结果少见报道。随着器件特征尺寸进一步减小，单粒子效应临界电荷降低、灵敏节点间距减小，存储单元收集少量电子就能引发单粒子翻转，不同能量、种类重离子径迹外围电荷分布差异对敏感节点电荷收集的影响可能会进一步加剧。本书基于非加固 6 管 65nm SRAM，重点研究直接电离 LET 阈值以上相同 LET 值不同能量、种类重离子径迹特征差异如何影响器件 SEU 和 MCU 表征，分析导致差异的物理机制，并为地面单粒子效应模拟试验评估提出建议。

1. 实验设置
1) 实验装置

重离子单粒子效应实验在中国原子能科学研究院 HI-13 串列加速器以及中国科学院近代物理研究所回旋加速器(HIRFL)单粒子效应辐照平台上开展。为研究离子径迹特征对 SEU 和 MCU 的影响，实验中尽量选用 LET 值相同或相近的重离子开展效应实验。表 4.8 给出了实验中所选用的五组 LET 值相同或相近但能量、种类不同的重离子种类及信息。为便于比较说明，本书中由 HI-13 加速器产生的重离子被称为低能重离子，由 HIRFL 产生的重离子被称为高能重离子。由于能量条件的限制，HI-13 加速器难以产生 LET 值大于 $80\text{MeV} \cdot \text{cm}^2 \cdot \text{mg}^{-1}$ 的重离子，因此本书中 LET 值为 $85\text{MeV} \cdot \text{cm}^2 \cdot \text{mg}^{-1}$ 的高低能重离子均由 HIRFL 产生，此时能量低的 Ta 离子被称为低能重离子。

表 4.8　单粒子效应实验中采用的重离子种类及信息

离子种类	离子能量 (MeV)	LET 值 ($\text{MeV} \cdot \text{cm}^2 \cdot \text{mg}^{-1}$)	Si 中射程 (μm)	单核子能量 (MeV)	实验装置
^{12}C	80	1.73	127	6.7	HI-13
^{28}Si	1600	1.75	2580	57.0	HIRFL

离子种类	离子能量 (MeV)	LET 值 (MeV · cm² · mg⁻¹)	Si 中射程 (μm)	单核子能量 (MeV)	实验装置
¹⁹F	110	4.2	82.7	5.8	HI-13
²⁸Si	470	4.3	297.0	16.8	HIRFL
⁴⁸Ti	167	21.8	34.3	3.48	HI-13
⁸⁴Kr	1700	21.7	249.0	20.0	HIRFL
⁷⁹Br	220	42.0	30.4	2.78	HI-13
⁸⁴Kr	260	40.6	34.2	3.0	HIRFL
¹⁸¹Ta	450	85.0	35.4	2.5	HIRFL
¹⁸¹Ta	1097	84.6	67.7	6.1	HIRFL

2) 实验样品和测试方法

实验样品仍选用 65nm 体硅 CMOS 标准 6 管 SRAM，存储容量 256kbit。实验时重离子均垂直入射器件，存储阵列填充测试图形 55H，内核工作电压 1.2V。

为避免一个测试周期内不同离子入射相邻位置引起的"伪"多位翻转对 MCU 数据统计精度的影响，实验时采用低注量率离子辐照，测试系统连续高速回读，记录发生 SEU 的存储单元逻辑地址和数据，结合器件逻辑地址向物理地址映射的空间关系，统计单位翻转和不同位数 MCU 事件数、拓扑图形，进一步获取 MCU 比例、均值、事件截面等参数。

2. 实验结果

图 4.20(a)和(b)分别给出了 65nm 6T SRAM 高能和低能重离子 SEU 截面和 SEU 事件截面的比较。从图中可以看出，当 LET 值为 1.73MeV · cm² · mg⁻¹ 时，单粒子翻转截面和事件截面相同，这是因为此时所有的 SEU 事件均为单位翻转事件。对于其他四组 LET 值，由于多位翻转的出现，单粒子翻转截面均高于事件截面，且随着 LET 值的增大，SEU 截面和事件截面的差距增大。当 LET 值相同或相似时，在 LET 值为 21.8MeV · cm² · mg⁻¹ 及以下区域，低能重离子 SEU 截面和 SEU 事件截面均高于高能重离子。随着 LET 值超过低能单粒子翻转事件截面曲线的膝点，低能 SEU 事件截面开始进入饱和区域，而高能 SEU 事件截面仍在增加，并逐渐超过低能 SEU 事件截面。由于多位翻转的严重性，高低能 SEU 截面仍持续增加，未达到饱和状态，且当 LET 值超过膝点后，高能重离子 SEU 截面开始大于低能重离子。

图 4.21(a)～(d)给出了相同或相似 LET 值下高低能重离子 MCU 比例的比较及最高位 MCU 的拓扑图形。表 4.9 进一步详细给出了所有 SEU 和 MCU 的参数值，包括 SEU 截面、SEU 事件截面、SCU 事件截面、MCU 事件截面以及 MCU

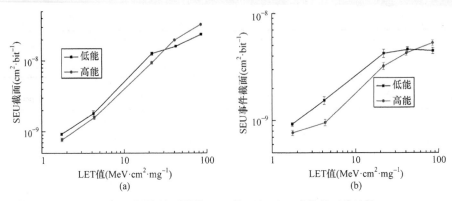

图 4.20 不同能量下器件 SEU 截面和 SEU 事件截面的比较

(a) SEU 截面；(b) SEU 事件截面

比例和 MCU 均值。当 LET 值为 $1.73\text{MeV}\cdot\text{cm}^2\cdot\text{mg}^{-1}$ 左右时，所有的 SEU 均为单位翻转，低能时 SEU 翻转截面和事件截面均为 $9.2\times10^{-10}\text{cm}^2$，高于高能时的 $7.7\times10^{-10}\text{cm}^2$。

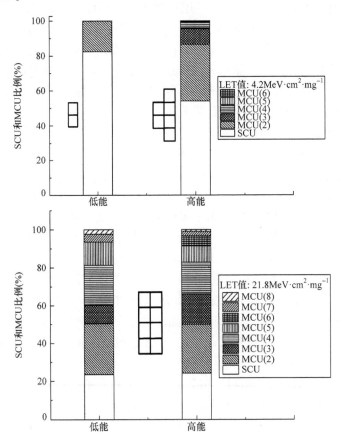

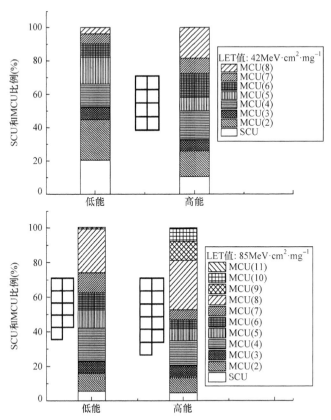

图 4.21　相同或相似 LET 值下高低能重离子 MCU 比例的比较及最高位 MCU 的拓扑图形

(a) 4.2MeV · cm² · mg⁻¹；(b) 21.8MeV · cm² · mg⁻¹；(c) 42MeV · cm² · mg⁻¹；(d) 85MeV · cm² · mg⁻¹

表 4.9　相同或相似 LET 值下高低能重离子的 SEU 和 MCU 参数

离子种类	LET 值 (MeV · cm² · mg⁻¹)	单核子能量 (MeV)	SEU 截面 (cm²)	SEU 事件截面(cm²)	SCU 事件截面(cm²)	MCU 事件截面(cm²)	MCU 比例(%)	MCU 均值
¹²C	1.73	6.7	9.2×10^{-10}	9.2×10^{-10}	9.2×10^{-10}	0	0	1
²⁸Si	1.75	57.0	7.7×10^{-10}	7.7×10^{-10}	7.7×10^{-10}	0	0	1
¹⁹F	4.2	5.8	1.80×10^{-9}	1.54×10^{-9}	1.27×10^{-9}	2.71×10^{-10}	17.6	1.18
²⁸Si	4.3	16.8	1.58×10^{-9}	9.57×10^{-10}	5.16×10^{-10}	4.41×10^{-10}	46.7	1.65
⁴⁸Ti	21.8	3.48	1.26×10^{-8}	4.22×10^{-9}	9.97×10^{-10}	3.22×10^{-9}	76.4	3.0
⁸⁴Kr	21.7	20.0	9.35×10^{-9}	3.47×10^{-9}	8.41×10^{-10}	2.63×10^{-9}	75.7	2.9
⁷⁹Br	42	2.78	1.60×10^{-8}	4.59×10^{-9}	9.39×10^{-10}	3.65×10^{-9}	79.6	3.48
⁸⁴Kr	40.62	3.0	1.97×10^{-8}	4.24×10^{-9}	4.44×10^{-10}	3.79×10^{-9}	89.5	4.68
¹⁸¹Ta	85	2.5	2.37×10^{-8}	4.46×10^{-9}	2.47×10^{-10}	4.22×10^{-9}	94.9	5.28
¹⁸¹Ta	84.6	6.1	3.26×10^{-8}	5.29×10^{-9}	2.44×10^{-10}	5.05×10^{-8}	95.0	6.12

当 LET 值为 $4.2\text{MeV} \cdot \text{cm}^2 \cdot \text{mg}^{-1}$ 左右时，高能 Si 离子入射可引起高达 6 位的 MCU，MCU 比例可达 46.7%，MCU 事件截面为 $4.41 \times 10^{-10}\text{cm}^2$。低能 F 离子仅能引起 2 位 MCU，MCU 比例仅为 17.6%，MCU 事件截面为 $2.71 \times 10^{-10}\text{cm}^2$，均明显小于高能 Si 离子。但由于低能 F 离子入射时 SCU 事件截面远高于 Si 离子，最终导致低能 F 离子入射时 SEU 事件截面为 $1.54 \times 10^{-9}\text{cm}^2$，明显高于高能 Si 离子时的 $9.57 \times 10^{-10}\text{cm}^2$。从式(4.9)可知，SEU 截面是 SEU 事件截面与 MCU 均值的乘积，虽然低能 F 离子 MCU 均值为 1.18，小于高能 Si 离子多位翻转均值为 1.65，但与 SEU 事件截面乘积后，低能 F 离子 SEU 截面为 $1.80 \times 10^{-9}\text{cm}^2$，仍然高于高能 Si 离子 SEU 截面 $1.58 \times 10^{-9}\text{cm}^2$。

当 LET 值为 $21.8\text{MeV} \cdot \text{cm}^2 \cdot \text{mg}^{-1}$ 时，此时低能 Ti 离子在多位翻转事件比例、MCU 均值方面与高能 Kr 离子没有明显差异，且均能引起最高 8 位的 MCU。但低能 Ti 离子单位翻转事件截面和多位翻转事件截面均高于高能 Kr 离子，使得低能 Ti 离子时的 SEU 事件截面和 SEU 截面均高于高能 Kr 离子。

当低能 Br 离子和高能 Kr 离子的 LET 值分别为 $42\text{MeV} \cdot \text{cm}^2 \cdot \text{mg}^{-1}$ 和 $40.6\text{MeV} \cdot \text{cm}^2 \cdot \text{mg}^{-1}$ 时，两者单粒子能量之间差距较小。对于低能 Br 离子，MCU 比例为 79.6%，其中 7 位及以上高位翻转占比 9.9%，5 位及以上高位 MCU 比例为 34%，MCU 均值 3.48。高能 Kr 离子 MCU 比例高达 89.5%，其中 7 位及以上高位翻转占比 28%，5 位及以上高位 MCU 比例达 50%，MCU 均值 4.68，均明显高于低能 Br 离子。但低能 Br 离子的 SCU 事件截面为 $9.39 \times 10^{-10}\text{cm}^2$，是高能 Kr 离子 SCU 事件截面 $4.44 \times 10^{-10}\text{cm}^2$ 的 2 倍左右，但两者 MCU 事件截面差异不大，导致低能 Br 离子总的 SEU 事件截面略高于高能 Kr 离子。但由于高能 Kr 离子 MCU 均值明显高于低能 Br 离子，即一个离子入射可引起更多的存储单元同时发生翻转，最终导致高能 Kr 离子 SEU 截面高于低能 Br 离子。

当 LET 值为 $85\text{MeV} \cdot \text{cm}^2 \cdot \text{mg}^{-1}$ 左右时，低能 Ta 离子与高能 Ta 离子 MCU 比例基本相同，均高达 95% 左右。但对于 9 位及以上 MCU，低能 Ta 离子比例仅占 0.85%，最高为 9 位 MCU，而高能 Ta 离子却达 18.8%，最高可达 6 行×2 列的 11 位 MCU，这使得高能 Ta 离子 MCU 均值明显高于低能 Ta 离子。两者在 SCU 事件截面基本相同的情况下，高能 Ta 离子 MCU 事件截面和 SEU 事件截面均高于低能 Ta 离子，从而导致高能 Ta 离子 SEU 截面高于低能 Ta 离子。

3. 讨论与分析

1) 灵敏区内重离子径迹特征

单粒子效应实验时，当离子入射器件表面时尽量选用了 LET 值相同或相似的重离子，其射程均超过标准中规定的 $30\mu\text{m}$[78]。但到了纳米尺度器件，器件多层金属布线对离子能量的衰减所导致的灵敏区有效 LET 值的变化已不可忽略。图 4.22 显示了基于逆向工程获取的 6 管 SRAM 钝化层和 6 层金属布线层的微观截面。为了更好地对实验结果进行比较分析，利用 TRIM 进一步计算了重离子穿过多层金属布线层(BEOL)到达器件灵敏区的离子能量、有效 LET 值，如表 4.10 所示。

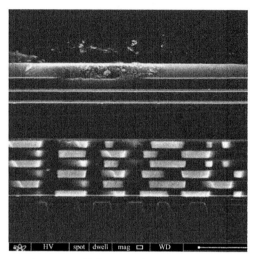

图 4.22　器件多层金属布线层的微观截面

表 4.10　重离子穿过 BEOL 到达器件灵敏区的离子能量、有效 LET 值以及最大径迹半径

离子	LET 值 (MeV · cm² · mg⁻¹)	灵敏区的离子能量(MeV)	灵敏区的离子单核子能量(MeV)	灵敏区的有效 LET 值 (MeV · cm² · mg⁻¹)	离子的最大径迹半径(μm)
^{12}C	1.73	76.3	6.36	1.800	2.10
^{28}Si	1.75	1596	57.00	1.754	89.00
^{19}F	4.2	101	5.32	4.4	1.55
^{28}Si	4.3	461	16.46	4.4	10.42
^{48}Ti	21.8	121	2.52	23.50	0.44
^{84}Kr	21.7	1650	19.60	21.84	14.00
^{79}Br	42.0	137	1.73	40.60	0.23
^{84}Kr	40.6	192	2.29	40.85	0.38
^{181}Ta	85.0	289	1.60	76.7	0.21
^{181}Ta	84.6	825	4.56	87.0	1.20

　　重离子穿过器件多层金属布线层后，会带来离子径迹特征径向和轴向的变化。沿轴向可引起离子能量衰减导致单核子能量降低，从而导致径向离子径迹半径随穿透深度而减小，而对离子 LET 值的影响则随单核子能量呈现不同的变化趋势(图 4.23)。

　　当 LET 值在 22MeV · cm² · mg⁻¹ 以下时，两台加速器单核子能量差异明显，但

LET 值均在图 4.23 布拉格峰的右侧。当位于布拉格峰右上方的低能离子穿过多层金属布线层时，能量衰减会引起灵敏区内有效 LET 值产生较为明显的增加；对于位于布拉格峰右下方的高能离子，其有效 LET 值产生相对较小的增加。当 LET 值在 $40\mathrm{MeV}\cdot\mathrm{cm}^2\cdot\mathrm{mg}^{-1}$ 以上时，高低能离子单核子能量差距明显减小，此时低能离子 LET 值通常位于布拉格峰值位置或左侧，穿过多层金属布线层后，能量衰减引起灵敏区内有效 LET 值小于器件表面 LET 值。能量相对较高的重离子，其 LET 值仍位于布拉格峰右侧，能量衰减引起灵敏区有效 LET 值相比于器件表面有所增大。

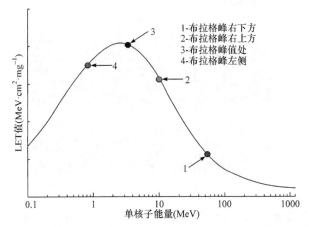

图 4.23　重离子 LET 值随单核子能量变化关系

Fageeha 等[61]建立的离子径迹分析模型被认为相比于蒙特卡罗仿真计算结果具有高的精度[59,66]。利用该模型计算了几组重离子入射灵敏体积后产生的电荷密度与径向半径的关系，如图 4.24 所示。可以看出，随着 LET 值的增大，离子径

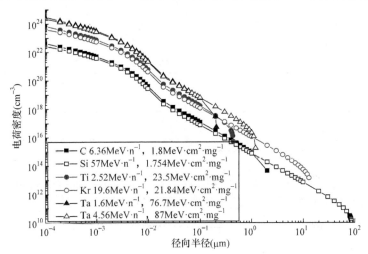

图 4.24　几组不同能量重离子电荷密度与径向半径的关系

迹电荷密度增加。单核子能量越高,传递给 δ 电子的能量越大,离子径迹半径也就越大。在 LET 值近似相等条件下,低能离子径迹中心电荷密度比高能离子高。表 4.10 进一步依据文献中 δ 电子最大能量及射程计算公式[79]给出了每种离子对应的最大径迹半径。

2) 离子径迹特征对 SEU 和 MCU 的影响

当重离子入射器件后在一定的径迹范围内沉积能量产生电荷,归因于径迹中心高的电荷密度,此时电荷复合以俄歇复合为主[62,80]。在等离子体消失前的皮秒量级,一部分电荷通过俄歇复合消失,一部分电荷双极扩散出等离子体,剩下的电荷在等离子体消失后被电场快速收集[62]。径迹外围电荷密度相对较低,电荷损失以 SRH 复合为主[59,81],相比于俄歇复合具有更低的复合率和更长的少子寿命;重离子注入电荷密度越高,少子寿命越长[82],电荷扩散距离越远。

当重离子垂直入射 65nm SRAM 时,存储单元所收集的电荷来自被离子径迹所覆盖的漂移收集电荷以及随后不断扩散到该单元被收集的扩散电荷,在一定时间范围内,当存储单元灵敏区收集电荷总量大于临界电荷时,则该单元发生单粒子翻转。电路仿真结果表明,65nm 6T SRAM 临界电荷约为 1fC,灵敏节点仅收集 6250 个电子就能引起 SEU。当高低能重离子 LET 值相同时,离子能量越高,径迹半径越大,与入射单元相邻的外围单元首先漂移收集高能离子径迹外围电荷,则被该单元收集的扩散电荷就会相对减小,未被收集的扩散电荷可进一步扩散至距离入射位置更远的地方,被更远的单元所收集,导致更高位数的 MCU。重离子垂直入射时,径迹半径与扩散长度共同影响 MCU 的拓扑图形和翻转位数。

当重离子入射器件表面 LET 值为 1.75MeV · cm^2 · mg^{-1} 左右时,穿过器件多层金属布线层后,由于能量衰减,低能离子落入灵敏区后 LET 值从 1.73MeV · cm^2 · mg^{-1} 增加到 1.8MeV · cm^2 · mg^{-1},高能离子从 1.75MeV · cm^2 · mg^{-1} 轻微增加到 1.754MeV · cm^2 · mg^{-1}。由于重离子低的 LET 值和低的电荷密度,此时单粒子翻转均为单位翻转事件。低能 C 离子径迹中心由于高的电荷密度,入射存储单元的灵敏节点有效收集电荷量多,更易触发单位翻转。高能 Si 离子由于大的径迹半径(图 4.24),电荷分布在一个更大的空间尺度上,中心电荷密度小,灵敏区有效收集电荷量少,因此其 SEU 事件截面和 SEU 截面均小于低能离子。

当高低能重离子表面 LET 值分别为 4.2MeV · cm^2 · mg^{-1} 和 4.3MeV · cm^2 · mg^{-1} 时,穿过多层金属布线层后,落入灵敏区内的高低能重离子有效 LET 值均增大到 4.4MeV · cm^2 · mg^{-1}。随着 LET 值增大,单粒子多位翻转出现。相比于低能 F 离子最高两位的 MCU,高能 Si 离子由于大的径迹半径,可引发最高 6 位的 MCU,其 MCU 事件截面、比例和均值均大于低能 F 离子。但由于重离子 LET 值相对较低,SEU 事件仍以 SCU 事件为主,低能 F 离子由于中心高的电荷密度而导致更高截面的 SCU 事件,使得总 SEU 事件截面高于高能 Si 离子。由于低能 F 离子和高能 Si 离子两者 MCU 均值的差异小于 SEU 事件截面的差异，因此低能离子具有更高的 SEU 截面。

当表面 LET 值为 21.7MeV·cm²·mg⁻¹ 左右时，穿过多层金属布线层后，低能离子有效 LET 值增加到 23.5MeV·cm²·mg⁻¹，高能离子 LET 值仅轻微增加到 21.84MeV·cm²·mg⁻¹。此时 SEU 事件以 MCU 事件为主，MCU 比例高达 75% 以上。从表 4.10 可知，此时高能 Kr 离子径迹半径可达 14.00μm，远高于低能 Ti 离子径迹半径 0.44μm，但两者最高多位翻转均为 8 位 MCU，且高能 Kr 离子 MCU 比例和均值、MCU 和 SCU 事件截面、SEU 事件截面均略小于低能 Ti 离子，高位 MCU(7) 和 MCU(8) 事件比例也小于 Ti 离子。这表明低能 Ti 离子由于较高 LET 值和较高电荷密度，更多的电荷经过俄歇(Auger)复合和 SRH 复合后扩散到远处的存储单元被收集。相比于高能 Kr 离子大的径迹半径，此时低能 Ti 离子高的电荷密度对 MCU 事件的贡献占据优势。

虽然低能 Br 离子和高能 Kr 离子表面 LET 值分别为 42MeV·cm²·mg⁻¹ 和 40.6MeV·cm²·mg⁻¹，但由于低能 Br 离子位于布拉格峰值处，能量衰减后灵敏区内有效 LET 值减小，而 Kr 离子位于布拉格峰左侧，能量衰减后有效 LET 值轻微增加，最终导致灵敏区内高低能离子有效 LET 基本相同。可以看出，由于单核子能量差异不大，两者最大径迹半径仅有 0.15μm 差异，但仍导致 Kr 离子引起的 MCU 均值、比例、事件截面高于 Br 离子。由于 Br 离子高的径迹中心电荷密度，其 SCU 事件高于 Kr 离子，因此总的 SEU 事件截面略高于 Kr 离子。但由于 Kr 离子高的 MCU 均值，Kr 离子总的 SEU 截面高于 Br 离子。此外，虽然低能 Br 离子径迹半径仅有 0.23μm，仍可引起高达 8 位的 MCU，沿着阱的方向最大影响 4 个存储单元，离子径迹与扩散长度共同影响距离为 0.5μm × 4，即可达 2μm。

当表面 LET 值为 85MeV·cm²·mg⁻¹ 左右时，由于高低能 Ta 离子分别位于布拉格峰的两侧，因此离子穿过多层金属布线层后，落入灵敏区的低能 Ta 离子有效 LET 值降低至 76.7MeV·cm²·mg⁻¹，而高能 Ta 离子有效 LET 值增加至 87MeV·cm²·mg⁻¹，高能 Ta 离子有效 LET 值明显大于低能 Ta 离子，且高能 Ta 离子径迹半径比低能 Ta 离子大 6 倍。高能 Ta 离子由于高的 LET 值和大的径迹半径，其 MCU 事件截面和 MCU 均值均高于低能 Ta 离子，特别是 6 位以上高位 MCU 比例明显更高，但 SCU 事件截面两者没有明显差异。高能 Ta 离子由于高的 SEU 事件截面和高的 MCU 均值，其具有更高的 SEU 截面。从图 4.21 可知，高能 Ta 离子入射时可产生最高 11 位的 MCU，但事件数极其稀少，MCU (10) 具有较高比例，此时纵向最大影响距离为 5 个存储单元，则离子径迹与扩散长度最大影响距离为 0.5μm × 5，即可达 2.5μm。

下面对不同有效 LET 值相同单核子能量的重离子 SEU 截面进行简单比较。

以灵敏区内单核子能量 1.73MeV、有效 LET 值 40.6MeV·cm²·mg⁻¹ 的 Br 离子和单核子能量 1.6MeV、有效 LET 值 76.7MeV·cm²·mg⁻¹ 的 Ta 离子为例。两者最大离子径迹半径近似相等，均近似为 0.2μm 左右，但 Ta 离子 6 位以上高位翻转占比达 38%，可引起最高 9 位的多位翻转，离子影响距离达 2.5μm，径迹半径和扩散长度之和约为 1.25μm。Br 离子 6 位以上 MCU 比例仅为 10%，最高多位翻转为 8 位 MCU，离子影响距离为 2.0μm，径迹半径和扩散长度之和约为 1.0μm。这进一步说明，径迹半径相同时，高的有效 LET 值由于高的径迹电荷密度，电荷可扩散到更远处引发更高位的 MCU。

3) 结论与建议

本节开展了直接电离 LET 阈值以上离子径迹特征对纳米器件重离子单粒子翻转和多位翻转的影响研究。当器件表面重离子 LET 值位于低能重离子 SEU 事件截面曲线膝点以下区域时，由于高低能重离子单核子能量差异大，在表面 LET 值相同的情况下，轴向离子能量的衰减会导致低能重离子落入灵敏区的有效 LET 值大于高能重离子。归因于低能离子小的径向半径和高的中心电荷密度，因此，相比于高能离子，低能离子入射时能够引起更多的电荷被入射灵敏节点所收集，从而引起更高的 SCU 截面。对于低 LET 值，当 SEU 事件以 SCU 事件为主时，将导致低能重离子 SEU 截面高于高能重离子。随着 LET 值逐渐增大，SEU 事件以多位翻转事件为主，但由于落入灵敏区内的低能重离子有效 LET 值大于高能重离子，MCU 均值、MCU 比例以及 SEU 事件截面均略高于高能重离子，导致低能重离子 SEU 截面仍然高于高能重离子。

当表面 LET 值处于膝点以上高 LET 值区域时，高低能重离子单核子能量差异减小，低能重离子沿轴向离子能量的衰减导致落入灵敏区的有效 LET 值小于高能重离子。高能重离子大的径迹半径、高的 LET 值和电荷密度，导致其 MCU 均值和 MCU 事件截面远高于低能重离子，使得高能重离子 SEU 截面明显高于低能重离子。垂直入射时，径迹半径与扩散长度共同影响 MCU 的拓扑尺寸，最大影响距离可达 2.5μm，这给采用空间冗余设计来消除或降低单粒子翻转的加固方法带来了极大挑战。

当器件灵敏区内有效 LET 值相同时，由于高能重离子径迹半径远大于低能离子，可在距离入射位置较远的地方扩散沉积更多能量，引发更高位数的 MCU，MCU 比例、均值和事件截面均大于低能重离子。

在器件重离子单粒子效应试验评估中，通常采用保守最劣的方式。因此，评估时，建议采用低能重离子获取器件单粒子翻转 LET 阈值，采用高能重离子获取器件单粒子翻转饱和截面。随着器件特征尺寸持续减小，敏感节点收集较少量电荷就能引发单粒子翻转，在膝点以上，高低能重离子径迹差异导致的 SEU 截面差异预计会进一步增大。

4.4　纳米组合逻辑电路单粒子多瞬态

4.4.1　纳米组合逻辑电路单粒子多瞬态实验技术

纳米组合逻辑电路单粒子多瞬态的测量基于片上自测试技术，片上自测试电路主要包含两部分：被测组合逻辑电路和脉宽测量电路。脉宽测量电路分两个模块：W-SET 模块和 N-SET 模块，如图 4.25 所示。W-SET 模块的逻辑延迟单元级数较多(N 级)，用于测量脉冲宽度较大的 SET；N-SET 模块的逻辑延迟单元级数较少(n 级)，用于测量脉冲宽度较小的 SET，窄脉冲可通过该模块进行相对准确的脉宽测量。其中 N 决定了可测的最大 SET 脉宽，n 由沿逻辑延迟单元无衰减传播的最小脉冲宽度决定。自触发电路用来产生 HO 和 PA 两个触发信号，触发信号用于控制逻辑延迟单元在导通状态和锁存状态进行转换。在锁存状态时，各单元的数据由移位寄存器链读出并存入现场可编程逻辑门阵列(field programmable gate array，FPGA)。对于一个被 m 级逻辑延迟单元俘获的 SET 脉冲，脉宽为 $m×τ$，其中 $τ$ 为逻辑单元的延迟时间[10]。$τ$ 通过测量环形振荡器的频率来计算得到：

$$f = \frac{1}{2Nτ} \tag{4.15}$$

式中，f 为环形振荡器的频率；N 为环形振荡器中反相器的级数(奇数级)。环形振

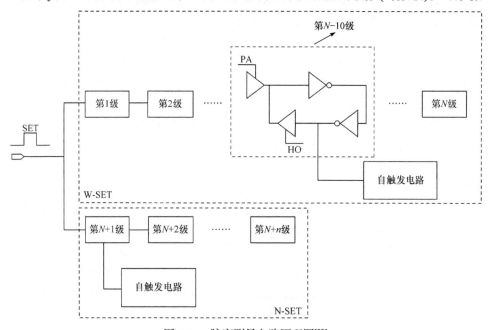

图 4.25　脉宽测量电路原理图[83]

荡器中每一级反相器的原理图和版图均与测量电路中逻辑延迟单元(处于导通状态)的原理图和版图相同，以保证环形振荡器的反相器延迟时间与测量电路的逻辑延迟单元的延迟时间一致。

　　单粒子多瞬态实验在西北核技术研究所的激光微束 SEE 实验平台开展，实验现场照片如图 4.26 所示，该平台主要由皮秒激光器、聚焦光路系统、机械隔振光学平台和控制计算机组成，激光平台主要技术指标如表 4.11 所示。实验具体设置如下[10]。

图 4.26　实验现场照片

表 4.11　激光平台主要技术指标

激光平台参数	技术指标
最大激光能量(mJ)	0.48@1064nm, 0.26@532nm
光斑直径(μm)	1.0@1064nm, 0.78@532nm
最大重复频率(kHz)	1
聚焦距离(mm)	39.5@5×, 21.5@20×, 11@100×
载物台的移动分辨率(μm)	0.124@x, 0.124@y, 0.156@z
载物台的移动范围(mm)	100@x, 100@y, 26@z

1) 重复频率

　　为在较短的时间内对辐照区域完成高分辨率的扫描，同时保证扫描过程中不出现 SET 漏记现象，需选择合适的激光脉冲重复频率。正式实验前，针对一个面积较小的敏感区采用高能量激光脉冲进行扫描，以保证每一次激光脉冲入射均可诱发 SET(记录的 SET 数量与激光脉冲个数保持一致)，然后不断增大激光脉冲的重复频率，直至记录到的 SET 数量小于激光脉冲个数(出现 SET 脉冲的漏记)，此时获取的激光重复频率即为重复频率上限。实验发现重复频率上限为 100Hz，正式实验中重复频率选取 10Hz。

2) 激光波长

激光平台可提供两种波长的激光：532nm 和 1064nm。正式实验前，用两种波长激光分别扫描其中一条被测组合逻辑链的辐照区域(顶层金属布线采取绕行的区域)，发现 1064nm 波长的激光脉冲在能量为 0.8nJ 和 1.0nJ 时产生的 SET 平均脉宽分别为 152ps 和 168ps，532nm 波长的激光脉冲在能量为 0.05nJ 和 0.1nJ 时产生的 SET 平均脉宽分别为 148ps 和 164ps。可以看出，在 SET 平均脉宽相同的情况下，1064nm 波长激光的能量比 532nm 波长高约 1 个数量级，为防止较高的激光能量对被辐照器件造成潜在损伤，正式实验中波长选取 532nm。值得一提的是，532nm 波长激光在硅材料中的吸收深度为 $1\sim2\mu m$[84]，大于被测逻辑链的阱深，因此激光可以穿透被测逻辑链的 SEE 敏感区。

3) 激光扫描方式

激光对辐照区域采用蛇形扫描，扫描过程中，被测器件随着载物台一起移动，以完成图 4.27 所示的扫描路线。激光束的扫描速度设置为 2.5μm/s，即激光束每秒扫描距离为 2.5μm，又因激光重复频率为 10Hz，也就是说在 2.5μm 的扫描距离上出射 10 个激光脉冲，因此激光脉冲的最大扫描分辨率为 0.25μm。这里激光的扫描分辨率小于激光的光斑直径，可以保证所有的 SET 敏感区域都被激光入射到。

图 4.27　蛇形扫描示意图

4.4.2　纳米组合逻辑电路单粒子多瞬态的影响因素

4.4.2.1　版图结构

大栅宽晶体管驱动能力强、节点电容大，可有效降低 SET 脉宽，但这一常规

SET 加固措施对抑制单粒子多瞬态(single event multiple transient，SEMT)是否仍具优势尚未验证；此外，源漏共用设计与常规设计相比，在不增加晶体管版图面积的基础上可减小栅极寄生电阻和漏极寄生电容，以此降低 RC 时间常数，提高晶体管响应速度，但是该技术对 SEMT 的影响研究未见报道。本小节以 65nm 体硅 CMOS 反相器链为研究载体，结合激光微束实验和 TCAD 仿真，比较采用不同栅宽晶体管的反相器链的 SEMT 特性[85]，研究源漏共用设计和常规设计的保护环加固型反相器链的 SEMT 敏感性差异[86]。

1. 晶体管栅宽

1) 测试电路

被测电路为三条 1000 级反相器链，按照栅宽由小到大的顺序，三条链分别被命名为 INV-S 链(W_P = 320nm，W_N = 240nm)、INV-M 链(W_P = 480nm，W_N = 360nm)和 INV-L 链(W_P = 720nm，W_N = 540nm)。其中，W_P 为 PMOS 晶体管栅宽，W_N 为 NMOS 晶体管栅宽。三条链的 W_P/W_N 比值均为 1.33，栅长均为 60nm。图 4.28(a)～(c)分别为三条链的单级反相器的版图，三种反相器版图的尺寸均为 2.5μm×0.6μm(高×宽)。

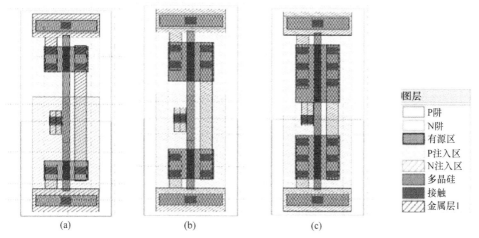

			图层
			P阱
			N阱
			有源区
			P注入区
			N注入区
			多晶硅
			接触
			金属层1

(a)　　　　　　　(b)　　　　　　　(c)

图 4.28 三条链的单级反相器的版图

(a) INV-S 链；(b) INV-M 链；(c) INV-L 链

图 4.29 为三条链的版图布局原理图，每条链均采用蛇形布局(每行 100 级，共 10 行)，三条链嵌套在一起，即每条链的相邻行均被其他两条链隔开。对每一条链而言，同一行中相邻反相器的栅极之间的距离为 0.48μm，同一行的 PMOS(NMOS)晶体管共用阱。图中虚线框内反相器(第 8～10 行，每行各 20 级反相器)的顶层金属布线采取绕行，以方便激光脉冲入射至有源区。反相器链的偏置电压无特殊说明时默认为 1.2V，三条反相器链的输入均为逻辑低电平状态(0V)，这将导致传播

至反相器链输出端的 SET 为"010"脉冲。此外，在这种输入配置情况下，奇数级反相器的 NMOS 管和偶数级反相器的 PMOS 管对 SET 敏感。

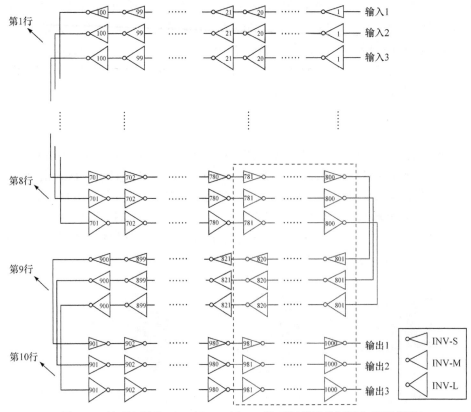

图 4.29　蛇形布局的 1000 级(100 级×10 行)反相器链的版图布局原理图

2) 实验结果

　　实验中测量到的多瞬态为单粒子双瞬态(single event double transient，SEDT)。SEDT 是指单个离子或激光脉冲入射后产生两个瞬态脉冲(如图 4.30 所示)，SEDT 有三个基本参数：第一个 SET 的脉宽、第二个 SET 的脉宽和这两个 SET 脉冲之间的时序差。这三个参数与 SEDT 的产生机制息息相关。在激光脉冲能量为 0.1nJ 时，在 INV-S 中测量到 SEDT；当激光脉冲能量升至 0.2nJ 时，在 INV-S 和 INV-M 中均测量到 SEDT；直至激光脉冲能量增大到 0.3nJ 时，INV-L 中仍未测量到 SEDT。图 4.31 为激光脉冲能量为 0.1nJ 和 0.2nJ 时，在 INV-S 和 INV-M 中测量到的 SEDT 的三个基本参数的脉宽分布情况。表 4.12 列出了 SEDT 的统计信息。可以看出，对于 INV-S 而言，随着激光脉冲能量从 0.1nJ 升至 0.2nJ，各参数均呈现增大的趋势；当激光脉冲能量均为 0.2nJ 时，INV-M 的四个参数值均小于 INV-S。下面将通过 TCAD 仿真对实验结果进行分析。

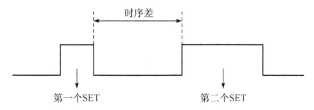

图 4.30　SEDT 示意图

SEDT 的时序差定义为第一个 SET 的后沿和第二个 SET 的前沿之间的时序差

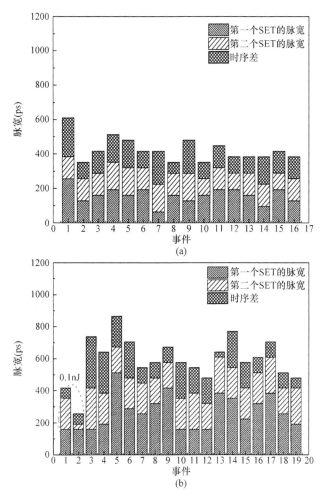

图 4.31　两条反相器链中 SEDT 的三个基本参数的脉宽分布

(a) INV-M；(b) INV-S

虚线圈标注的两个事件为 0.1nJ 激光辐照后的测量结果，其他事件均为 0.2nJ 激光辐照后的测量结果

表 4.12　SEDT 的统计信息

反相器链+ 激光脉冲能量(nJ)	第一个 SET 的 平均脉宽 ave-1(ps)	第二个 SET 的 平均脉宽 ave-2(ps)	时序差的 平均宽度 ave-3(ps)	三个参数之和 的平均值 ave-sum(ps)
INV-S/0.1	160	112	64	337
INV-S/0.2	279	194	153	626
INV-M/0.2	160	130	134	425

3) 仿真分析

通过三维 TCAD 仿真深入分析了实验结果。考虑电荷共享的影响，三维 TCAD 模型基于三级反相器链构建(图 4.32)，反相器链输入为 0V。器件模型根据实际样品的版图信息来建立，并通过工艺校准使其 I-V 特性曲线与 SPICE 模型的 I-V 特性曲线吻合。模拟过程中，将 GEANT4 计算得到的 SEE 沉积电荷引入 TCAD 模型，通过有限元法求解引入 SEE 沉积电荷的半导体方程组，最终得到器件的单粒子响应。目前还没有能够较好地模拟激光 SEE 的 TCAD 软件，不过，文献[87] 针对同一芯片上的另一款反相器链的 SET 开展了激光与重离子辐照的等效性研究，发现 0.1nJ 的激光脉冲与 1274MeV 的 Bi 离子所导致的 SET 脉宽的分布相似，因此仿真中选取 1274MeV 的 Bi 离子为入射离子(LET = 99MeV · cm^2 · mg^{-1})。

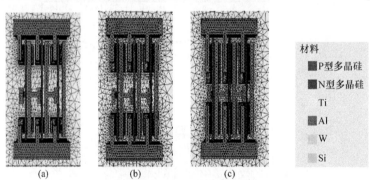

材料

■P型多晶硅

■N型多晶硅

Ti

Al

W

Si

图 4.32　三条反相器链的三维 TCAD 模型

(a) INV-S；(b) INV-M；(c) INV-L

(1) 垂直入射。

仿真中，离子入射位置位于前两级反相器的 NMOS 晶体管之间(图 4.33)。首先，通过仿真获取了 INV-S 的各级反相器输出端的瞬态脉冲波形，如图 4.34 所示。从入射位置 1 到入射位置 3，N1 和 N2 之间的电荷共享愈加明显，第一级反相器的直接收集电荷逐渐减少，因此第一级反相器输出的瞬态脉宽呈现减小趋势，如图 4.34(a)所示。同时，随着入射位置逐渐靠近第二级反相器，第二级反相器通过扩散机制共享的电荷增多，且电荷共享开始的时间更早，导致第二级反相器的瞬态扰动呈现增大趋势且扰动起始时间前移。对于入射位置 1，由于两级反相器之间的电荷共享不足以引起第二级反相器发生状态翻转，因此 INV-S 输出一个单粒子单瞬态(SEST)；对于入射位置 2，两级反相器之间的电荷共享较大，使得第二级反相器出现较明显的扰动，而且扰动发生的时间在第二级反相器的正常电学响应之后，即第二级反相器先发生正常的 "0" → "1" 的电学状态转换，然后又因瞬态扰动出现 "1" → "0" 的转换，当电荷共享结束后，电学状态恢复至 "1"，电荷收集结束后最终变为 "0"，形成 "0" → "1" → "0" → "1" → "0" 的状态变化过程，使得 INV-S 输出一个 SEDT；对于入射位置 3，两级反相器之间的电荷共享更加明显，而且扰动发生的时间在第二级反相器的正常电学响应之前，导致第二级反相器的输出在共享电荷收集完成之前一直处于 "0" 状态，也就是发生脉冲淬熄，使得 INV-S 输出一个窄脉冲。综上，SEDT 是由具有电学连接关系的相邻反相器之间的电荷共享导致的。

根据 SEDT 形成过程的分析可以看出，第一个 SET 的脉宽、第二个 SET 的脉宽以及这两个 SET 之间时序差的总和与第一级反相器输出的初始 SEST 脉宽近似相等。当激光脉冲能量增大时，第一级反相器的直接收集电荷增多，其输出的初始 SEST 脉宽增大，因此，SEDT 的第一个 SET 的脉宽、第二个 SET 的脉宽以及这两个 SET 之间时序差的总和也随之增大。另外，SEDT 中两个 SET 之间的时序差与电荷共享量成正相关，激光能量增大导致电荷共享增多，从而使时序差变大。从表 4.12 中 INV-S 的测量数据来看，随着激光脉冲能量从 0.1nJ 增大到 0.2nJ，SEDT 的三个基本参数(第一个 SET 的脉宽、第二个 SET 的脉宽、这两个 SET 之间的时序差)及三个基本参数之和的平均值均呈现增大趋势，实验规律与

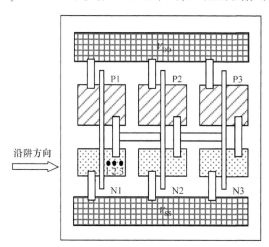

图 4.33　离子入射位置示意图

从第一级反相器到第二级反相器之间选取三个入射位置：位置 1(0.46μm，0.57μm)，位置 2(0.51μm，0.57μm)和
位置 3(0.56μm，0.57μm)

理论分析一致。除激光脉冲能量之外，离子入射位置也会影响 SEDT 的基本参数。因此，即使在同一激光脉冲能量下，SEDT 的三个基本参数也存在一定的脉宽分布，如图 4.31 所示。

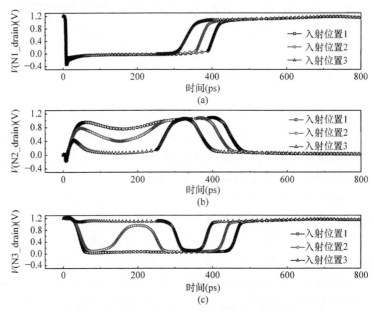

图 4.34　不同离子入射位置下 INV-S 的各级反相器所输出的瞬态脉冲波形
(a) 第一级反相器的输出；(b) 第二级反相器的输出；(c) 第三级反相器的输出

　　将离子入射位置固定在位置 2，对三条反相器链的各级反相器所输出的瞬态波形进行了比较，如图 4.35 所示。结果显示，INV-L 和 INV-M 的第二级反相器的瞬态扰动受到抑制，无法传播到第三级反相器，这主要归因于栅宽较大的晶体管驱动能力强，不容易因电荷共享而发生状态翻转。注意到，0.1nJ 激光实验也未在 INV-L 和 INV-M 中测量到 SEDT。但是，当激光脉冲能量升至 0.2nJ

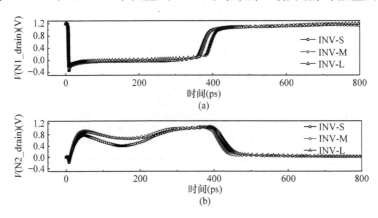

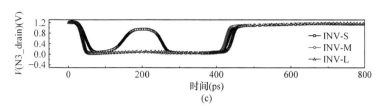

图 4.35 离子入射位置为(0.51μm，0.57μm)时，三条反相器链的各级反相器所输出的瞬态波形
(a) 第一级反相器的输出；(b) 第二级反相器的输出；(c) 第三级反相器的输出

时，具有电学连接关系的相邻反相器之间的电荷共享加剧，INV-M 中也测量到
SEDT(图 4.31)。此外，离子入射 PMOS 晶体管也同样可以产生 SEDT。图 4.36 显
示了离子垂直入射 P1 晶体管的漏极区域附近且坐标为(0.48μm，1.87μm)的入射
位置时三级反相器的输出电压情况，可以看出，INV-S 也产生了 SEDT。

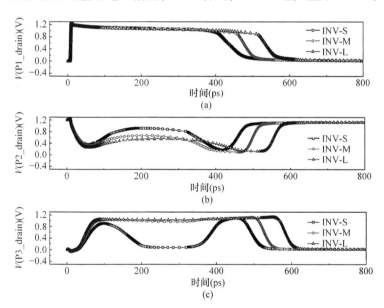

图 4.36 离子入射位置为(0.48μm，1.87μm)时，三条反相器链的各级反相器所输出的瞬态波形
(a) 第一级反相器的输出；(b) 第二级反相器的输出；(c) 第三级反相器的输出

通过图 4.34 和图 4.36 可以看出，1274MeV 的 Bi 离子入射 INV-S 的 NMOS
漏极区域的三个位置所产生的 SET 脉宽为 300～400ps，入射 INV-S 的 PMOS 漏
极区域的位置(0.48μm，1.87μm)所产生的 SET 脉宽约为 450ps。激光实验结果显
示(见文献[85]中表 1)，激光能量为 0.1nJ 时 INV-S 的最大 SET 脉宽为 481ps，这
个最大脉宽应该是 0.1nJ 激光入射 INV-S 第 8 行反相器的晶体管漏极所测到的，
原因有两点：一方面，晶体管漏极是最敏感区域，在漏极区域产生的 SET 脉宽
比晶体管其他区域更大；另一方面，在第 8 行产生的 SET 传播至链的输出端时，

其总的脉冲展宽量(展宽量约为 60ps)比第 9 行或第 10 行更大。据此推测，0.1nJ 激光入射 INV-S 的晶体管漏极所产生的最大初始 SET 脉宽应处在 421ps 左右，仿真中 1274MeV Bi 离子入射晶体管漏极所获取的最大 SET 脉宽在 450ps 左右，两者比较接近。

此外，从图 4.35(a)和图 4.36(a)中可以看出，离子入射晶体管后所产生的初始 SET 脉宽并未随着晶体管尺寸的增大而减小。仿真中是将 GEANT4 计算得到的 1274MeV Bi 离子的电荷沉积引入 TCAD 模型的，入射离子能量较高，离子径迹半径较大[88]，这意味着入射离子所产生的一部分电荷不会被晶体管的漏极所收集，漏极面积越小，未被收集的电荷越多。图 4.37 所示 N1 晶体管和 P1 晶体管的漏极电流可以证明这一说法，从图中可以看出，漏极电流与时间的积分(漏极收集电荷)随着晶体管尺寸的增大而增大，对 INV-S 链而言，漏极收集电荷最少，这有利于减小初始 SET 脉宽，但 INV-S 截止晶体管的驱动能力最弱，这不利于初始 SET 脉宽的减小。因此，初始产生的 SET 脉宽取决于漏极电荷收集数量和截止晶体管驱动能力的竞争。三条反相器链的截止晶体管驱动能力的差异是固定的，但是三条反相器链漏极电荷收集的差异却随着离子入射条件的不同而发生变化，因此，离子入射晶体管后所产生的初始 SET 脉宽并未随着晶体管尺寸的增大而减小。随着器件特征尺寸的减小，离子径迹的径向电荷分布对 SET 脉宽的影响不可忽视，如果径迹的径向电荷分布范围与被入射晶体管漏极面积相比可以忽略，三条反相器链的被入射晶体管的漏极收集电荷差异不会很大，此时离子入射晶体管后所产生的初始 SET 脉宽将会随着晶体管尺寸的增大而减小。

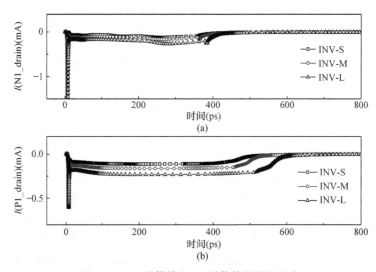

图 4.37　N1 晶体管和 P1 晶体管的漏极电流

(a) 离子入射位置为(0.51μm，0.57μm)时，N1 晶体管漏极电流随时间的变化；(b) 离子入射位置为(0.48μm，1.87μm)时，P1 晶体管漏极电流随时间的变化

(2) 斜入射。

激光实验和垂直入射仿真结果显示大栅宽反相器链抗 SEDT 的能力更强。但是，宇宙空间中粒子是各向同性的，为全面评估器件的抗单粒子性能，需考虑斜入射。由于激光固有的折射特性和激光 SEE 实验平台聚焦距离有限[89]，因此开展斜入射的脉冲激光实验并不现实，下面介绍斜入射的仿真研究。仿真中，离子沿阱的方向斜入射，入射点固定在位置 2，考虑到太大角度斜入射会导致多级反相器产生 SEE，而 TCAD 模型只有三级反相器，因此选取了三种较小的倾斜角度：5°、7°和 20°。三种斜入射角度下三条反相器链的各级反相器的输出脉冲分别示于图 4.38～图 4.40。随着入射角度的增大，三条反相器链的第一级反相器的SET 脉宽均呈现增大的趋势，这与穿透 SEE 敏感体积的离子径迹长度随着入射角度增加而增大有关。对于 5°斜入射，第二级反相器通过共享收集的电荷比垂直入射情况多，导致 INV-S 产生 SET 淬熄，而 INV-M 产生 SEDT；对于 7°斜入射，电荷共享的进一步加剧导致 INV-L 也产生 SEDT，虽然 INV-L 在垂直入射的情况下未产生 SEDT，但在沿阱方向斜入射的情况下却能产生 SEDT，针对此类情况，可以采用保护环加固技术来减小 INV-L 在斜入射条件下的电荷共享。当斜入射角度增大到 20°时，第二级反相器因电荷共享的继续增大而使本级输出端的SET 脉冲淬熄至消失，第三级反相器因电荷共享而产生 SET，为避免距离离子入射位置较远的反相器因电荷共享而产生 SET，基于多节点电荷收集的相互抵消作用来减缓 SEE 的基于错误感知晶体管布局的版图设计(layout design through error-

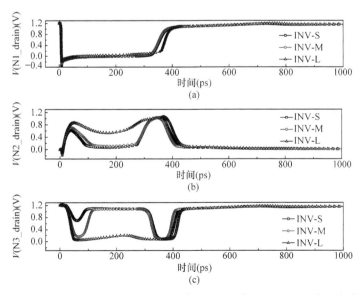

图 4.38　沿阱方向 5°斜入射时，三条反相器链各级反相器的输出脉冲

(a) 第一级反相器的输出；(b) 第二级反相器的输出；(c) 第三级反相器的输出

aware transistor positioning，LEAP)加固技术[90]是一种理想的选择。LEAP 技术不仅可以减小被离子入射的晶体管所产生的初始 SET 脉宽，也可以抑制具有电学连接关系的晶体管之间的电荷共享以减缓 SEMT 的发生。

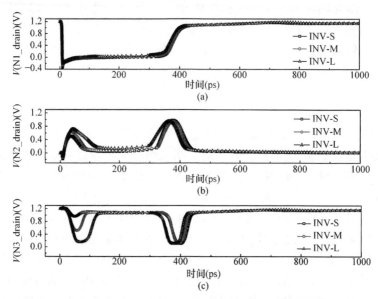

图 4.39 沿阱方向 7°斜入射时，三条反相器链各级反相器的输出脉冲
(a) 第一级反相器的输出；(b) 第二级反相器的输出；(c) 第三级反相器的输出

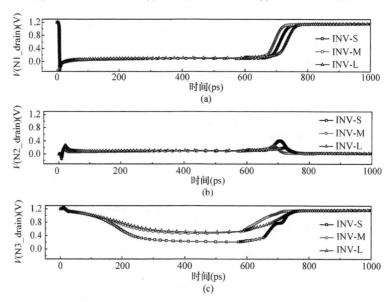

图 4.40 沿阱方向 20°斜入射时，三条反相器链各级反相器的输出脉冲
(a) 第一级反相器的输出；(b) 第二级反相器的输出；(c) 第三级反相器的输出

2. 源漏共用设计与常规设计

1) 测试电路

被测电路为两条 1000 级反相器链，两条反相器链的 W_P/W_N 均为 720nm/540nm，栅长为 60nm。两条反相器链均采用蛇形布局(每行 100 级，共 10 行)，同一行的 PMOS(NMOS)晶体管共用阱，图 4.41 为蛇形布局的 1000 级(100 级×10 行)反相器链的版图布局原理图，图中虚线框中反相器(第 1~10 行，每行各 10 级反相器)的顶层金属布线采取绕行，以方便激光脉冲入射至有源区。两条反相器链的唯一区别是单级反相器的版图设计，一条链(命名为 INV-GR-S)采取的是源漏共用设计，另一条链(命名为 INV-GR-C)采取的是常规设计，如图 4.42 所示。源漏共用设计可有效减小栅极寄生电阻和漏极结电容，以此降低晶体管的 RC 时间常数，提高晶体管的工作速度[91]。

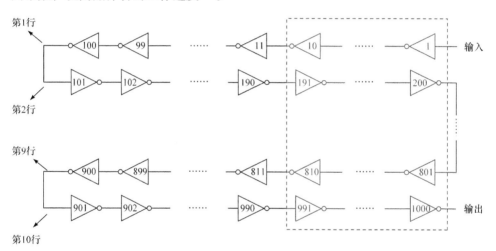

图 4.41 蛇形布局的 1000 级(100 级×10 行)反相器链的版图布局原理图

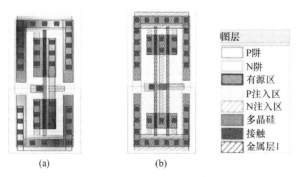

图 4.42 两条反相器链的单级反相器的版图设计
(a) 常规设计；(b) 源漏共用设计

两条反相器链的最后 400 级的版图布局原理如图 4.43 所示，图中标注了电学信号的传播方向。反相器链的偏置电压无特殊说明时默认为 1.2V，两条反相器链的输入均为逻辑低电平状态(0V)，这将导致传播至反相器链输出端的 SET 为"010"脉冲。此外，在这种输入配置下，奇数级反相器的 NMOS 晶体管和偶数级反相器的 PMOS 晶体管对 SET 敏感。离子入射反相器链时，相邻行的奇数级反相器(如第 7 行的#601 和第 8 行的#799)或相邻行的偶数级反相器(如第 8 行的#800 和第 9 行的#802)可能因电荷共享而产生两个 SET，由于这两个 SET 的产生位置存在一定距离，它们传播至反相器链输出端的时间会有所不同(假设 SET 在传播过程中的展宽、压缩、电学屏蔽等影响不考虑)，因此形成了如图 4.44 所示存在时序差(两个 SET 脉冲前沿之间的时间差)的 SEDT。SEDT 中较宽的 SET 命名为 SEDT-active，较窄的 SEDT 命名为 SEDT-passive。注意，图 4.44 中标注的时序差与图 4.30 中的定义有所不同，原因是两种情况下 SEDT 时序差的产生机理不同，图 4.30 中 SEDT 的时序差与同一行中相邻晶体管的电荷共享量成正相关，这里 SEDT 的时序差源于产生 SET 的两个不同反相器 INVm 和 INVn 之间的级数差($m-n$)所对应的延迟时间，这里的延迟时间为 $m-n$ 与单级反相器延迟时间的乘积。

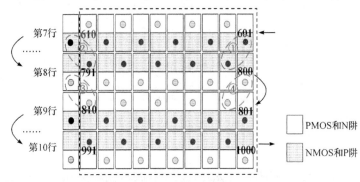

图 4.43　两条反相器链的最后 400 级的版图布局原理

奇数级反相器的 NMOS 晶体管(实心点)和偶数级反相器的 PMOS 晶体管(阴影点)对 SET 敏感，仅方形虚线框中的反相器可以保证激光入射至有源区

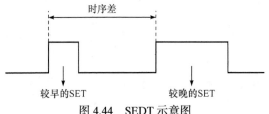

图 4.44　SEDT 示意图

2) 实验结果及分析

(1) SET 脉宽。

图 4.45 为两条反相器链(INV-GR-S 和 INV-GR-C)的平均 SET 脉宽、SEDT 占

比(SEDT 数量与总 SET 数量的比值)随激光脉冲能量的变化曲线。激光脉冲能量降至 0.05nJ 时，INV-GR-S 链可测到 SET，而 INV-GR-C 链未测到 SET。随着激光脉冲能量从 0.1nJ 增大到 0.4nJ，INV-GR-S 链的平均 SET 脉宽从 207ps 增大到 265ps，INV-GR-C 链的平均 SET 脉宽从 149ps 增至 218ps。相同的激光脉冲能量下，INV-GR-C 链的平均 SET 脉宽更小。除此之外，即使激光脉冲能量升至 0.40nJ，INV-GR-C 链仍未发现 SEMT，而 INV-GR-S 链的 SEMT 产生概率随激光脉冲能量升高而增大。当激光脉冲能量为 0.3nJ 时，SEDT 数量与总 SET 数量的比值为 14/2588，即 0.5%的 SEDT 占比；当激光脉冲能量为 0.4nJ 时，SEDT 数量与总 SET 数量的比值为 68/2873，即 2.4%的 SEDT 占比。

　　由于源漏共用技术降低了漏极结电容，因此 INV-GR-C 链的节点电容比 INV-GR-S 链的节点电容大。节点电容越大，泄放电荷的能力越强，因此 INV-GR-C 链的 SET 激光能量阈值更高。更高的激光能量阈值会造成电荷共享概率的降低，从而降低 INV-GR-C 链的 SEDT 发生概率。另外，N 阱(P 阱)保护环会与被激光脉冲入射的 NMOS(PMOS)晶体管共享一部分电荷，导致被入射晶体管的 SEE 收集电荷降低。为证明这一说法，采用三维 TCAD 仿真计算了重离子入射 INV-GR-C 链 NMOS 晶体管漏极不同位置所收集的电荷量。

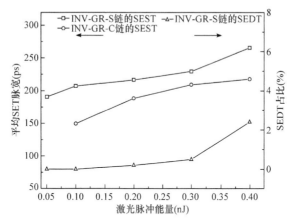

图 4.45　两条反相器链(INV-GR-S 和 INV-GR-C)的平均 SET 脉宽、SEDT 占比随激光脉冲能量的变化曲线

　　三维 TCAD 模型(图 4.46)根据 INV-GR-C 链的单级反相器的版图信息构建，并通过工艺校准使其 *I-V* 特性曲线与 SPICE 模型的 *I-V* 特性曲线吻合。模拟过程中，将 GEANT4 计算得到的入射离子沉积电荷引入 TCAD 模型，通过有限元法求解引入沉积电荷的半导体方程组，最终得到器件的单粒子响应。同 4.4.2.1 小节，仿真中选取 1274MeV 的 Bi 离子为入射离子(LET = 99MeV · cm^2 · mg^{-1})。离子

入射位置分别位于 INV-GR-C 链中 NMOS 晶体管漏极的三个不同位置，如图 4.47 所示。

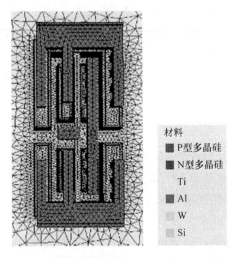

材料
■ P型多晶硅
■ N型多晶硅
　Ti
■ Al
　W
　Si

图 4.46　INV-GR-C 链的单级反相器的三维
TCAD 模型(为方便观察，STI 未显示)

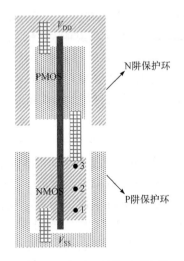

图 4.47　离子入射位置示意图
入射位置 1、2 和 3 的坐标分别为(0.69μm，
0.58μm)、(0.69μm，0.78μm)和(0.69μm，0.98μm)

　　　图 4.48(a)和(b)所示为三个离子入射位置所对应的 N 阱保护环收集电流、N1 晶体管漏极电压随时间的变化关系。从离子入射位置 1 到离子入射位置 3，入射位置与 N 阱保护环之间的距离逐渐减小，N 阱保护环收集电流对时间的积分逐渐

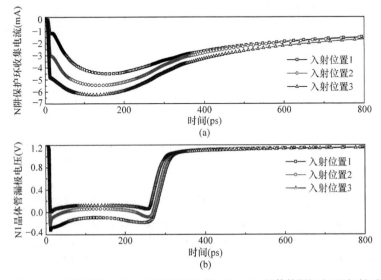

图 4.48　三个离子入射位置所对应的 N 阱保护环收集电流、N1 晶体管漏极电压随时间的变化关系
(a) N 阱保护环收集电流随时间的变化；(b) N1 晶体管漏极电压随时间的变化

增大(图 4.48(a)),因此 N 阱保护环收集的电荷逐渐增多,这导致 N1 晶体管漏极收集的电荷逐渐减少(图 4.48(b))。与 INV-GR-S 链相比,INV-GR-C 链中 NMOS (PMOS)晶体管的漏极和 N 阱(P 阱)保护环之间的距离更小,因此 INV-GR-C 链中 NMOS(PMOS)晶体管的漏极和 N 阱(P 阱)保护环之间共享的电荷量较多,导致被入射晶体管收集的电荷量较少,这应该是 INV-GR-C 链的平均 SET 脉宽比 INV-GR-S 链的平均 SET 脉宽小的重要原因。

(2) SEDT。

前面提到过,SEDT 的时序差源于产生 SET 的两个不同反相器 INVm 和 INVn 之间的级数差($m-n$)所对应的延迟时间。图 4.49 显示了激光脉冲能量分别为 0.3nJ 和 0.4nJ 时,在 INV-GR-S 链中测量到的 SEDT 的反相器级数差的分布情况。反相器级数差由 SEDT 的时序差除以单级反相器的延迟得到,通过版图后仿真可获得单级反相器的延迟约为 30ps。

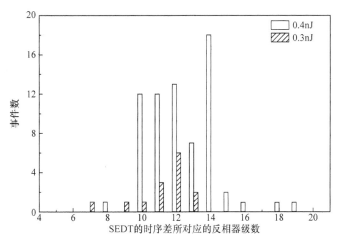

图 4.49　激光脉冲能量分别为 0.3nJ 和 0.4nJ 时,在 INV-GR-S 链中测量到的 SEDT 的反相器级数差的分布情况

首先,图 4.49 显示反相器级数差小于 20,这主要是源于反相器链的版图设计。从图 4.43 可以看出,反相器链的每一行均有 5 个对 SET 敏感的 NMOS/PMOS 晶体管适合被激光脉冲辐照(因为顶层金属布线绕行),如第 7 行中标号为#601、#603、#605、#607 和#609 的 NMOS 晶体管,或者第 8 行中标号为#792、#794、#796、#798 和#800 的 PMOS 晶体管。一方面,考虑到相邻行的两个敏感 NMOS 晶体管通过电荷共享产生 SEDT 的情况。例如,#601 NMOS 和#799 NMOS 这一对晶体管(①号虚线圈标注),它们所对应的反相器级数差为 198,这是 NMOS 晶体管通过电荷共享产生 SEDT 的情况中反相器级数差最大的情况;#791 NMOS 和#609 NMOS 这一对晶体管(②号虚线圈标注),它们所对应的反相器级数差为

182，这是 NMOS 晶体管通过电荷共享产生 SEDT 的情况中反相器级数差最小的情况。另一方面，考虑相邻行的两个敏感 PMOS 晶体管通过电荷共享产生 SEDT 的情况。例如，#790 PMOS 和#810 PMOS 这一对晶体管(③号虚线圈标注)，它们所对应的反相器级数差为 20，这是 PMOS 晶体管通过电荷共享产生 SEDT 的情况中反相器级数差最大的情况；#800 PMOS 和#802 PMOS 这一对晶体管(④号虚线圈标注)，它们所对应的反相器级数差为 2，这是 PMOS 晶体管通过电荷共享产生 SEDT 的情况中反相器级数差最小的情况。这些结论也适用于其他相邻行的 NMOS/PMOS 电荷共享。总之，对于通过相邻行的 NMOS 晶体管之间的电荷共享而产生的 SEDT，其反相器级数差处在区间[182,198]，这个区间对应的时序差大于 5.4ns，超出了测量系统的量程；对于通过相邻行的 PMOS 晶体管之间的电荷共享而产生的 SEDT，其反相器级数差处在区间[2,20]，该区间对应的时序差在测量系统的量程内。因此，实验中测到的 SEDT 均来源于相邻行的 PMOS 晶体管之间的电荷共享，从而导致 SEDT 的反相器级数差小于 20。

其次，图 4.49 中反相器级数差大于 6，这可能与 SET 脉冲展宽效应有关。图 4.50 显示了 0.4nJ 激光脉冲入射 INV-GR-S 链的不同奇数行的敏感晶体管所产生的 SET 平均脉宽。可以看出，从入射第 3 行、第 5 行、第 7 行到第 9 行，SEST、SEDT-active 和 SEDT-passive 的平均脉宽均呈现减小的趋势，提示 SET 脉冲展宽效应的存在。从第 3 行到第 9 行总共有 600 级反相器，而 SEST、SEDT-active 和 SEDT-passive 的脉冲展宽量分别为 70ps、102ps 和 97ps。因此，SET 脉冲展宽因子(单级反相器的脉冲展宽量)约为每级 0.15ps。对于 INV-GR-S 链而言，没有明显的级与级之间的延迟不均衡[92,93]，因此 SET 脉冲展宽效应很可能源于文献[94]中提到的动态体效应。

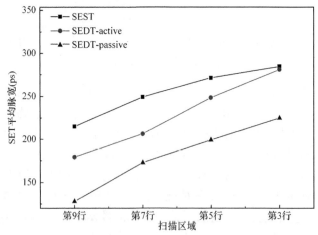

图 4.50　0.4nJ 激光脉冲入射 INV-GR-S 链的不同奇数行的敏感晶体管(顶层金属布线绕行区域)所产生的 SET 平均脉宽

　　注意，INV-GR-S 链的脉冲淬熄效应不明显，因为保护环的存在限制了具有电学连接关系的相邻晶体管之间的电荷共享[87]，所以脉冲淬熄效应的影响可以忽略。根据估算出的脉冲展宽因子(每级 0.15ps)，从第 1 行到第 10 行的脉冲展宽量最大为 150ps。对 0.3nJ 和 0.4nJ 的激光脉冲而言，SEDT 中较早的一个 SET(产生位置距离反相器输出端较远的 SET)的平均脉宽分别为 168ps 和 219ps。如果 SEDT 的时序差不够大，较早 SET 的后沿与较晚 SET 的前沿发生交叠，导致 SEDT 演变为 SEST，这或许是图 4.49 中反相器级数差大于 6 的原因。值得注意的是，如果 SEDT 的时序差小于测量系统的最小量程(34ps)，SEDT 也不会被测到。

　　表 4.13 列出了不同能量的激光脉冲辐照所产生的各类瞬态脉冲的脉宽平均值。对于任一激光脉冲能量，SEDT-active 和 SEDT-passive 的平均脉宽都小于 SEST 的平均脉宽，这是因为电荷共享的存在同时削弱了主晶体管和从晶体管的电荷收集量。除此之外，SEDT-active 和 SEDT-passive 的平均脉宽之和与 SEST 的平均脉宽并不接近，这与文献[87]的重离子实验结果并不一致。在重离子实验中，整个反相器链都受到辐照，只要辐照所产生 SEDT 的时序差不超过测量系统的量程，无论是相邻行的 NMOS 晶体管的电荷共享所产生的 SEDT，还是相邻行的 PMOS 晶体管的电荷共享所产生的 SEDT，均可被测到，而 SEST 也是由 NMOS 或 PMOS 晶体管收集电荷产生的，因此，SEDT-active 和 SEDT-passive 的平均脉宽之和与 SEST 的平均脉宽接近。然而，对于激光实验，因为前面分析发现只有相邻行的 PMOS 晶体管的电荷共享所产生的 SEDT 才能被测到，所以 SEDT-active 和 SEDT-passive 的平均脉宽之和与 SEST 的平均脉宽并不接近。

表 4.13　不同能量的激光脉冲辐照所产生的各类瞬态脉冲的脉宽平均值

SET 种类及平均脉宽	脉冲激光能量(nJ)		
	0.4	0.3	0.2
SEST 平均脉宽(ps)	265±132	229±72	216±65
SEDT-active 平均脉宽(ps)	227±47	189±25	159±32
SEDT-passive 平均脉宽(ps)	181±47	163±32	142±32
SEDT-sum 平均脉宽(ps)	408	352	301

4.4.2.2　电路参数

　　除 SEMT 的产生特性外，SEMT 的传播特性研究对 SEMT 加固和 SEMT 导致的软错误预估也十分重要。Evans 等[95]通过实验发现脉冲展宽/压缩对 SEMT 存在一定影响，但并未对影响机制开展进一步的分析，4.4.2.1 小节的第 2 部分针对脉冲展宽对 SEMT 的影响进行了初步讨论。除此之外，有关 SEMT 传播特性的研究报道极少见到。另外，现存的 SEMT 加固以减少 SEMT 产生为主，从 SEMT 传播过程加以抑制的电路级加固方法有待探索。这里以 65nm 体硅 CMOS 反相器和与非门构成的组合逻辑电路为研究载体，通过激光微束实验和高效集成电路仿真程序(HSPICE)电路级仿真，揭示被测电路脉冲展宽效应的成因，分析偏置电压对脉冲展宽效应的影响机理，研究偏置电压、负载电容等电路宏观参数对 SEMT 传播特性的影响，提出通过控制 SEMT 的传播特性来抑制 SEMT 的电路级加固方法[96]。

1. 测试电路

被测电路为 4.4.1 小节中介绍的 SEMT 片上自测试电路中的一条被测组合逻辑电路。逻辑链共 500 级，每行 100 级，共 5 行，呈蛇形布局，如图 4.51 所示。该组合逻辑电路的每一级由两个反相器和一个二输入与非门组成，其中反相器的 PMOS/NMOS 栅宽比为 585nm/440nm，与非门的 PMOS/NMOS 栅宽比为 200nm/610nm，所有的晶体管栅长均为 60nm。为方便激光实验的开展，逻辑链第 3～5 行中，每 1 行都有 10 级逻辑单元采取顶层金属布线绕行(见图 4.51 中虚线框区域)。

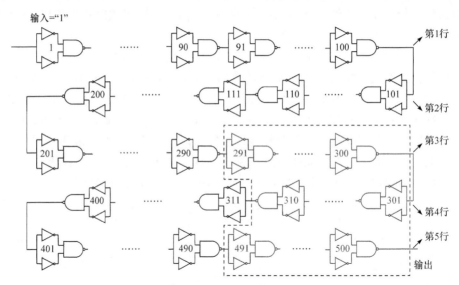

图 4.51　蛇形布局的 500 级(100 级×5 行)逻辑链

对于二输入与非门，如果其中一个输入是"0"，那么与非门的输出恒为"1"。这里，被测逻辑链的输入设置为"1"，若逻辑单元中的任何一个反相器中产生 SET，该 SET 都不会传播到下一级逻辑单元，这是因为另一个反相器的输出为"0"；若逻辑单元中的与非门产生 SET，则该 SET 将传播至下一级逻辑单元。当然，如果逻辑单元中的两个反相器同时产生 SET，且这两个 SET 在某一段时间内同时为"1"，那么这个逻辑高电平的瞬态会传播到下一级逻辑单元。为避免逻辑单元中的两个反相器同时产生 SET，在版图设计时，这两个反相器被与非门间隔开[97]，如图 4.52 所示。图 4.53 所示为被测逻辑链最后 300 级的版图布局原理图，同时标注了信号传播方向。

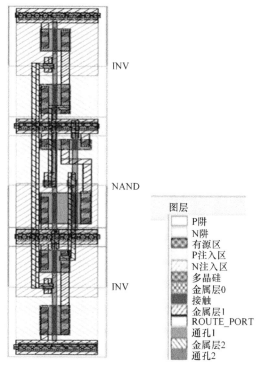

图 4.52　逻辑单元的版图

INV 为反相器；NAND 为与非门

2. 实验结果

1) 脉冲展宽效应

图 4.54 显示了不同能量的激光脉冲分别入射逻辑链的第 3 行和第 5 行后测量到的 SET 平均脉宽情况。逻辑链的偏置电压为 1.2V。图中采用两种误差棒：标准偏差(虚线)和 SET 平均脉宽的标准误差(实线)。前者用来提供所测量到的 SET 脉宽的变化范围，后者用于评估测量到的 SET 平均脉宽与真实值的接近程度。可以看出，SET 平均脉宽的标准误差很小，但对应的标准偏差却大很多，标准偏差大说明 SET 脉宽的变化范围大，这在下面即将讨论的图 4.55 中可以看到。图 4.54 中的数据显示，SET 平均脉宽随着激光脉冲能量的增加而增大，相同激光脉冲能量下，逻辑链第 3 行受辐照后测到的 SET 平均脉宽大于第 5 行受辐照后测到的 SET 平均脉宽，这提示脉冲展宽效应的存在。这里的脉冲展宽效应源于文献[93]提到的传播延迟的不均衡，将在后面"仿真分析"部分进行详细论证。第 3 行和第 5 行之间有 200 级逻辑单元，因此每一级逻辑单元的脉冲展宽量(脉冲展宽因子)可以通过第 3 行和第 5 行受辐照后测到的 SET 平均脉宽的差值除以 200 得到。表 4.14 列出了不同激光脉冲能量下，逻辑链第 3 行受辐照后测到的

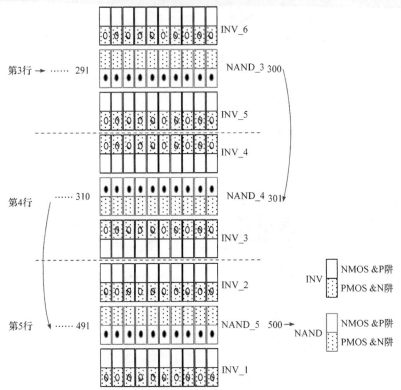

图 4.53　被测逻辑链最后 300 级的版图布局原理图

反相器的 PMOS 晶体管(阴影点)和与非门的 NMOS 晶体管(实心点)对 SET 敏感

SET 平均脉宽(w_{row3})、逻辑链第 5 行受辐照后测到的 SET 平均脉宽(w_{row5})，以及脉冲展宽因子。可以看出，不同激光脉冲能量下，脉冲展宽因子变化不大，数值基本处在 1.8～2.0ps·级$^{-1}$。

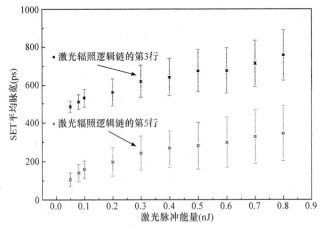

图 4.54　不同能量的激光脉冲分别入射逻辑链的第 3 行和第 5 行后测量到的 SET 的平均脉宽

表 4.14　不同激光脉冲能量下的 SET 平均脉宽和脉冲展宽因子

激光脉冲能量(nJ)	w_{row5}(ps)	w_{row3}(ps)	$w_{row3}-w_{row5}$(ps)	脉冲展宽因子 (ps·级$^{-1}$)
0.05	105.9	484.4	378.5	1.9
0.08	139.4	509.5	370.1	1.9
0.10	159.5	530.6	371.1	1.9
0.20	198.4	560.8	362.4	1.8
0.40	243.5	620.4	376.9	1.9
0.60	269.2	641.6	372.4	1.9
0.70	281.2	675.5	394.3	2.0
0.80	299.2	676.2	377.0	1.9

2) SEDT 的产生机制

当激光脉冲能量增大到 0.4nJ 时，辐照逻辑链的第 5 行可测到 SEDT。随着激光能量从 0.4nJ 增加到 0.8nJ，测量到的 SEDT 的占比(SEDT 数量与所有 SET 数量的比值)也依次增大：0.4nJ 时占比为 0.3%，0.5nJ 时占比为 0.8%，0.6nJ 时占比为 1.3%，0.7nJ 时占比为 1.5%，0.8nJ 时占比为 1.9%。当激光辐照逻辑链的第 3 行时，即使激光脉冲能量增大到 0.8nJ 也测不到 SEDT。逻辑链第 3 行和第 5 行的这种差异在后面会详细解释。

图 4.55 所示为 0.8nJ 的激光脉冲分别辐照逻辑链的第 3 行和第 5 行时测量到的 SET 脉宽分布。辐照第 3 行时测到的 SET 脉宽大部分处在 450～1200ps，辐照第 5 行时测到的 SET 脉宽大部分都小于 800ps。不难看出，与第 5 行相比，辐照第 3 行时测到的 SET 整体趋向于更大的脉宽，这由 SET 脉冲展宽效应造成。

推测 SEDT 的产生源于与非门中敏感 NMOS 晶体管与周围敏感晶体管(如下一级逻辑单元中反相器的 NMOS 晶体管或者下一级逻辑单元中与非门的 PMOS 晶体管)之间的电荷共享。如图 4.56 所示，与非门受激光辐照产生一个 SET 脉冲

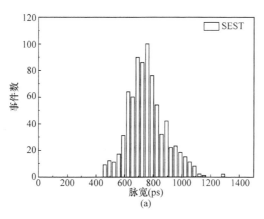

(a)

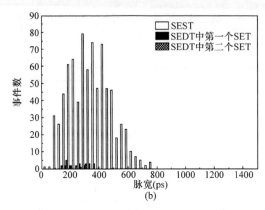

图 4.55　0.8nJ 的激光脉冲分别辐照逻辑链的第 3 行和第 5 行时测量到的 SET 脉宽分布

(a) 第 3 行；(b) 第 5 行

（"101"），该脉冲向下一级逻辑单元传播的过程中被一个正向脉冲（"010"）分成两个 SET，这个正向脉冲是由下一级逻辑单元的敏感晶体管通过电荷共享而发生滞后的电荷收集导致的。假设这种推测成立的话，SEDT 第一个 SET 的脉宽、第二个 SET 的脉宽以及时序差（第一个 SET 的后沿和第二个 SET 的前沿之间的时间差）这三者之和应该近似等于被辐照晶体管所产生的初始 SET 脉宽。将图 4.55 中 SEDT 的脉宽统计信息列于表 4.15，对于表中绝大多数事件而言，三项之和小于等于图 4.55 中单个 SET 的最大脉宽(759ps)，这符合之前有关 SEDT 产生机制的推测。当然，受采集到的 SET 样本量的限制，最初产生的 SET 脉宽也可能大于 759ps，只是发生概率很低，因此表 4.15 中事件 1 和 4 出现了前三项之和大于 759ps 的情况。

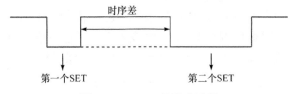

图 4.56　SEDT 的形成过程

表 4.15　图 4.55 中 SEDT 的脉宽统计信息

事件序号	SEDT 中第一个 SET 的脉宽(ps)	SEDT 中第二个 SET 的脉宽(ps)	SEDT 的时序差(ps)	三项之和(ps)
1	363	297	231	891
2	231	330	198	759
3	363	297	99	759
4	330	297	165	792
5	330	132	165	627

续表

事件序号	SEDT 中第一个 SET 的脉宽(ps)	SEDT 中第二个 SET 的脉宽(ps)	SEDT 的时序差(ps)	三项之和(ps)
6	264	264	165	693
7	165	165	132	462
8	165	297	165	627
9	231	264	99	594
10	165	198	165	528
11	132	165	198	495
12	363	198	132	693
13	198	198	66	462
14	264	165	33	462
15	297	165	132	594

3) 脉冲展宽效应对 SEDT 的影响

激光辐照逻辑链的第 3 行未测到 SEDT,这与脉冲展宽效应的影响有关。当 SEDT 在第 3 行的某一级逻辑单元产生后,SEDT 中的两个 SET 均需要传播经过很多级逻辑单元才能到达链的输出端,在传播过程中会发生脉冲展宽。以 0.8nJ 激光实验为例,脉冲传播经过 200 级逻辑单元后的脉冲展宽量约为 377ps(表 4.14),而未受脉冲展宽效应影响的 SEDT 的最大时序差是 231ps(表 4.15),由于后者小于前者,SEDT 会在传播过程中因受到脉冲展宽效应的影响而演变为 SEST,因此激光辐照逻辑链的第 3 行未测到 SEDT。对于激光辐照逻辑链的第 5 行而言,SEDT 的产生位置距离逻辑链的输出端很近,脉冲展宽效应的影响基本可以忽略不计。

4) 偏置电压效应

(1) 偏置电压对 SET 传播特性的影响。

实验还比较了不同偏置电压(1.0~1.3V)下逻辑链的 SET 脉冲展宽因子,如图 4.57 所示,脉冲展宽因子的提取参照表 4.14 的计算方法,可以看出,脉冲展宽因子对激光脉冲能量的依赖关系并不明显。值得注意的是,脉冲展宽因子为正值代表 SET 在传播过程中发生了展宽,脉冲展宽因子为负值代表 SET 在传播过程中发生了压缩。对于 1.1V、1.2V 和 1.3V 三种偏置电压,脉冲展宽因子都是正值,说明 SET 发生了展宽,而且脉冲展宽因子随着偏置电压的升高而增大(1.1V 下的脉冲展宽因子约为每级 1.0ps,1.2V 下的脉冲展宽因子约为每级 1.9ps,1.3V 下的脉冲展宽因子约为每级 2.3ps)。偏置电压为 1.0V 时,脉冲展宽因子约为每级 −0.4ps,因此 SET 发生了压缩。这种偏置电压效应源于偏置电压对传播延迟的影响[93],后面会具体讨论。

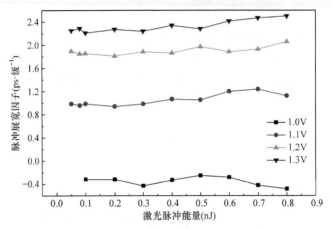

图 4.57　不同偏置电压下逻辑链的 SET 脉冲展宽因子

　　图 4.58 所示为 0.1nJ 和 0.8nJ 激光脉冲辐照逻辑链的第 3 行和第 5 行时，SET 平均脉宽随偏置电压的变化。当激光脉冲辐照逻辑链第 5 行时，SET 平均脉宽随偏置电压的升高而减小，但是激光脉冲辐照逻辑链第 3 行时，情况恰恰相反。一般而言，逻辑链输出端的 SET 平均脉宽既与被辐照晶体管处产生的初始 SET 脉宽有关，又与 SET 传播至逻辑链输出端的过程中的脉宽调制(展宽或者压缩)有关。①对激光脉冲辐照逻辑链第 5 行而言，初始 SET 的产生位置距离逻辑链输出端很近，那么 SET 在传播过程中的脉宽调制可忽略，因此 SET 平均脉宽主要取决于初始 SET 的脉宽。随着偏置电压的升高，与非门的关态上拉晶体管的恢复电流增大[98,99]，导致初始 SET 的脉宽减小，SET 平均脉宽也随之减小。②对激光脉冲辐照逻辑链第 3 行而言，初始 SET 产生后需要传播，经过约 200 级逻辑单元才能到达逻辑链的输出端，SET 在传播过程中的展宽或者压缩(以 200 级传播为例，1.0V 下的 SET 脉宽压缩量为 80ps，1.1V 下的 SET 脉冲展宽量为 200ps，1.2V 下的 SET 脉冲展宽量为 380ps，1.3V 下的 SET 脉冲展宽量为 460ps)对输出端测到的 SET 脉宽的影响不可忽略。随着偏置电压的升高，SET 传播过程中的展宽量增大，但初始 SET 脉宽减小，如果 SET 传播过程中的展宽量大于初始 SET 脉宽减小量，那么逻辑链输出端 SET 脉宽会随着偏置电压的升高而增大，平均脉宽也会呈现同样的趋势，如图 4.58 所示。

　　(2) 偏置电压对 SEDT 的影响。

　　当激光脉冲能量增大到 0.6nJ 及以上时，四种偏置电压下均可测到 SEDT，而且 SEDT 是在激光脉冲辐照逻辑链第 5 行时测量到的，辐照第 3 行时未测到。从图 4.59 可以看出，随着偏置电压的增大，SEDT 在 SET 中的占比逐渐增大。对第 5 行辐照而言，SEDT 在传播过程中的脉宽调制很有限，因此 SEDT 占比随偏置电压的增大很可能源于高偏置电压下的电荷共享增强。对第 3 行辐照而言，

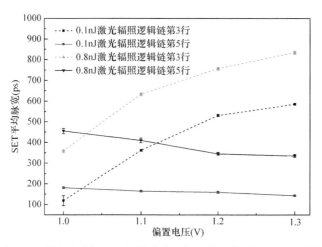

图 4.58 0.1nJ 和 0.8nJ 激光脉冲辐照逻辑链的第 3 行和第 5 行时，SET 平均脉宽随偏置电压的变化

1.1V、1.2V 和 1.3V 偏置电压下的脉冲展宽和 1.0V 偏置电压下的脉冲压缩都有可能使 SEDT 在向逻辑链输出端传播的过程中演变为 SEST。

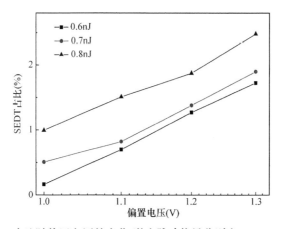

图 4.59 SEDT 占比随偏置电压的变化(激光脉冲能量分别为 0.6nJ、0.7nJ 和 0.8nJ)

3. 仿真分析

为更好地解释实验结果并分析电路参数对 SEDT 的影响，开展了 HSPICE 电路级仿真。仿真中采用 110 级逻辑单元链，电路原理如图 4.60 所示。逻辑链中晶体管的尺寸参数与激光实验中被测逻辑链的相关参数保持一致，反相器和与非门输出端的节点电容通过版图后仿真提取，分别为 0.4fF 和 1.6fF，逻辑链的输入为"1"。为模拟 SEE，在第 1 级逻辑单元的输出端注入双指数电流源，参照文献[100]提供的电流源参数选取原则，电流源的上升时间和下降时间分别为 0.5ps 和

10ps。电路级仿真的关注重点是瞬态脉冲的传播特性，因此即使双指数电流并不能很好地表征小尺寸器件中 SEE 的真实电流产生[101]，也并不影响 SEE 传播特性的研究。

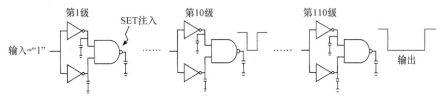

图 4.60　仿真电路原理图

1) 脉冲展宽效应的产生机制

　　通过仿真数据来计算脉冲展宽因子时，不能简单地用逻辑链输出端的 SET 脉宽减去 SEE 注入点处 SET 脉宽再除以 SET 传播的级数，因为 SET 产生后需要传播经过若干级逻辑单元才能调制到特征波形，在 SET 到达特征波形之后，SET 的形状不再变化，经过每一级逻辑单元的脉冲展宽量才固定下来[93]，所以在利用仿真计算脉冲展宽因子时，用第 110 级逻辑单元输出端的 SET 脉宽(w_{110})减去第 10 级逻辑单元输出端的 SET 脉宽(w_{10})再除以 100，这里脉宽取 SET 的半高宽。通过仿真计算得到，1.0V、1.1V、1.2V、1.3V 偏置电压下的脉冲展宽因子依次为–0.7ps·级$^{-1}$、1.0ps·级$^{-1}$、1.9ps·级$^{-1}$和 2.4ps·级$^{-1}$，如表 4.16 所示，仿真结果与激光实验结果符合较好。

表 4.16　通过仿真获取的脉冲展宽因子

偏置电压(V)	w_{10}(ps)	w_{110}(ps)	$w_{110}-w_{10}$(ps)	脉冲展宽因子(ps·级$^{-1}$)
1.0	268.9	197.1	−71.8	−0.7
1.1	259.9	357.6	97.7	1.0
1.2	251.3	437.8	186.5	1.9
1.3	243.1	479.2	236.1	2.4

　　表 4.17 所示为通过仿真获取的反相器和与非门的 "1" → "0" 传播延迟 t_{PHL} 和 "0" → "1" 传播延迟 t_{PLH}。对该逻辑链中的反相器而言，因为反相器的输入端是 "1" → "0" → "1" 脉冲，所以单级反相器的传播延迟 $\Delta t_{p\text{-INV}}$ 等于 t_{PHL} 减去 t_{PLH}[92]。相反，对于该逻辑链中的与非门而言，因为与非门的输入端是 "0" → "1" → "0" 脉冲，所以单级与非门的传播延迟 $\Delta t_{p\text{-NAND}}$ 等于 t_{PLH} 减去 t_{PHL}。逻辑链中逻辑单元的传播延迟为单级反相器的传播延迟 $\Delta t_{p\text{-INV}}$ 和单级与非门的传播延迟 $\Delta t_{p\text{-NAND}}$ 之和。当偏置电压为 1.0V 时，$\Delta t_{p\text{-INV}}$ 与 $\Delta t_{p\text{-NAND}}$ 之和是负值，说明 SET 发生脉冲压缩。当偏置电压为 1.1V、1.2V、1.3V 时，$\Delta t_{p\text{-INV}}$ 和 $\Delta t_{p\text{-NAND}}$ 之和

是正值，说明 SET 发生脉冲展宽。通过比较发现，表 4.17 中 $\Delta t_{\text{p-INV}}$ 和 $\Delta t_{\text{p-NAND}}$ 之和与表 4.16 中相同偏置电压下的脉冲展宽因子非常接近，证明激光实验中发现的脉冲展宽效应源于传播延迟的不均衡。

表 4.17　通过仿真获取的逻辑门传播延迟(反相器和与非门输出端的节点电容分别为 0.4fF 和 1.6fF)

偏置电压(V)	逻辑门种类	t_{PLH}(ps)	t_{PHL}(ps)	Δt_{p}(ps)	$\Delta t_{\text{p-INV}} + \Delta t_{\text{p-NAND}}$(ps)
1.0	INV	24.0	24.0	0.0	−0.7
	NAND	34.5	35.2	−0.7	
1.1	INV	15.7	21.7	6.0	1.1
	NAND	25.7	30.6	−4.9	
1.2	INV	10.6	20.1	9.5	1.9
	NAND	20.2	27.8	−7.6	
1.3	INV	7.2	19.1	11.9	2.3
	NAND	16.3	25.9	−9.6	

2) 偏置电压效应的产生原因

图 4.61 为传播延迟随偏置电压的变化关系。文献[93]指出，逻辑门的 t_{PLH} 正比于 $C_{\text{L}}/(K_{\text{p}} \cdot V_{\text{DD}})$，$t_{\text{PHL}}$ 正比于 $C_{\text{L}}/(K_{\text{n}} \cdot V_{\text{DD}})$，其中 C_{L} 是逻辑门的输出负载电容。从表达式可以看出，传播延迟与偏置电压成反比关系，因此图 4.61 中 t_{PHL} 和 t_{PLH} 均随着偏置电压的升高而减小。图 4.61 中还显示，无论是反相器还是与非门，t_{PLH} 的减小速率都大于 t_{PHL} 的减小速率，这主要归因于逻辑门中上拉网络跨导 K_{p} 和下拉网络跨导 K_{n} 的大小关系。根据该逻辑链的电学参数，反相器的 $K_{\text{p}}/K_{\text{n}}$ 比率

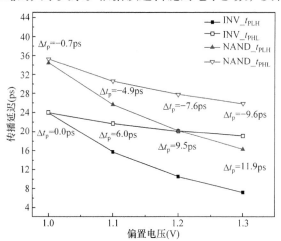

图 4.61　传播延迟随偏置电压的变化关系

反相器和与非门输出端的节点电容分别为 0.4fF 和 1.6fF

约为 0.42，与非门的 K_p/K_n 比率约为 0.41，K_p/K_n 比率小于 1 使得 t_{PLH} 的减小速率比 t_{PHL} 大。当偏置电压升高时，较大的 t_{PLH} 减小速率导致 $\Delta t_{p\text{-}INV}$ 变得更正($\Delta t_{p\text{-}INV}$ 等于 t_{PHL} 减去 t_{PLH})，同时导致 $\Delta t_{p\text{-}NAND}$ 变得更负($\Delta t_{p\text{-}NAND}$ 等于 t_{PLH} 减去 t_{PHL})。由于 $\Delta t_{p\text{-}INV}$ 随着偏置电压升高而正向增大的速度比 $\Delta t_{p\text{-}NAND}$ 负向减小的速度快，因此脉冲展宽因子逐渐增大，这很好地解释了图 4.57 所示的激光实验结果。

3) 电路参数对 SEDT 的影响

在仿真中改变逻辑链的一些电路参数，来研究这些参数对 SEDT 的影响。首先，与非门的负载电容固定在 1.6fF，将反相器的负载电容分别设置为 3.2fF、1.6fF、0.8fF 和 0.4fF，那么与非门与反相器的负载电容比率 ratio 依次为 0.5、1、2 和 4。从图 4.62 可以看出，脉冲展宽因子随着负载电容比率的减小而减小，当比率小于 1 时，四种偏置电压下的脉冲展宽因子均为负值，而且低偏置电压下的脉冲展宽因子比高偏置电压下的展宽因子更负，说明低偏置电压下的脉冲压缩更明显。

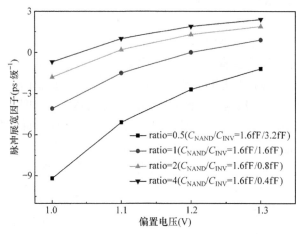

图 4.62　与非门与反相器的负载电容比率为不同值时，脉冲展宽因子随偏置电压的变化关系

图 4.63 显示了与非门与反相器的负载电容比率为不同值时，$\Delta t_{p\text{-}INV}$ 和 $\Delta t_{p\text{-}NAND}$ 随偏置电压的变化曲线。可以看出负载电容比率的变化主要影响 $\Delta t_{p\text{-}NAND}$，随着比率的减小，$\Delta t_{p\text{-}NAND}$ 变得更负，但是 $\Delta t_{p\text{-}INV}$ 没有明显的变化，因此逻辑链的脉冲展宽因子($\Delta t_{p\text{-}INV}$ 和 $\Delta t_{p\text{-}NAND}$ 之和)变得更负(图 4.62)。

图 4.64 进一步分析了与非门与反相器的负载电容比率为不同值时，反相器和与非门的 t_{PHL} 和 t_{PLH} 随偏置电压的变化曲线，以此来解释图 4.63 的结果。从图 4.64(a)可以看出，反相器的 t_{PHL} 和 t_{PLH} 均随着负载电容比率的减小而增大，但 t_{PHL} 和 t_{PLH} 之间的差值基本不受负载电容比率变化的影响，这导致不同负载电容比率下 $\Delta t_{p\text{-}INV}$(t_{PHL} 减去 t_{PLH})的变化很小。对与非门而言，随着负载电容比率的减

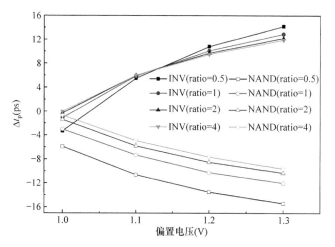

图 4.63　与非门与反相器的负载电容比率为不同值时，$\Delta t_{\text{p-INV}}$ 和 $\Delta t_{\text{p-NAND}}$ 随偏置电压的变化曲线

小，t_{PHL} 增长的趋势比 t_{PLH} 更显著(图 4.64(b))，导致 $\Delta t_{\text{p-NAND}}(t_{\text{PLH}}$ 减去 $t_{\text{PHL}})$ 随负载电容比率的减小变得更负。图 4.64 所示的传播延迟随负载电容的变化关系可以通过文献[93]的相关理论研究来解释。值得注意的是，负载电容比率的变化是通过改变反相器负载电容来实现的。当反相器负载电容增大的时候，反相器的特征时间常数增大，使得反相器的输入沿时间常数比特征时间常数小。根据文献[93]，反相器在这种情况下，其 t_{PLH} 和 t_{PHL} 都取决于其特征时间常数。由于特征时间常数正比于负载电容，因此随着反相器负载电容的增大，即随着负载电容比率减小，t_{PLH} 和 t_{PHL} 均逐渐增大，且增大的速度相接近，如图 4.64(a)所示。然而，对与非门而言，当反相器的负载电容增大时，反相器的上升/下降沿时间常数增大，那么与之等效的与非门的输入沿时间常数也随之增大，超过了与非门的

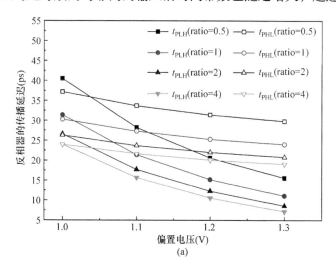

(a)

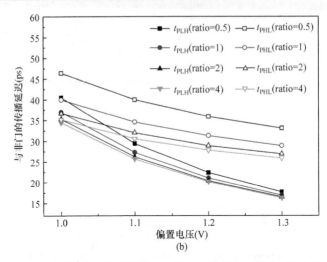

图 4.64　反相器和与非门的 t_{PHL} 和 t_{PLH} 随偏置电压的变化曲线

(a) 反相器的 t_{PHL} 和 t_{PLH} 随偏置电压的变化曲线；(b) 与非门的 t_{PHL} 和 t_{PLH} 随偏置电压的变化曲线

特征时间常数。与非门在这种情况下，其 $t_{PHL}(t_{PLH})$取决于其输入上升沿(下降沿)时间常数，也就是反相器的上升沿(下降沿)时间常数。由于反相器的上升沿时间常数大于下降沿时间常数，因此 t_{PHL} 随负载电容增大而增长的趋势比 t_{PLH} 更显著，如图 4.64(b)所示。

　　跟 SET 脉冲展宽相比，SET 脉冲压缩不仅可以减小 SET 脉宽，还可以抑制 SEDT，这是因为 SEDT 中任何一个 SET 在传播过程中都有可能因为脉冲压缩而消失。另外，激光实验结果显示，SEDT 在 SET 中的占比随着偏置电压的降低而减小，说明低偏置电压有利于 SEDT 的减缓，尽管在入射位置产生的初始 SET 的脉宽随偏置电压的减小而略微增大，但是减小与非门与反相器的负载电容比率可以使得低偏置电压下逻辑链的脉冲展宽因子变得更负，从而抵消初始 SET 脉冲的增大，最终使得低偏置电压下在逻辑链输出端测到的 SET 脉宽更小。图 4.65 显示了 SET 脉宽与传播级数之间的关系曲线，与非门和反相器的负载电容分别为 1.6fF 和 3.2fF(与非门与反相器的负载电容比率为 0.5)，偏置电压依次取为 1.0V、1.1V、1.2V 和 1.3V。在 1.0V 偏置电压下，入射位置产生的 SET 脉宽最大，但是 SET 传播经过 9 级逻辑单元之后，脉冲压缩使得传播后的 SET 脉宽在 1.0V 偏置电压下最小。值得注意的是，负载电容比率的减小对初始 SET 脉宽的影响可忽略，这是因为与非门的负载电容在仿真中固定不变。因此，降低偏置电压，并且在与非门负载电容保持不变的情况下，使与非门与反相器负载电容比率小于1，有利于逻辑链输出端的 SET 脉宽减小和 SEDT 的减缓。

　　4.4.2.1 节所研究的 65nm 体硅 CMOS 反相器链的脉冲展宽因子很小(每级零点几皮秒)，但是 4.4.2.2 节所述逻辑链中包含的两种逻辑门的传播延迟不均衡，导致

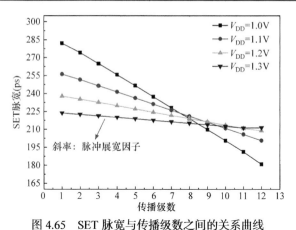

图 4.65　SET 脉宽与传播级数之间的关系曲线

与非门和反相器的负载电容分别为 1.6fF 和 3.2fF(与非门与反相器的负载电容比率为 0.5)

逻辑链的脉冲展宽因子较大(每级几皮秒)，脉冲在传播过程中的展宽/压缩对逻辑链输出端 SEMT 的影响明显。因此，在开展 SEMT 特性研究时，需要考虑与电路参数密切相关的脉冲传播特性的影响。本节中讨论的偏置电压效应和负载电容效应并非对所有的组合逻辑链都适用，这是因为不同逻辑门中的脉冲传播特性各不相同[102]，即使同一种逻辑门，驱动跨导的不同也会导致不同的偏置电压效应[93]，因此在研究电路参数对 SEMT 传播特性的影响时，要根据具体的电路结构开展针对性的研究。对于结构规律的逻辑链，如由若干种逻辑门串联而成的具有单一数据路径的逻辑链，如果每一种逻辑门的传播延迟对逻辑链的贡献可评估，可以通过调整不同逻辑门的负载电容来达到抑制 SEMT 的效果。然而，如果逻辑链的数据传播路径有很多分支，且逻辑门种类繁多、结构各异，那么调整逻辑门负载电容的方法变得不再有效，这时需要寻求新的控制 SEMT 传播特性的方法。

4.5　本 章 小 结

本章重点介绍了纳米器件单粒子效应中具有代表性的单粒子多位翻转和单粒子多瞬态，阐述了单粒子多位翻转和单粒子多瞬态的研究背景及现状，通过重离子实验深入分析了离子入射角度和方位角、电源电压、入射离子径迹特征对纳米存储器单粒子多位翻转的影响，结合激光微束实验和器件、电路级仿真，揭示了纳米组合逻辑版图结构、电路参数对单粒子多瞬态的影响，研究工作可以为国产宇航用纳米集成电路的在轨错误率预估和抗辐射加固设计提供支撑。

参 考 文 献

[1] RICHARD D L. Spacecraft system failures and anomalies attributed to the natural space environment [C]. Space

Programs and Technologies Conference, Huntsville, USA, 1995: 1-17.

[2] HARBOE-SORENSEN R , DALY E, TESTON F, et al. Observation and analysis of single event effects on-board the SOHO satellite [J]. IEEE Transactions on Nuclear Science, 2002, 49(3): 1345-1350.

[3] WALLMARK J T, MARCUS S M. Minimum size and maximum packing density of non-redundant semi-conductor devices [J]. Proceedings of the IRE, 1962, 50(3): 286-298.

[4] BINDER D, SMITH E, HOLMAN A. Satellite anomalies from galactic cosmic rays [J]. IEEE Transactions on Nuclear Science, 1975, 22(6): 2675-2680.

[5] MAY T C, WOODS M H. Alpha-particle-induced soft errors in dynamic memories [J]. IEEE Transactions on Electron Devices, 1979, 26(1): 2-9.

[6] PICKEL J C, BLANDFORD J T. Cosmic ray induced errors in MOS memory cells [J]. IEEE Transactions on Nuclear Science, 1978, 25(6): 1166-1171.

[7] GUENZER C S, WOLICKI E A, ALLAS R G. Single event upset of dynamic RAMs by neutrons and protons[J]. IEEE Transactions on Nuclear Science, 1978, 26(6): 5048-5052.

[8] WYATT R C, MCNULTY P J, TOUMBAS P, et al. Soft errors induced by energetic protons [J]. IEEE Transactions on Nuclear Science, 1979, 26(6): 4905-4910.

[9] KOLASINSKI W, BLAKE J, ANTHONY J, et al. Simulation of cosmic ray induced soft errors and latch-up in integrated circuit computer memories[J]. IEEE Transactions on Nuclear Science, 1979, 26(6): 5087-5091.

[10] 赵雯. 纳米 CMOS 组合逻辑电路和 SRAM 的单粒子效应研究[D]. 西安: 西安交通大学, 2020.

[11] BLANDFORD J T, PICKEL J C. Use of Cf-252 to determine parameters for SEU rate calculations [J]. IEEE Transactions on Nuclear Science, 1985, 32(6): 4282-4286.

[12] STEPHEN J H, SANDERSON T K, MAPPER D, et al. A comparison of heavy ions sources used in cosmic ray simulation studies of VLSI cricuits [J]. IEEE Transactions on Nuclear Science, 1984, 31(6): 1069-1072.

[13] GWYK C W, SCHARFETTER D L, WID J L. The analysis of radiation effects in semiconductor junction devices [J]. IEEE Transactions on Nuclear Science, 1967, 14(6): 153-169.

[14] COTTRELL P E, BUTURLA E M. Two dimensional static and transient simulation of mobile carrier transport in a semiconductor[R]. Dublin, Boole Press, 1979.

[15] HSIEH C M , MURKY P C, BRIEN R R. A field-funneling effect on the collection of alpha-particle generated carriers in silicon devices [J]. IEEE Electmn Device Letters, 1981, 2(4): 103-105.

[16] PINTO M R, RAFFERTY C S, DUTTON R W. PISCES-II: Poisson and Continuity Equation Solver [M]. Palo Alto: Stanford Electronics Laboratories, 1984.

[17] ROLLINS J G, TSUBOTA T K, KOLASINSKI W A, et al. Cost-effective numerical simulation of SEU[J]. IEEE Transactions on Nuclear Science, 1988, 35(6): 1608-1612.

[18] BUTURLA E M, COTTRELL P E, GROSSMAN B M, et al. Three-dimensional finite element simulation of semiconductor devices [C]. Solid-State Circuits Conference, San Francisco, USA, 1980: 76-77.

[19] KRESKOVSKY J P, GRUBIN H L. Numerical simulation of charge collection in two and three-dimensional silicon diodes—a comparison [J]. Solid-State Electron, 1986, 29(5): 505-518.

[20] DAVINCI 3.0 [CP]. Technology Modeling Associates Inc. , 1994.

[21] THUNDER[CP]. Silvaco International, 1993.

[22] SIMUL. 1~E 1.0 and HFIELDS [CP]. ISE Integrated Systems Engineering AG, 1993.

[23] ROLLINS J G, CHOMA J. Mixed-mode PISCES-SPICE coupled circuit and device solver [J]. IEEE Transactions on Computer-Aided Design of Integrated Circuits and Systems, 1988, 7(8): 862-867.

[24] 赵雯, 陈伟, 罗尹虹, 等. 离子径迹特征与纳米反相器链单粒子瞬态的关联性研究[J]. 物理学报, 2021, 70(12): 126102-1-126102-11.

[25] BNSSET C, DOLLFUS P, HESTO P, et al. Monte carlo simulation of the dynamic behavior of a CMOS inverter struck by a heavy ion[J]. IEEE Transactions on Nuclear Science, 1994, 41(3): 619-624.

[26] WELLER A, MENDENHALL M H, REED R A, et al. Monte Carlo simulation of single event effects [J]. IEEE Transactions on Nuclear Science, 2010, 57(4): 1726-1746.

[27] KAUPPILA J S, MASSENGILL L W, HOLMAN W T, et al. Single event simulation methodology for analog/mixed signal design hardening [J]. IEEE Transactions on Nuclear Science, 2004, 51(6): 3603-3608.

[28] CONNELLY J A, CHOI P. Macromodeling with SPICE [M]. Upper Saddle River: Prentice Hall, 1992.

[29] WELLER R A, REED R A, WARREN K M, et al. General framework for single event effects rate prediction in microelectronics [J]. IEEE Transactions on Nuclear Science, 2009, 56(6): 3098-3108.

[30] TANG H H K, CANNON E H. SEMM-2: A modeling system for single event upset analysis [J]. IEEE Transactions on Nuclear Science, 2004, 51(6): 3342-3348.

[31] MUNTEANU D, AUTRAN J L. Modeling and simulation of single-event effects in digital devices and ICs [J]. IEEE Transactions on Nuclear Science, 2008, 55(4): 3342-3348.

[32] 罗尹虹. 纳米 SRAM 单粒子多位翻转试验和理论研究[D]. 西安: 西北核技术研究所, 2014.

[33] GASIOT G, GIOT D, ROCHE P. Alpha-induced multiple cell upsets in standard and radiation hardened SRAMs manufactured in a 65nm CMOS technology[J]. IEEE Transactions on Nuclear Science, 2006, 53(6): 3479-3486.

[34] CHUGG A M, MOUTRIE M J, BURNELL A J, et al. A statistical technique to measure the proportion of MBUs in SEE testing[J]. IEEE Transactions on Nuclear Science, 2006, 53(6): 3474-3485.

[35] 王勋, 罗尹虹, 丁李利, 等. 基于概率统计的单粒子多单元翻转信息提取方法[J]. 原子能科学技术, 2021, 55(2): 353-359.

[36] TIPTON A D, PELLISH J A, HUTSON J M, et al. Device-orientation effects on multiple-bit upset in 65nm SRAMs[J]. IEEE Transactions on Nuclear Science, 2008, 55(6): 2880-2885.

[37] GIOT D, ROCHE P, GASIOT G, et al. Multiple-bit upset analysis in 90nm SRAMs: Heavy ions testing and 3D simulations[J]. IEEE Transactions on Nuclear Science, 2007, 54(4): 904-911.

[38] AMUSAN O A, MASSENGILL L W, BAZE M P, et al. Directional sensitivity of single event upsets in 90nm CMOS due to charge sharing[J]. IEEE Transactions on Nuclear Science, 2007, 54(6): 2584-2589.

[39] AMUSAN O A, WITULSKI A F, MASSENGILL L W, et al. Charge collection and charge sharing in a 130nm CMOS technology[J]. IEEE Transactions on Nuclear Science, 2006, 53(6): 3253-3258.

[40] CORREAS V, SAIGNÉ F, SAGNES B, et al. Prediction of multiple cell upset induced by heavy ions in a 90nm bulk SRAM[J]. IEEE Transactions on Nuclear Science, 2009, 56(4): 2050-2055.

[41] GIOT D, ROCHE P, GASIOT G, et al. Heavy ion testing and 3-D simulations of multiple cell upset in 65nm standard SRAMs[J]. IEEE Transactions on Nuclear Science, 2008, 55(4): 2048-2054.

[42] CHANG I J, KIM J J, PARK S P, et al. 2009 A 32 kb 10T sub-threshold sram array with bit-interleaving and differential read scheme in 90nm CMOS[J]. IEEE Journal of Solid-State Circuits, 2009, 44(2): 650-658.

[43] TU M H, LIN J Y, TSAI M C, et al. A single-ended disturb-free 9T subthreshold SRAM with cross-point data-aware write word-line structure, negative bit-line, and adaptive read operation timing tracing[J]. IEEE Journal of Solid-State Circuits, 2012, 47(6): 1469-1482.

[44] ROCHE P, GASIOT G, FORBES K, et al. Comparisons of soft error rate for SRAMs in commercial SOI and bulk below the 130-nm technology node [J]. IEEE Transactions on Nuclear Science, 2003, 50(6): 2046-2054.

[45] MERELLE T, SAIGNE F, SAGNES B, et al. Monte-Carlo simulations to quantify neutron-induced multiple bit upsets in advanced SRAMs[J]. IEEE Transactions on Nuclear Science, 2005, 52(5): 1538-1544.

[46] GALIB M M H, CHANG I J, KIM J. Supply voltage decision methodology to minimize SRAM standby power under radiation environment[J]. IEEE Transactions on Nuclear Science, 2015, 62(3): 1349-1356.

[47] CANNON E H, CABANAS-HOLMEN M, WERT J. Heavy ion, high-energy, and low-energy proton SEE sensitivity of 90-nm RHBD SRAMs[J]. IEEE Transactions on Nuclear Science, 2010, 57(6): 3493-3499.

[48] SIERAWSKI B D, MENDENHALL M H, REED R A, et al. Monte Carlo simulation of single event effects[J]. IEEE Transactions on Nuclear Science, 2010, 57(4): 1726-1746.

[49] KOBAYASHI D, HAYASHI N, HIROSE K, et al. Process variation aware analysis of SRAM SEU cross sections using data retention voltage[J]. IEEE Transactions on Nuclear Science, 2019, 66(1): 155-161.

[50] KAUPPILA J S, KAY W H, HAEFFNER T D, et al. Single-event upset characterization across temperature and supply voltage for a 20-nm bulk planar CMOS technology[J]. IEEE Transactions on Nuclear Science, 2015, 62(6): 2613-2619.

[51] HARRINGTON R C, KAUPPILA J S, MAHARREY J A, et al. Empirical modeling of FinFET SEU cross sections across supply voltage [J]. IEEE Transactions on Nuclear Science, 2019, 66(7): 1427-1432.

[52] TRIPPE J M, REED R A, AUSTIN R A, et al. Electron-induced single event upsets in 28nm and 45nm bulk SRAMs[J]. IEEE Transactions on Nuclear Science, 2015, 62(6): 2709-2716.

[53] FUKETA H, HASHIMOTO M, MITSUYAMA Y, et al. Neutron-induced soft errors and multiple cell upsets in 65-nm 10T subthreshold SRAM[J]. IEEE Transactions on Nuclear Science, 2011, 58(4): 2097-2102.

[54] FUKETA H, HASHIMOTO M, MITSUYAMA Y, et al. Alpha-particle-induced soft errors and multiple cell upsets in 65-nm 10T subthreshold SRAM[C]. IEEE International Reliability Physics Symposium, Anaheim, USA, 2010: 213-217.

[55] TIPTON A D. The impact of device orientation on the multiple cell upset radiation response in nanoscale integrated circuits [D]. Nashville: Vanderbilt University, 2008.

[56] GORBUNOV M S, BORUZDINA A B, DOLOTOV P S, et al. Design of 65nm CMOS SRAM for space applications: A comparative study[J]. IEEE Transactions on Nuclear Science, 2014, 61(4): 1575-1582.

[57] SIERAWSKI B D, PELLISH J A, REED R A, et al. Impact of low-energy proton induced upsets on test methods and rate predictions[J]. IEEE Transactions on Nuclear Science, 2009, 56(6): 3085-3092.

[58] WARREN K M, SIERAWSKI B D, WELLER R A, et al. Predicting thermal neutron-induced soft errors in static memories using TCAD and physics-based monte carlo simulation tools[J]. IEEE Electron Device Letters, 2007, 28(2): 180-182.

[59] ABADIR G B, FIKRY W, RAGAI H F, et al. A device simulation and model verification of single event transients in n^+-p junctions[J]. IEEE Transactions on Nuclear Science, 2005, 52(5): 1518-1523.

[60] BARAK J, HARAN A, ADLER E, et al. Use of light-ion-induced SEU in devices under reduced bias to evaluate their SEU cross section[J]. IEEE Transactions on Nuclear Science, 2004, 51(6): 3486-3493.

[61] FAGEEHA O, HOWARD J, BLOCK R C. Distribution of radial energy deposition around the track of energetic charged particles in silicon[J]. Journal of Applied Physics, 1994, 75(5): 2317-2321.

[62] MARTIN R C, GHONIEM N M, SONG Y, et al. The size effect of ion charge tracks on single event multiple-bit upset[J]. IEEE Transactions on Nuclear Science, 1987, 34(6): 1305-1309.

[63] DUZEILIER S, FALGUKRE D, MOULIERE L, et al. SEE results using high energy[J]. IEEE Transactions on Nuclear Science, 1995, 42(6): 1797-1802.

[64] DODD P E, SCHWANK J R, SHANEYFELT M R, et al. Heavy ion energy effects in CMOS SRAMs[J]. IEEE

Transactions on Nuclear Science, 2007, 54(4): 889-893.

[65] DODD P E, SCHWANK J R, SHANEYFELT M R, et al. Impact of heavy ion energy and nuclear interactions on single-event upset and latchup in integrated circuits[J]. IEEE Transactions on Nuclear Science, 2007, 54(6): 2303-2311.

[66] DODD P E, MUSSEAUT O, SHANEYFELT M R, et al. Impact of ion energy on single-event upset[J]. IEEE Transactions on Nuclear Science, 1998, 45(6): 2483-2491.

[67] KOGA R, CRAIN S H, CRAIN W R, et al. Comparative SEU sensitivities to relativistic heavy ions[J]. IEEE Transactions on Nuclear Science, 1998, 45(6): 2475-2482.

[68] RAINE M, GAILLARDIN M, SAUVESTRE J E, et al. Effect of the ion mass and energy on the response of 70-nm SOI transistors to the ion deposited charge by direct ionization[J]. IEEE Transactions on Nuclear Science, 2010, 57(4): 1892-1899.

[69] BOORBOOR S, FEGHHI S A H, JAFARI H. Investigation of radial dose effect on single event upset cross-section due to heavy ions using GEANT4[J]. Radiation Measurements, 2015, 78: 42-47.

[70] RAINE M, HUBERT G, GAILLARDIN M, et al. Impact of the radial ionization profile on SEE prediction for SOI transistors and SRAMs beyond the 32-nm technological node[J]. IEEE Transactions on Nuclear Science, 2011, 58(3): 840-847.

[71] RAINE M, HUBERT G, GAILLARDIN M, et al. Monte Carlo prediction of heavy ion induced MBU sensitivity for SOI SRAMs using radial ionization profile[J]. IEEE Transactions on Nuclear Science, 2011, 58(6): 2607-2613.

[72] KING M P, REED R A, WELLER R A, et al. The impact of delta-rays on single-event upsets in highly scaled SOI SRAMs[J]. IEEE Transactions on Nuclear Science, 2010, 57(6): 3169-3175.

[73] GENG C, LIU J, XI K, et al. Modeling and assessing the influence of linear energy transfer on multiple bit upset susceptibility[J]. Chinese Physics B, 2013, 22(10): 109501.

[74] STAPOR W J, MCDONALD P T, KNUDSON A R, et al. Charge collection in silicon for ions of different energy but same linear energy transfer (LET)[J]. IEEE Transactions on Nuclear Science, 1988, 35(6): 1585-1590.

[75] REED R A, WELLER R A, MENDENHALL M H, et al. Impact of ion energy and species on single event effects analysis[J]. IEEE Transactions on Nuclear Science, 2007, 54(6): 2312-2321.

[76] REED R A, WELLER R A, SCHRIMPF R D, et al. Implications of nuclear reactions for single event effects test methods and analysis[J]. IEEE Transactions on Nuclear Science, 2006, 53(6): 3356-3362.

[77] CAVROIS V F, SCHWANK J R, LIU S, et al. Influence of beam conditions and energy for SEE testing[J]. IEEE Transactions on Nuclear Science, 2012, 59(4): 1149-1160.

[78] ASTM. Standard guide for the measurement of single event phenomena (SEP) induced by heavy ion irradiation of semiconductor devices: ASTM F1192[Z]. ASTM Standard, 2000, F1192: 1-11.

[79] ZHANG C X, DUNN D E, KATZ R. Radial distribution of dose and cross-sections for the inactivation of dry enzymes and viruses[J]. Radiation Protection Dosimetry, 1985, 13(1-4): 215-218.

[80] EDMONDS L D. Theoretical prediction of the impact of auger recombination on charge collection from an ion track[J]. IEEE Transactions on Nuclear Science, 1991, 38(5): 999-1004.

[81] COLLADANT T, HOIR A L, SAUVESTRE J E, et al. Monte-Carlo simulations of ion track in silicon and influence of its spatial distribution on single event effects[J]. Nuclear Instruments and Methods in Physics Research B, 2006, 245: 464-474.

[82] SZE S M, NG K K. Physics of Semiconductor Devices[M]. New Jersey: John Wiley & Sons, 2007.

[83] CHEN R M, CHEN WEI, GUO X Q, et al. Improved on-chip self-triggered single-event transient measurement circuit design and applications[J]. Microelectron and Reliability, 2017, 71: 99-105.

[84] PALIK E D. Handbook of Optical Constants of Solids[M]. New York: Academic, 1998.

[85] ZHAO W, HE C H, CHEN W, et al. Single-event double transients in inverter chains designed with different transistor widths [J]. IEEE Transactions on Nuclear Science, 2019, 66(7): 1491-1499.

[86] ZHAO W, HE C H, CHEN W, et al. Single-event multiple transients in guard-ring hardened inverter chains of different layout designs [J]. Microelectronics Reliability, 2018, 87: 151-157.

[87] CHEN R M, ZHANG F Q, CHEN W, et al. Single-event multiple transients in conventional and guard-ring hardened inverter chains under pulsed laser and heavy-ion irradiation [J]. IEEE Transactions on Nuclear Science, 2017, 64(9): 2511-2518.

[88] KING M P. The impact of delta-rays on single-event upsets in highly scaled SOI SRAMs [D]. Nashville: Vanderbilt University, 2011.

[89] BUCHNER S P, MILLER F, POUGET V, et al. Pulsed-laser testing for single-event effects investigations[J]. IEEE Transactions on Nuclear Science, 2013, 60(3): 1852-1875.

[90] LEE H K, LILJA K, BOUNASSER M, et al. LEAP: Layout design through error-aware transistor positioning for soft-error resilient sequential cell design[C]. International Reliability Physics Symposium, Anaheim, USA, 2010: 203-212.

[91] SAINT C, SAINT J. IC Layout Basics: A Practical Guide[M]. NewYork: McGraw-Hill Companies, 2002.

[92] WIRTH G, KASTENSMIDT F L, RIBEIRO I. Single event transients in logic circuits—Load and propagation induced pulse broadening[J]. IEEE Transactions on Nuclear Science, 2008, 55(6): 2928-2935.

[93] MASSENGILL L W, TUINENGA P W. Single-event transient pulse propagation in digital CMOS [J]. IEEE Transactions on Nuclear Science, 2008, 55(6): 2861-2871.

[94] CAVROIS V F, POUGET V, MCMORROW D. Investigation of the propagation induced pulse broadening (PIPB) effect on single event transients in SOI and bulk inverter chains[J]. IEEE Transactions on Nuclear Science, 2008, 55(6): 2842-2853.

[95] EVANS A, GLORIEUX M, ALEXANDRESCU D, et al. Single event multiple transients (SEMT) measurements in 65nm bulk technology[C]. The European Conference on Radiation and its Effects on Components and Systems, Bremen, Germany, 2016: 19-23.

[96] ZHAO W, CHEN W, HE C H, et al. Mitigating single-event multiple transients in a combinational circuit based on standard cells [J]. Microelectronics Reliability, 2020, (109): 113649.

[97] GADLAGE M J, AHLBIN J R, BHUVA B L, et al. Single event transient pulse width measurements in a 65-nm bulk CMOS technology at elevated temperatures [C]. Reliability Physics Symposium, Anaheim, USA, 2010: 6E. 2. 1- 6E. 2. 5.

[98] GADLAGE M J, SCHRIMPF R D, NARASIMHAM B, et al. Effect of voltage fluctuations on the single event transient response of deep submicron digital circuits [J]. IEEE Transactions on Nuclear Science, 2007, 54(6): 2495-2499.

[99] HOFBAUER M, SCHWEIGER K, H ZIMMERMANN, et al. Supply voltage dependent on-chip single-event transient pulse shape measurements in 90-nm bulk CMOS under alpha irradiation [J]. IEEE Transactions on Nuclear Science, 2013, 60(4): 2640-2646.

[100] KAUPPILA J S. 2016 NSREC Short Course: Section IV-single event modeling for rad-hard-by design flows[R]. Piscataway: IEEE Publishing Services, 2016.

[101] MAVIS D G, EATON P H. SEU and SET modeling and mitigation in deep submicron technologies[C]. The 45th Annual International Reliability Physics Symposium, Phoenix, USA, 2007: 1-13.

[102] CAVROIS V F, MASSENGILL L W, GOUKER P. Single event transients in digital CMOS-A review[J]. IEEE Transactions on Nuclear Science, 2013, 60(3): 1767-1790.

第5章 纳米电路单粒子效应时空特征分析与加固

5.1 引 言

抗辐射加固设计用时间或空间上的开销来换取电路的抗辐射加固性能，因此，单粒子效应的时间和空间特征是集成电路加固定量设计的关键依据。对于先进集成电路，多节点、多单元翻转和 SET 问题变得更加严重，导致由抗辐射加固引起的时间和空间开销占电路自身时间和空间尺度的比例增大，效费比降低。因此，准确掌握单粒子效应的时间、空间特征，是有效提高抗单粒子加固技术效费比的重要基础。

5.2 单粒子效应时空特征

传统理解上，"单粒子效应的时空特征"与"电路的时空特征"是相对独立和固定的，它们都受一些因素(可能有相同的因素)的影响，电路的时空特征主要与电路的逻辑结构和物理结构相关，而单粒子效应的时空特征除了与电路的逻辑结构和物理结构有关，还与外部条件(如温度、电压、电场强度等)相关[1-12]，但是单粒子效应一旦产生，且外部条件不变的情况下，单粒子效应时空特征的尺度就是固定的。这种传统理解的问题在于，忽略了研究单粒子效应时空特征的初始目的。

实际上，研究单粒子效应的时空特征，是为了弄清楚单粒子效应能给电路造成多大的影响，尤其是"实质的影响"，这种影响是与电路自身的时空特征相关的。例如，如果单粒子效应的影响时间很短，如 SET 脉宽小于 1ps，以至于不会被相对慢速(时间特征较大，如电路转换时间为 5ps)的电路所识别、响应，那么可以认为这样的单粒子时间特征尺度是 0。再如，单粒子效应产生的电荷通过漂移扩散等逐渐由中心处向远处传播，其影响的空间范围是很大的，但是通常距离中心越远，电荷的密度就越低，当电荷密度足够低时，实际上对电路的影响已经可以忽略了，至于什么情况下可以忽略，又取决于电路自身的空间特征和电荷灵敏度。

因此，本书定义：单粒子效应时空特征是指能够对其产生的载体电路造成影响的时间/空间尺度(或者称为"有效时间/空间范围")。在这种定义下，单粒子效应时空特征就非常依赖于所研究电路的工艺、尺寸和结构。不能脱离电路谈单粒子效应时空特征，否则获得的时空特征将有可能是失去意义的。沿着这个思路，也可以认为：集成电路单粒子加固的过程，实际上是减小电路中单粒子效应时空特征的过程。如果再回顾一下单粒子软错误加固的总体思路和具体结构，无一不是这样的过程[13-30]。

5.2.1　单粒子效应时空特征的内涵

单粒子效应空间特征是指单粒子效应作用的"有效"空间范围。通常，单粒子效应的空间特征在百纳米至数微米，如此小的尺寸，加上粒子入射时间和位置的随机性，以及辐射引发电荷的不可观察性，使得单粒子效应空间特征非常难测量，更无法直接测量。一般地，粒子穿过材料产生的电荷，会经历产生、逃逸(或复合)、漂移、扩散、触发寄生结构等几个过程，每个过程都会受到较多因素的影响，单粒子效应的空间特征也会受到这些因素的影响。对于单粒子效应空间特征的研究，主要通过两个途径，一是通过器件级仿真研究，这种手段对于空间特征的定性规律和影响因素研究具有很好的作用；二是通过对特定对象的多单元翻转、多节点翻转等表现来间接测量。在本书中，重点通过间接测量手段来开展研究。

单粒子效应时间特征是指单粒子效应的"有效"时间范围，通常表现为单粒子瞬态脉冲的宽度。对于逻辑电路，单粒子效应时间特征尺度通常在几皮秒至几纳秒，对于模拟电路，该尺度范围还会更大，这是因为单粒子效应会破坏模拟电路建立的稳定平衡，而恢复这一平衡需要微秒，甚至毫秒量级的时间，模拟电路中的单粒子效应主要取决于模拟电路本身的环路特征。在本书中，主要考虑逻辑电路中的单粒子效应时间特征。一般地，单粒子效应时间特征同样受到辐射诱发电荷漂移、扩散和触发寄生结构等几个过程的影响。和空间特征的研究相似，单粒子效应空间特征也是主要通过两个途径，一是通过器件级仿真研究，二是通过测试研究。不同的是，测试研究所采用的载体通常需要专门定制设计，测试手段除了采用粒子实验，还可以采用激光模拟源。

5.2.2　单粒子效应时空特征的测量方法

单粒子效应的时空特征如此重要，因此对其进行定量测量是非常必要的。时空特征的测量可通过直接测量和间接测量两种方式开展。由于单粒子效应时空特征的尺度很小，进行直接测量对测试条件的要求极高，因此往往不是研究人员的主要选择。例如，为了测得几十皮秒量级的瞬态脉冲宽度，需要脉冲从产生处(器件处)到测试设备接收处的传播过程中保持不衰减、不形变，从芯片版图、封装、板级、线路到设备均要支撑几十吉赫兹到上百吉赫兹频率信号的传输，这是极为困难的。间接测量，是利用集成电路尤其是先进工艺集成电路的片上时间/

空间分辨率高的特点，通过单粒子效应产生的翻转规律获取时间/空间特征，这也符合本书对时空特征的定义，即只有在电路中产生了效应，才是值得研究的时空特征。

对于间接测量，通常有两个思路，一是针对非加固/敏感性高的电路(如非加固的 SRAM 或 SET 收集阵列)进行辐照，获取直接翻转的时空规律或间接翻转的时空规律；二是采用一定的加固手段，利用特定结构得到特定时间/空间特征的单粒子效应不敏感性，以检测到特定时空特征范围的单粒子事件，最终获取统计规律。其中，第一种思路更加直接，且通常具有更好的测试效率。

对于空间特征的测量来说，采用直接测量就是利用敏感阵列，通过特定条件下特定种类离子的辐照，获取敏感阵列响应的空间范围，获取单粒子效应的空间图像，从而获取空间特征，这种方法相对比较容易理解和实现，在此不再赘述。

对于时间特征的测量研究相对较多。基于片上测试结构，已经实现了对一些工艺集成电路中 SET 脉冲宽度的测量[1,2,4-12]。然而，每一代集成电路工艺，由于器件尺寸、结构、材料的变化，SET 时间特性及其影响因素都会有变化，加上每一代集成电路自身的时空特征、敏感性也在变化，对单粒子的"有效"时间尺度有很大的影响，因此对每一代工艺都应该进行时间特性的评估或测量。

5.3 纳米电路单粒子效应的时间特征

单粒子效应时间特征的本质是单粒子瞬态的脉冲宽度，可以通过器件级仿真和实验测量等手段研究，本书重点通过实验测量获取该关键特征。单粒子效应时间特征的研究，从测试结构和方法、测试结果及分析等几个方面展开。本节将重点基于 28nm 测试电路来研究集成电路的 SET 脉宽特征。

5.3.1 单粒子效应时间特征测试结构与方法

基于 28nm CMOS 工艺设计了专门芯片用于测量单粒子瞬态脉冲宽度。如图 5.1 所示，所设计的芯片包含靶电路和脉宽检测电路。其中，靶电路的作用主要是利用典型逻辑单元收集辐照产生的单粒子瞬态，脉宽检测电路的作用是检测靶电路产生的单粒子瞬态，并将脉冲宽度转化为数字信号输出[5]。

5.3.1.1 靶电路

针对数字电路设计中常见的组合逻辑门，如反相器、或非门、与非门等三种类型的单元，同时考虑到不同的驱动能力，设计了最小驱动反相器单元和二倍驱动反相器单元，考虑到输入个数的影响，设计了二输入和四输入的或非门。具体

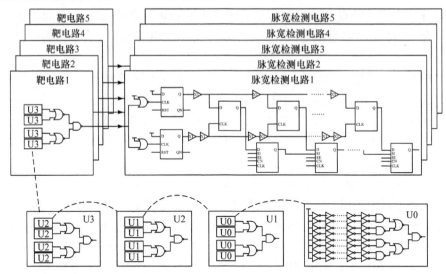

图 5.1　靶电路和脉宽检测电路示意图

为常规阈值最小驱动非门(INVD0, 98304 级)、二倍驱动非门(INVD2, 65532 级)、最小驱动二输入与非门(ND2D0, 61440 级)和最小驱动二输入或非门(NRD2D0, 59392级)、最小驱动四输入或非门(NR4D0, 26624 级)、最小驱动异或门(XOR2D0,24576级)。为了减小单粒子瞬态脉冲宽度随传播的展宽效应，设计的目标链路由较短单元链和逻辑门组成，形成了并行的短链。

5.3.1.2　脉宽检测电路及检测方法

脉宽检测电路采用 Vernier 延时线结构实现，如图 5.2 所示，其中 t_2 的延迟单元采用一级 D0 驱动缓冲器，t_1 的延迟单元采用两级 D0 驱动的单元实现。靶电路正常情况输出为 "0"，发生 SET 时输出会产生一个高的瞬态，这个瞬态经过两个检测寄存器转化为具有一定延时差(脉冲宽度)的两个信号。这两个信号分别经过两条延时不同的缓冲器链传播并分别接到触发器的数据端和时钟端。其中数据端的信号早于时钟端的信号，数据端的缓冲器延时长于时钟端的缓冲器延时。当两个信号经过的延时差小于脉冲宽度时，寄存器采到的值为 "0"；当两个信号延时差大于脉冲宽度后，寄存器采到的值为 "1"。通过前 m 个值为 "0" 的寄存器和缓冲器的延时差可以得到测量的脉冲宽度。每隔一段时间(如 1μs)扫描使能信号 SE 有效，串行读取一次所有锁存器的值，读完后施加短时复位信号。如果某次读值之前发生了 SET，那么输出结果形如 "11111…000…1111" 的形式。其中 "0" 的个数即代表了脉冲宽度。

脉宽检测电路输出端口较多，因此采用并转串的方式进行扫描输出，以减少输入输出(IO)数量，如图 5.3 所示。

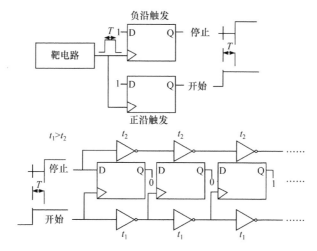

图 5.2 脉宽检测电路原理图

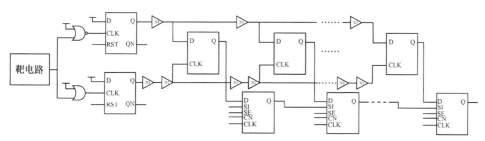

图 5.3 脉宽检测电路逻辑框图

为获取缓冲器实际延时,将检测用的延时链接成环振。保证版图和原有脉宽检测电路版图一致,环振级数为 128,通过与门进行控制,环振输出频率较高,为了保证测量,环振需经过分频器进行分频后输出,如图 5.4 所示。

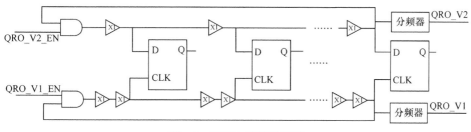

图 5.4 环振电路逻辑框图

5.3.2 单粒子效应时间特征测试结果及分析

基于上述单粒子瞬态脉宽检测结构和方法,开展 28nm 典型单元的单粒子时间特征研究。

5.3.2.1　Kr 离子辐照下的一般结果

使用 Kr 离子(LET 值为 $37\text{MeV} \cdot \text{cm}^2 \cdot \text{mg}^{-1}$)进行 SET 脉宽测试的结果如图 5.5 所示。五种类型电路的脉宽度分布在 26~234ps。反相器电路的脉宽分布在 26~156ps，与非门电路的脉宽分布在 52~156ps，二输入或非门电路的脉宽分布为 52~182ps，四输入或非门电路的脉宽分布为 52~234ps。最小驱动反相器的最大脉宽是 130ps，最小脉宽是 26ps，同时 2 倍驱动反相器的最小脉宽也是 26ps，最大脉宽则为 156ps。四输入或非门电路的最大脉宽是 234ps，次大脉宽 208ps 也比其余电路的最大脉宽大。此外，除最小驱动和二倍驱动反相器电路外，其余电路的最小脉宽均是 52ps。

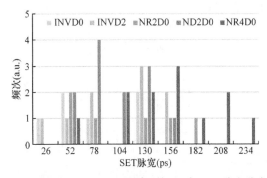

图 5.5　Kr 离子辐照下 28nm 组合逻辑电路 SET 脉宽分布情况

由于脉宽检测电路自身存在小脉宽，对于窄脉冲的单粒子瞬态具有一定的滤波作用，因此应重点关注脉冲平均值和最大值，尤其最大值对于加固设计的指导意义更大。从数据中可以发现如下几个规律：

(1) 大部分脉冲宽度均在 200ps 以下，仅有四输入或非门存在脉宽大于 200ps 的单粒子瞬态。

(2) 二输入或非门 NOR2 比二输入与非门 NAND2 的脉宽更大。

(3) 二输入或非门 NOR2 的脉宽小于四输入或非门 NOR4。

(4) 大驱动的反相器 INVD2 比小驱动的反相器 INVD0 的最大脉冲宽度更大。

5.3.2.2　或非门单粒子脉宽更大

由图 5.6 可知，二输入或非门比二输入与非门产生的单粒子脉冲宽度更大，两者的最大脉宽相比较，前者大了 16.7%。出现这个现象的原因可能是：与非门为两个 NMOS 串联，或非门为两个 PMOS 串联，而后者的串联结构导通电阻更大，从而会使 NOR 结构在关闭的 NMOS 被攻击产生下拉电流时，输出节点状态在受到辐射扰动后恢复电流更小，恢复得更慢，形成的 SET 脉宽更大。

由图 5.6 和图 5.7 可知，四输入或非门的最大脉宽比二输入与非门的最大脉宽增大了 50.0%，比二输入或非门最大脉宽增大了 28.6%。这是因为，四输入或非门的 PMOS 四级串联，为节点提供的恢复电流能力更小，因此会产生更大的脉宽。

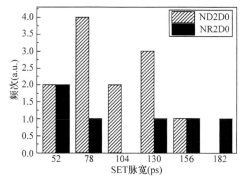

图 5.6　二输入与非门和二输入或非门的　　图 5.7　二输入或非门和四输入或非门的
　　　　　SET 脉宽分布　　　　　　　　　　　　　SET 脉宽分布

5.3.2.3　叉指结构导致 SET 脉宽更大

如图 5.8 所示，二倍驱动反相器的单粒子脉宽分布相对于最小驱动反相器结构在图中整体靠右，表明辐射对前者的影响更大。对于最小驱动反相器在版图实现上没采用叉指(finger)结构，但是对于二倍驱动反相器，版图上使用了叉指结构，这种结构下会造成更严重的寄生双极效应，造成 SET 脉宽增大。寄生双极效应是影响单粒子脉宽的主要因素，图 5.9 所示为体硅 CMOS PMOS 器件中的寄生结构，由源、漏、阱构成的 PNP 结构，当辐射在阱中产生电流并通过阱电阻 R_n，PNP 结构处于放大状态，使得单粒子脉宽变大。对于叉指结构，辐射使得寄生结构加倍，因此产生的脉冲宽度更大，如图 5.10 所示。

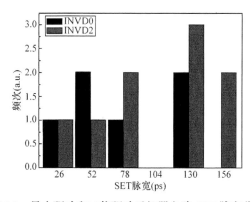

图 5.8　最小驱动和二倍驱动反相器电路 SET 脉宽分布

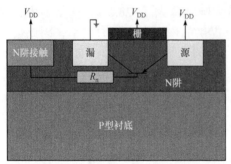

图 5.9　体硅 CMOS PMOS 器件中的寄生结构　　图 5.10　叉指结构使得单粒子脉冲宽度变大

5.4　纳米电路单粒子效应的空间特征

如前所述,在先进工艺下,可以利用存储电路灵敏度高、空间分辨率高的特点,通过俘获单粒子多单元翻转(MCU)的空间规律,来获得纳米电路单粒子效应空间特征。针对 SRAM MCU 的关注点主要有以下几类:①粒子直入射诱发多个相邻节点翻转从而产生 MCU;②粒子以一定的角度轰击 SRAM,直接经过了多个物理上相邻的存储单元造成 MCU;③同一字中的多位翻转(MBU),在实际的纠检错(error detect and correct,EDAC)应用中,由于很多 EDAC 结构只能修正同一字中的一位翻转,因此可以通过阵列排布等方法解决 MBU 问题。本节将主要研究 28nm SRAM 由重离子引起的 SEU 特性。

5.4.1　单粒子效应空间特征测试结构与方法

SRAM 测试电路(图 5.11)基于 28nm 体硅 CMOS 1P10M 工艺,容量为 128kbit,数据位数为 8bit,同一个字中相邻位之间纵向相隔 3 个单元,存储单元面积为 $0.27\mu m \times 0.58\mu m$,芯片面积为 $360\mu m \times 160\mu m (5.76 \times 10^{-4} cm^2)$。版图上采用特殊设计

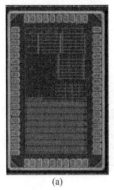

(a)　　　　　　　　　　　　　　(b)

图 5.11　28nm SRAM 测试电路

(a) 管芯;(b) 封装后的芯片

来避免发生单粒子闩锁效应，以保证实验中对 SEU 的检测不受其他因素干扰。

图 5.12 所示为 SRAM 版图、结构及辐照设置示意图，包括直入射和斜入射，其中斜入射角度为垂直于栅的方向和 Z 轴的夹角。实验中采用了"all zero"(全 0) "all one"(全 1)和"checkerboard"(棋盘格)三种测试图形。

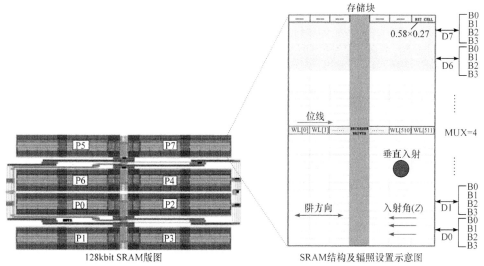

图 5.12　SRAM 版图、结构及辐照设置示意图

5.4.2　单粒子效应空间特征测试结果

5.4.2.1　整体单粒子效应敏感性

通过上述实验可以得到该 SRAM 测试电路在重离子实验下的整体抗单粒子翻转性能，通过多次实验获得的不同辐照情况下的单粒子翻转错误截面，可得到单粒子翻转威布尔曲线，图 5.13 所示为测试图形为"all zero"和"checkerboard"时的威布尔曲线。整体来说，单粒子翻转饱和截面为 $2.7×10^{-3}cm^2$，单粒子翻转 LET 阈值约为 $0.1MeV\cdot cm^2\cdot mg^{-1}$，在轨错误率(地球同步轨道)约为 $2.93×10^{-7}$ 次 $\cdot$ 位$^{-1}\cdot$ 天$^{-1}$。

5.4.2.2　MCU 特征分析

根据图 5.14 所示的 MCU 占比情况，可知 28nm SRAM 中重离子引起的绝大部分翻转错误都是 MCU 类型，占比达到 60%～95%，因此重离子引起的 SEU 中 MCU 为主要问题，入射粒子 LET 值、测试图形、入射角度等不同因素对 MCU 特性均有影响：①入射粒子 LET 值较小时(LET<$10MeV\cdot cm^2\cdot mg^{-1}$)，MCU 占比会减小一定程度；②测试图形为"checkerboard"时 MCU 占比稍有降低；③随着粒子入射角度(垂直于栅方向与 Z 轴的夹角)的增大，由于一个粒子直接穿过的单元数增多，MCU 占比呈现增加的趋势。下面对各影响因素进行具体分析。

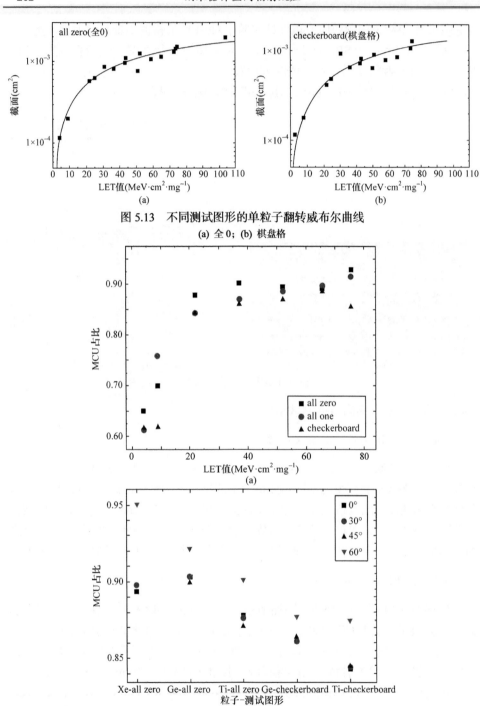

图 5.13　不同测试图形的单粒子翻转威布尔曲线

(a) 全 0；(b) 棋盘格

图 5.14　测试电路中所有 SEU 中 MCU 的占比分布

(a) 不同测试图形的 MCU 占比分布；(b) 粒子不同入射角度的 MCU 占比分布

1) 入射粒子 LET 值

如图 5.15 所示，测试图形为 "all zero" 时，根据粒子直入射引起的 MCU 分布情况，可以得到单个粒子引起的 MCU 尺寸(每个 MCU 包含的位数)的最大值和平均值的变化趋势，如表 5.1 所示。随着入射粒子 LET 值的增大，MCU 尺寸的最大值和平均值都增大，最大有 14 个存储单元连续翻转，平均值为 6 个单元以上。

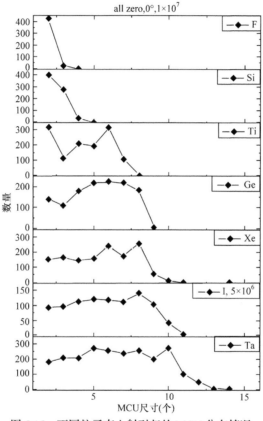

图 5.15　不同粒子直入射引起的 MCU 分布情况

表 5.1　粒子直入射引起的 MCU 尺寸变化情况

离子	LET 值(MeV · cm² · mg⁻¹)	最大 MCU 尺寸(个)	平均 MCU 尺寸(个)
Ta	75	14	6.57
I	66	11	5.87
Xe	52	14	5.52
Ge	37	9	5.33
Ti	22	8	4.33
Si	9	5	2.48
F	4	4	2.06

2) 预存逻辑

各存储单元中的存储节点根据不同输入测试图形预存不同逻辑，以 Ta 离子和 Si 离子直入射时不同测试图形下 MCU 的分布对比为例，如图 5.16 所示，各存储节点的预存逻辑对 MCU 有一定影响。表 5.2 为各粒子在不同测试图形时 MCU 尺寸的最大值和平均值统计，很明显可以看出在 LET 值较小(<10MeV·cm²·mg⁻¹)时，测试图形对 MCU 分布基本没有影响；在 LET 值较大时，测试图形为 "checkerboard" 时，MCU 尺寸的平均值有明显减小，测试图形为 "all zero" 和 "all one" 时的 MCU 分布趋势相近， "all one" 测试图形下更容易引起较大尺寸的 MCU，因此 "all one" 时的平均值略大。

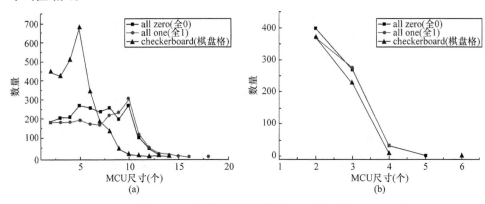

图 5.16　不同测试图形时的 MCU 分布对比

(a) Ta 粒子；(b) Si 粒子

表 5.2　各粒子直入射时不同测试图形的 MCU 尺寸统计

离子	测试图形	最大 MCU 尺寸(个)	平均 MCU 尺寸(个)
Ta	全0	14	6.57
	全1	18	6.92
	棋盘格	14	4.59
I	全0	11	5.87
	全1	16	6.52
	棋盘格	12	4.07
Xe	全0	14	5.52
	全1	11	5.97
	棋盘格	10	3.52
Ge	全0	9	5.33
	全1	10	5.59
	棋盘格	8	3.24

续表

离子	测试图形	最大 MCU 尺寸(个)	平均 MCU 尺寸(个)
	全 0	8	4.33
Ti	全 1	14	4.48
	棋盘格	9	2.85
	全 0	5	2.48
Si	全 1	5	2.50
	棋盘格	6	2.42
	全 0	4	2.06
F	全 1	3	2.05
	棋盘格	4	2.06

3) 入射角度

图 5.17 所示为粒子入射角度(垂直于栅方向与 Z 轴的夹角)对 MCU 特征的影响，随着入射角度的增大，一方面相同粒子入射有效 LET 值增大使得总翻转数增大，另一方面由于一个粒子直接穿过的单元数增多，因此 MCU 占比呈现增加的趋势，并且 MCU 尺寸的最大值和平均值都显著增大，Ti 离子 60° 入射(测试图形为"all zero")时 MCU 尺寸最大值为 22，平均值为 10 以上，MCU 形状也随入射角度的增加而沿着角度的方向变长。

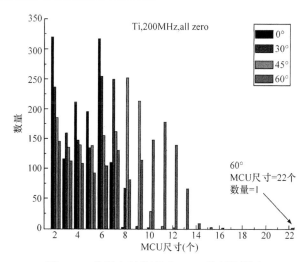

图 5.17　粒子入射角度对 MCU 特征的影响

4) MBU

图 5.18 所示为不同实验条件下单粒子多位翻转(MBU)占比情况，在重离子引起的 MCU 中，MBU 占比极低，不到 0.4%，最多同时出现两位翻转，并且 MBU 占比随着入射粒子能量、入射角度、测试图形的变化不完全遵循某一规律，有很大偶然性，分析发现实验中出现的一些 MBU 现象明显是由两个粒子造成的，其余 MBU 现象可通过后续进一步的实验完善分析。

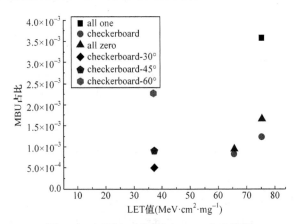

图 5.18　不同实验条件下 MBU 占比情况

5.4.3　单粒子效应空间特征分析

表 5.3 列出了 28nm SRAM 在不同粒子、不同角度入射时 MCU 尺寸的最大值和平均值。实际上，对于同样大小的 MCU，其形状也是有所区别的，这里尝试用一些典型 MCU 物理形状来分析单粒子的空间特征规律。

表 5.3　各粒子在不同角度入射时的 MCU 尺寸统计

离子	测试图形	角度(°)	最大 MCU 尺寸(个)	平均 MCU 尺寸(个)
Xe	全 0	0	14	5.52
		30	16	6.27
		60	32	10.23
Ge	全 0	0	9	5.33
		30	19	6.06
		45	14	6.88
		60	32	8.40
	棋盘格	0	8	3.24
		30	9	3.66
		45	15	4.07
		60	14	4.88

续表

离子	测试图形	角度(°)	最大 MCU 尺寸(个)	平均 MCU 尺寸(个)
Ti	全 0	0	8	4.33
		30	10	4.84
		45	12	5.92
		60	22	7.61
	棋盘格	0	9	2.85
		30	8	3.12
		45	9	3.68
		60	13	4.68

5.4.3.1　典型 MCU 物理形状—分析与实验

前面针对 28nm SRAM 的 MCU 数量、尺寸进行了分析，这也是传统 SEU 或 MCU 研究的重点。然而，本工作的研究重点是通过研究 MCU 来间接获取纳米电路单粒子效应的空间特征，因此除了数量、大小，还需获取 MCU 的物理形状。

根据 SRAM 的结构特点和粒子的不同入射角度，分析 MCU 的轨迹，有图 5.19 所示的几种情况。

(1) 粒子垂直于芯片入射。这种情况下粒子轨迹及形成的电荷范围主要由扩散造成，在影响的空间范围上应该是最小的。对于重离子来说，这种情况影响的 SRAM 位数一定是最少的，或者说 MCU 是最小的；对于轻离子(如质子)，小角度的入射可能会使辐射引起的电荷相对集中，从而更容易导致翻转，因此也有可能造成更严重的翻转；这种关系比较微妙，最终的结果取决于粒子自身的 LET 值和单元的临界电荷大小。另外，如图 5.20 所示，对于辐射产生电荷的扩散，在相同阱和不同阱间是不一样的，在相同的阱中，电荷更容易扩散，扩散进而会引起寄生双极效应，因此电荷扩散的空间范围应该是更大的；在不同的阱间，由于有 PN 结的隔离，辐射引发电荷的扩散是受到一定抑制的，因此电荷扩散的空间范围应更小。因此，即使完全的垂直入射，形成的电荷分布也不是各向一致的，而是在平行于阱的方向扩散范围更大，在垂直于阱的方向扩散范围更小。

(2) 粒子以一定角度斜入射，在芯片表面的投影平行于阱。由于斜入射时粒子在有效收集区的轨迹更长，因此容易造成更大的 MCU。对于该种粒子轨迹投影平行于阱的情况，除了粒子轨迹覆盖更多单元，还要叠加电荷扩散的范围，因此比起其他情况，其在空间上应该是影响更广泛的。

(3) 粒子以一定角度斜入射，在芯片表面的投影垂直于阱，如图 5.21 所示。与图 5.19(b)相似，更长的有效轨迹会覆盖更多的 SRAM 单元，但是由于 SRAM 单元在垂直于阱的方向尺寸(高度)更大，因此相同的有效轨迹长度覆盖的单元数量与图 5.19(b)相比要少。另外，由于轨迹是跨阱的，P 阱和 N 阱会阻碍电荷的扩散，因此一阶分析认为图 5.19(c)会比图 5.19(b)造成的空间范围小。

(4) 粒子以一定角度斜入射，在芯片表面的投影与阱呈一定的角度。这种情况综合了图 5.19(b)和(c)两种特征，影响的范围更广，可能产生的 MCU 也更大。

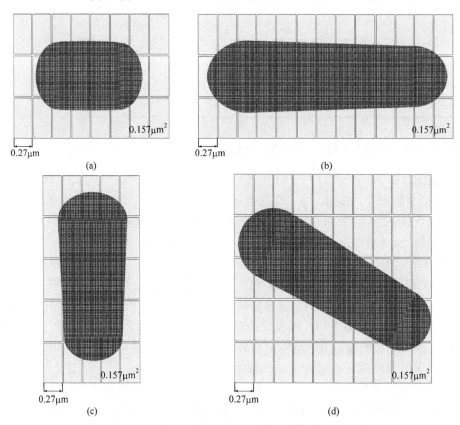

图 5.19　几种典型的粒子轨迹及影响的存储单元示意图

(a) 垂直入射；(b) 平行于阱斜入射；(c) 垂直于阱斜入射；(d) 与阱呈一定角度斜入射

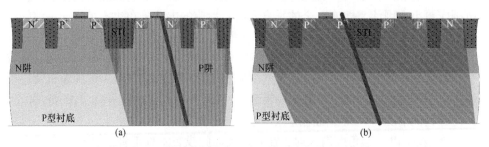

图 5.20　辐射引发的电荷在相同阱中比在不同阱中扩散的距离远很多(示意图)

(a) 不同阱；(b) 相同阱

图 5.21 粒子以一定角度斜入射，在芯片表面的投影垂直于阱

5.4.3.2 对 MCU 形状分析得到的规律

图 5.22 给出了 Xe 离子直入射情况下几种典型的 MCU 位图，结合其他实验结果，可以发现以下规律。

(1) 翻转覆盖的列数比行数多：最多覆盖 3 行和 7 列，横向(平行于阱方向)覆盖的单元数量要比纵向的多。这与 5.4.3.1 小节中的(1)情况分析一致，即辐射诱发电荷在同一阱中扩散比跨阱扩散更容易。另外，SRAM 单元的高度比宽度大得多也是原因之一。

(2) 翻转的位置通常并不是连续的：如(1)所述，MCU 通常可以覆盖多行多列，但是翻转数量(或 MCU 大小)并不是"行数×列数"，而是比这个数要小，因为在覆盖的多行多列中，很多存储位是没有翻转的。这说明，单粒子诱发的电荷覆盖的存储单元，可能受辐射引发翻转，也可能受辐射影响后仍然不翻转(或者发生了翻转再恢复)。这个是比较容易理解的，因为对于 SRAM 这种高度对称的结构，辐射影响后可能发生 SEU，也可能不发生 SEU，且这两种情况的发生概率是接近的。对于尺寸较大的 MCU，通常 SEU 连续发生的概率较大，这通常具有误导性，因为研究往往会更关注大的 MCU，所以给人的印象是 MCU 通常是位置连续的，但实际上，总会有一些小概率的、长的连续位翻转情况发生，如图 5.23 所示。

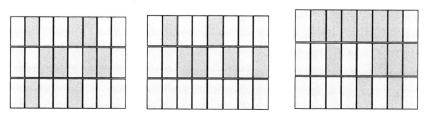

图 5.22 几种典型的 MCU 位图(Xe 离子，直入射)

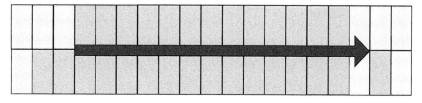

图 5.23 Xe 离子 60°斜入射情况下的连续翻转

(3) 沿着阱方向斜入射可覆盖单元数量多。实验中发现，如图 5.24 所示，Xe 离子 60°斜入射时，最多可覆盖 19 列单元，最大的 MCU 有 32 位，这是个比以往工艺的实验结果都大得多的数字。在 65nm 工艺中，可以发现即使是斜入射，最多也只能覆盖 6 个单元宽度，12 位翻转。造成这种结果的原因推测为：①28nm SRAM 的尺寸比 65nm SRAM 小很多，后者面积约为 0.5μm²，而前者面积仅为 0.1μm²，相同的粒子轨迹和辐射电荷空间分布造成的翻转位数不一样；②在之前的 65nm SRAM 中，每个 SRAM 单元中均有一对阱接触，这无疑会使阱电位更加稳定，抑制电荷扩散和寄生双极效应，28nm SRAM 中阱接触没有设计在位单元中，而是固定插入 SRAM 阵列中，间距较大，因此阱电位不太稳定，导致辐射产生的电荷和寄生双极效应产生的电荷会传播得更远。

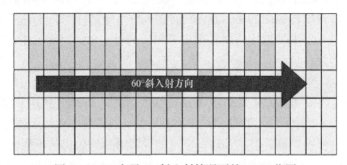

图 5.24　Xe 离子 60°斜入射情况下的 MCU 位图

5.4.3.3　获取空间特征

基于以上规律，就可以更加容易地通过实验来获取各种工艺下的单粒子空间特征。具体方法如下：

(1) 通过单粒子实验获得不同粒子、不同能量、不同角度、不同电压等条件下 MCU 数据和位置信息。

(2) 将实验获得的数据转换成单个时间的 MCU 位图，获得单粒子效应空间特征的边界。

(3) 结合 SRAM 的尺寸信息，获取不同条件下单粒子效应空间特征(影响空间范围)。

5.5　考虑单粒子加固的纳米电路多目标优化方法

在大规模数字电路的加固过程中，为了使具有某种功能的电路对软错误有免疫特性，最有效且直接的方法就是用高可靠电路单元(寄存器、组合逻辑等)替换其中的标准电路单元。然而，全面性的替换策略必然会导致电路在功耗、性能和面积等方面产生难以承受的负担。因此，如何得出优化的设计策略以实现各项指标的多目标优化是大规模电路加固过程中必须解决的关键问题。

本节将基于贝叶斯优化、遗传算法等机器学习方法阐述大规模电路加固设计的多目标寻优技术。

5.5.1　基于贝叶斯优化的时序电路多目标寻优框架

本小节阐述一个基于贝叶斯优化(Bayesian optimization)的电路级多目标寻优框架，解决了前述面向可靠性领域的协同优化问题。贝叶斯优化由于具有计算复杂度小等优点，被广泛应用于解决在定义参数空间内具有连续变量参数的黑盒优化问题[31-44]。本书提出的应用于容软错误电路的贝叶斯多目标优化框架如图 5.25 所示，主要分为两部分：①数据预处理；②多目标贝叶斯优化。数据预处理部分的功能主要在于对输入数据的降维和编码处理，以进一步减小计算复杂度。多目标贝叶斯优化部分首先基于贝叶斯神经网络(Bayesian neural network，BNN)表征电路性能参数(功耗、面积和软错误率)与输入变量之间的行为模型，随后引入NSGA-Ⅱ算法对代表寄存器最佳替换方案的帕累托最优前沿(Pareto optimal front，POF)进行求解。之后将分别对贝叶斯优化理论，以及优化框架的两部分做详细阐述。

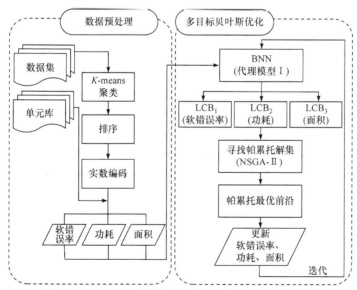

图 5.25　应用于容软错误电路的贝叶斯多目标优化框架

LCB 为低置信限

5.5.1.1　关键问题表征

三模冗余(TMR)寄存器是最常用的加固方法之一。如图 5.26 所示，TMR 寄存器将原始标准寄存器复制成三份并连接至一个表决器(voter),若冗余的三个寄存器中的任何一个发生电位翻转,由于表决器的表决机制,因此其输出端并不会发生翻转。其缺点也较为明显,即面积和功耗开销较大,这主要是由冗余的寄存器以及表决器导致的。

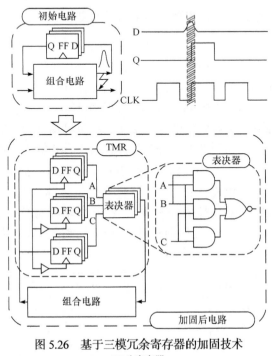

图 5.26 基于三模冗余寄存器的加固技术
FF 为寄存器

由此可知,将电路中全部寄存器替换成 TMR 寄存器是不现实的,原因是这会带来不可承受的面积和功耗开销。为了在功耗、面积以及软错误率(SER)之间取得权衡,其多目标优化问题可表示为

$$
\begin{aligned}
&\min_{x \in \Omega} \quad f(x)=\left[f_1(x) \ f_2(x) \ f_3(x)\right]^{\mathrm{T}} \\
&x=\begin{cases} 1, & \text{TMR替换} \\ 0, & \text{不改变} \end{cases}
\end{aligned}
\tag{5.1}
$$

式中,$x=[x_1 \ x_2 \ \cdots \ x_d]^{\mathrm{T}} \in \Omega \subseteq \Re^d$,表示二进制数,$d$ 表示电路中寄存器的总数;$f(x)=[f_1(x) \ f_2(x) \ f_3(x)]^{\mathrm{T}} \in \Theta \subseteq \Re^m$,表示容软错误电路的三个代价函数(面积、功耗以及软错误率函数)。

在多目标优化问题(multi-objective optimization problem,MOP)中,通常需要目标函数(objective function)。在此 MOP 中,电路中的每个寄存器都被视为

设计变量($x = [x_1\ x_2\ \cdots\ x_d]^T$)。然而，在实际大规模电路中，寄存器的数量是非常大的，决定对每个寄存器替换与否的优化问题也就是一个典型的离散问题。但由于其函数的变量较多，其优化过程在高维度空间内进行，计算代价与复杂度将会非常高。同时，该优化是一个黑盒优化问题，其寄存器与电路行为的表征难以用可视化函数来表示。因此，采用贝叶斯优化的方法来解决此多目标优化问题，以建立一个可扩展性更强并且能够在黑盒函数中找到帕累托最优前沿(POF)的模型。

5.5.1.2 数据降维与编码预处理

如上所述，多目标优化问题中的变量为电路中的所有寄存器，但若直接将这些寄存器作为模型输入，则其数据维度将非常大，使得计算复杂度急剧增大。同时，贝叶斯优化主要适用于连续变量，但 5.5.1.1 小节对多目标优化问题的表征显示，其变量为离散的。基于以上两点考虑，对输入数据进行预处理就显得非常必要。在这里，本节提出了一种新型的编码方法来满足连续变量的要求并降低输入数据的维度。该编码方法包括两部分：聚类(clustering)和排序(sequencing)。通过对数据进行编码处理，就可将冗长的离散二进制数组变成连续十进制数组。这是提高优化框架可扩展性的重要一环。在函数表达式(5.1)中，将是否用 TMR 寄存器替换标准寄存器表述为二进制形式：

$$x = \begin{cases} 1, & \text{TMR替换} \\ 0, & \text{不改变} \end{cases} \tag{5.2}$$

式中，$x = [x_1\ x_2\ \cdots\ x_d]^T \in \Omega \subseteq \mathfrak{R}^d$ 表示电路中的每个寄存器(FF)。

在进行预处理之前，需要获得三类数据，也就是优化的目标——面积、功耗与软错误率。其中，面积(area)和功耗(power consumption)通过电路综合软件 Design Compiler (DC)获得，软错误率则通过开源工具 BFIT 获得。

1) 基于 K-means 的聚类处理

通过 DC 和 BFIT 获得面积、功耗和软错误率数据库之后，该数据库输入为离散的二进制数，代表了电路中寄存器是否用 TMR 寄存器替换，其输出为三个电路参数(面积、功耗以及软错误率)。下一步是将这些寄存器基于对三个电路参数的贡献度进行聚类(clustering)处理，在这里选用了 K-means 聚类算法。K-means 是一种无监督机器学习(unsupervised machine learning)算法。其由于原理简单并且计算复杂度低等优点，被广泛应用于数据聚类处理。其原理如下所述。

给定一组观测值(x_1, x_2,$\cdots$, x_n)，其中每个观测值是一个 d 维实向量。K-means 聚类算法旨在将 n 个观测值划分为 $k(\leqslant n)$ 个集合 $S = \{S_1, S_2, \cdots, S_k\}$，其划分标准为最小化簇内平方和(within-cluster sum of square，WCSS)。数学上可以表达为

$$\arg\min_{S}\sum_{i=1}^{k}\sum_{x\in S_i}\left\|x-\mu_i\right\|^2 = \arg\min_{S}\sum_{i=1}^{k}\left|S_i\right|\mathrm{var}S_i \tag{5.3}$$

式中，μ_i 是 S_i 中点的平均值，也就等同于最小化同一簇中点的成对平方偏差。

图 5.27 直观地以一组数据聚类成三簇为例说明了 K-means 聚类处理过程。其过程以三个随机点作为质心($C1$、$C2$ 和 $C3$)开始(左上图)，随后将该三个质心分配给离它最近的簇，并且计算各个簇内点到簇内中心点的距离(右上图)。重新迭代更新质心(左下图)，直至满足迭代停止条件，得到最终的簇聚类图(右下图)。

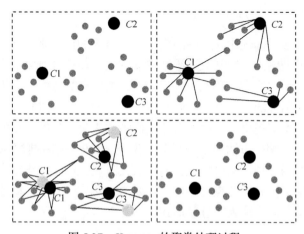

图 5.27 K-means 的聚类处理过程

然而，在进行 K-means 聚类过程之前，首先要确定 k 的值。在这里，结合平方误差和(sum of the squared errors，SSE)以及轮廓系数(silhouette coefficient)来确定簇的个数：

$$\mathrm{SSE} = \sum_{i=1}^{k}\sum_{p\in C_i}\left|p-m_i\right|^2 \tag{5.4}$$

式中，C_i 是第 i 个簇；p 是 C_i 中的样本点；m_i 是 C_i 中的质点(簇中所有样本点的平均值)；SSE 是一个簇中的平方误差和，代表了聚类效果的好坏。

轮廓系数的确定方法为

$$s(i) = \frac{b(i)-a(i)}{\max\left\{a(i),b(i)\right\}} = \begin{cases} 1-\dfrac{a(i)}{b(i)}, & a(i) < b(i) \\ 0, & a(i) = b(i) \\ \dfrac{b(i)}{a(i)}-1, & a(i) > b(i) \end{cases} \tag{5.5}$$

式中，$s(i)$ 为轮廓系数，其值越大，表示聚类效果越好；$a(i)$ 是样本点 i 到其他样本点的平均距离；$b(i)$是样本点 i 到其他簇中所有样本点平均距离的最小值。

2) 基于两翼包围算法的排序处理

通过聚类处理得到多组簇之后，需要对每个簇中的寄存器进行排序处理。其原因在于在多目标优化框架的第二部分，选用了贝叶斯神经网络(BNN)作为贝叶斯优化的代理模型(surrogate model)，基于对网络训练精确度等要求的考虑，就需要基于电路参数(面积、功耗以及软错误率)对每个簇中的寄存器进行排序处理。

多目标优化框架提出了一种名为两翼包围(two-wing enclosing)的新型排序算法，排序过程如图 5.28 所示，首先在某个簇中确定相距最远的两个样本点，分别称为表头(head)和表尾(tail)，在这里为 FF_1 和 FF_2，将它们分别放置于序列的最头部和最尾部。第二步确定距离表头和表尾最近的簇中样本点，称为排序第二轮的新表头(new head)和新表尾(new tail)，在这里为 FF_3 和 FF_4，分别将这两个寄存器放置于第一轮排序表头和表尾的旁侧。以此规则不断迭代更新，直至将簇中所有寄存器完成排序，该数组中的每一个数位都对应了簇中的寄存器。

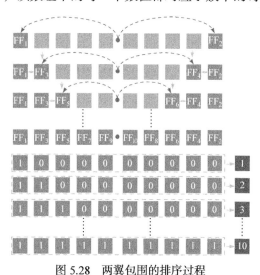

图 5.28　两翼包围的排序过程

依据图 5.25，在完成簇中寄存器排序之后，下一步就需要对该二进制数组进行实数编码处理，以完成模型输入变量从离散化到连续化的转变。实数编码规则如图 5.28 最后四行所示，可以看到，为了保证二进制数组实数编码后电路参数的平滑度，规定一个包含 n 个二进制数的数组只可以表示 n 个实数。因此，编码方式采用了用"1"连续放置的方法，这里的"1"代表了与之对应的标准寄存器被 TMR 寄存器替换。以此为例，若簇中 FF_1 被替换，该二进制数组实数编码之后就表示为十进制数 1，若簇中 FF_1 和 FF_3 被替换，那么该二进制数组就表示为十进制数 2，以此类推，若簇中的 10 个寄存器全部被替换，那么该数组实数编码后就表示为十进制数 10。这样，由于相邻的两个寄存器对三类电路参数贡献度相似，因此可以保证模型分别输入 1 和 2 后，其输出量有一个平缓的变化而不是急剧上升或者急剧下降。

二进制数组的实数化完成之后，就建立了一个新的数据库。在该数据库的一组数据中，输入为 k 个簇经过排序以及实数化之后的 k 个实数，而输出则为三个电路参数(面积、功耗和软错误率)。在经过基于排序以及实数化的编码处理之后，式(5.1)中表示的离散问题就变为一个连续问题，可以表示为

$$\min_{x \in \Omega} f(x) = [f_1(x)\ f_2(x)\ f_3(x)]^{\mathrm{T}} \tag{5.6}$$

式中，$x = [x_1\ x_2\ \cdots\ x_k]^{\mathrm{T}} \in \Omega \subseteq \mathfrak{R}^d$ 表示十进制数，k 是簇的总数；$f(x) = [f_1(x) f_2(x) \cdot f_3(x)]^{\mathrm{T}} \in \Theta \subseteq \mathfrak{R}^m$ 表示容软错误电路的三个目标函数(面积、功耗和 SER 函数)。

通过聚类、排序、编码等数据预处理后，输入数据的维度大大降低，使得计算复杂度大为降低。同时，该预处理将离散问题转变成连续问题，使之适应贝叶斯优化对变量连续的要求。

5.5.1.3　多目标贝叶斯优化

如 5.5.1.2 小节所述，经过数据预处理之后建立了一个全新的数据库，也就完成了多目标优化框架的第一部分。接下来，如图 5.25 所示，需要基于该数据库建立一个优化模型，这里称之为多目标贝叶斯优化(multi-objective Bayesian optimization)，整个优化过程基于贝叶斯优化方法。首先，采用贝叶斯神经网络(BNN)作为贝叶斯优化的代理模型。其次，将预处理步骤输出的数据库输入 BNN 中，用于在寄存器替换与三个设计指标之间建立三个后验概率分布(posterior probability distribution)。最后，采用低置信限(lower confidence bound，LCB)函数作为采集函数(acquisition function)来探索优化状态空间。然而，贝叶斯优化最初是用来解决单目标优化问题的，对于本书中解决三个电路指标的多目标优化问题，这里通过将 LCB 函数扩展为三个即可实现。每一个 LCB 函数表示为设计指标函数 $f(x)$ 的采集函数，每一个 LCB 函数的均值和方差可以通过对 BNN 的后验分布进行采集获得。最终，该优化问题就变成了如何搜索这三个 LCB 函数的 POF 解，在这里，利用 NSGA-Ⅱ算法来进行搜索，其搜索到的解代表电路中哪些寄存器被替换成加固寄存器。

然而，经过第一轮优化之后，NSGA-Ⅱ输出的解并不代表真正的最优解，也就意味着需要多轮迭代才能真正得到 POF 解(寄存器替换解)。在迭代过程中，NSGA-Ⅱ输出的每一轮最优解将被选择性地反馈并添加至 BNN 的初始训练数据库中。在达到特定的迭代条件后，最后一轮得到的最优解就是需要的经过最佳权

衡之后的寄存器替换解。

接下来,将重点阐述贝叶斯优化的过程及原理,包括代理模型的建立以及对采集函数 POF 解的搜寻等。

1) 基于 BNN 建立代理模型

通常情况下,基于高斯过程(Gaussian process,GP)对贝叶斯优化中的目标先验分布(prior distribution)进行建模。其主要特点是对每个设计指标进行单独建模,从而分割每种设计参数之间的关系。此外,GP 可以看作 BNN 的一种特殊形式,它只包含一个隐含层和无限个隐含单元,考虑到本章拟解决问题的目标为大规模数字电路,若代理模型只是基于一个隐含层,那么整个多目标优化框架将会非常耗时且会降低其精确度。BNN 能够对三个设计参数之间的隐含相关性进行建模,并且在隐含层的数量上有很大的可调性,故 BNN 更加适合于大规模容软错误电路设计的优化及建模。基于以上考虑,最后选择 BNN 作为代理模型。通过训练在数据预处理部分得到的全新数据库,得到了三个后验分布,该分布表示每个簇中寄存器的替换与三个设计参数(面积、功耗和软错误率)之间的概率关系。

如图 5.29 所示,与传统神经网络不同的是,BNN 的参数和预测的输出值并不是确定的值,而是基于概率密度函数(probability density function,PDF)的一个分布。

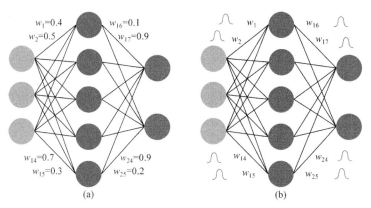

图 5.29　传统神经网络与贝叶斯神经网络对比
(a) 传统神经网格;(b) 贝叶斯神经网格

通过使用对抗性防御的方法,可以对 BNN 权重的后验概率进行采样,因此也就得到了 BNN 的整个训练模型。给定一个训练值 x,就可以得到三个设计参数对应的概率分布。对于数据集 $D = \{(x_i, f_i = f(x_i)) | i = 1, 2, \cdots, N\}$,给定任何新的 x,通过对 w 的分布进行采样,就可以得到相应的设计参数 $f = f(x)$:

$$p(f|x,\mathcal{D},\alpha,\beta) = \int p(f|x,w,\beta) \cdot p(w|\mathcal{D},\alpha,\beta) \mathrm{d}w \qquad (5.7)$$

式中,$w = [w_1, w_2, \cdots, w_W] \in \Re^W$,是 BNN 的权重;假设 w 服从高斯分布,α 是与

其分布相关的超参数，α^{-1} 和 β^{-1} 分别是服从 w 高斯分布和 $f(x)$ 高斯分布的方差。

2) LCB 函数作为采集函数并通过 NSGA-II 搜寻 LCB 函数的 POF 解

考虑到 LCB 函数具有简单的封闭形式并且不需要参考值，因此将它作为采集函数。LCB 函数可以写成：

$$\mathrm{LCB}(\boldsymbol{x}) = \mathrm{mean}\big[\boldsymbol{f}(\boldsymbol{x})\big] - K \cdot \mathrm{var}\big[\boldsymbol{f}(\boldsymbol{x})\big] \tag{5.8}$$

在本次优化中，将 K 设置为 0.01。为了适应优化目标为三个的特性，这里将 LCB 函数扩展至三个：

$$\mathrm{LCB_1}(\boldsymbol{x}),\ \mathrm{LCB_2}(\boldsymbol{x}),\ \mathrm{LCB_3}(\boldsymbol{x}) \tag{5.9}$$

其中每个 LCB 函数代表 BNN 中 $f(x)$ 的采集函数。

对于每个 LCB 函数的均值和方差，使用后验预测检查(posterior predictive check，PPC)方法来验证其模型。基于该方法，通过对 BNN 的后验概率采样可以获得一组设计参数值。通过计算这些参数值，可以找到每个 $f(x)$ 的均值和方差。也就是说，给定任意的 x，就可以计算式(5.9)中的 LCB 函数。

至此，优化问题已经变成对定义的三个 LCB 函数的多目标最小化问题。由于它们并不是黑盒函数，因此可以通过元启发式算法直接对其求 POF 解 $S_{D,1}$。这里采用常用的 NSGA-II 算法求解三个 LCB 函数。之后调用计算功耗、面积和软错误率的 EDA 工具来计算 POF 解的三个设计参数值。随后就得到了一个加强型数据库 $S_{P,1} = \{(\boldsymbol{x}_i, \boldsymbol{f}_i);\ \forall\ \boldsymbol{x}_i \in S_{D,1}\}$。输入 BNN 的训练集就可以通过 $D_1 = D_0 \bigcup S_{P,1}$ 更新。

上述优化过程中的不断迭代，使得生成的 POF 解更加接近真实解，也就是说其准确度通过该方法大大提高了。此外，BNN 作为代理模型的准确度也在提高，同时，LCB 的平均值更接近电路的真实性能参数，并且其方差也更趋向于 0。最后一轮迭代中得到的 POF 解即为寄存器替换方案。

值得注意的是，最终输出的 POF 解为函数式(5.7)的解，它们是连续的十进制数。真正的寄存器替换解在函数式(5.2)中，而它们是离散的二进制数。因此，需要一个逆转换的过程，其转换方法可通过编码部分的逆过程实现。

5.5.1.4　结果分析与对比

本多目标优化框架基于 Python 语言实现，其所有结果都是基于 ISCAS'89 基准电路得到的。电路的优化参数面积、功耗以及软错误率分别通过 Design Compiler 和 BFIT 基于 65nm CMOS 工艺获得。本小节结果分析主要分为三个部分，第一部分为数据预处理结果分析，包括聚类以及排序、编码等。第二部分为贝叶斯优化结果分析，包括贝叶斯优化结果的精确度与效能分析。第三部分是对多目标优化结果的分析。

1) 数据预处理结果分析

如前文所述，数据预处理部分包含两个步骤，分别为聚类和排序。图 5.30 和图 5.31 显示了在 s9234 基准电路上的预处理数据。为了更好地说明聚类和排序的效果，分别对聚类以及排序前后的电路参数做了对比。

图 5.30 对在 s9234 基准电路上进行聚类操作的过程进行了展示。图 5.30(a) 和 (b) 展示了对 k 值的确定过程，分别显示的是不同 k 值的 SSE 和轮廓系数。对于 SSE 来说，其曲线肘部在 $k=4$ 处，轮廓系数的最大值也在 $k=4$ 处。因此，综合 SSE 和轮廓系数两项指标，可以确定 k 值为 4，也就是需要将数据聚类成 4 簇。基于确定的 k 值，图 5.30(c) 和 (d) 显示了聚类前后的集群。可以很明显地看到，经过聚类之后，所有样本点基于欧氏距离分成了 4 簇，在这里用不同灰度表示不同簇中的样本点。

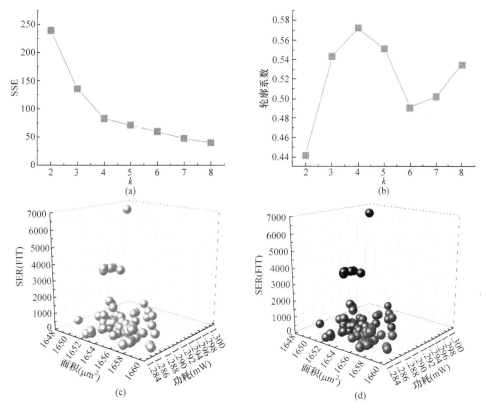

图 5.30　在 s9234 基准电路上进行聚类操作的过程
(a) 和 (b) 为聚类过程中对 k 值的确定过程；(c) 为聚类前的原始数据；(d) 为聚类后的数据

在聚类操作完成之后，下一步就是将每一个簇中的寄存器进行排序处理，以获得更好的数据平滑度。同样，这里以 s9234 基准电路为例说明其排序结果。为了更好地展示其平滑度，这里将三维示意图转换为二维示意图进行对比，三类参数的二维对比就是面积和功耗对比、面积和软错误率对比以及功耗和软错误率对比，但由于排序对功耗和面积的光滑度并没有直接的影响，故在此只列出了两个二维示意图，即功耗和软错误率对比、面积和软错误率对比，如图 5.31 所示。

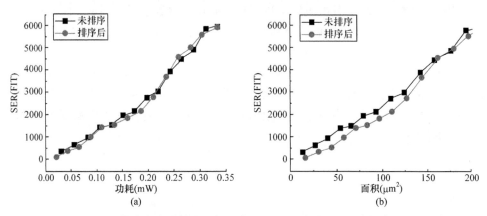

图 5.31　在一个簇中寄存器替换与否电路的 SER 和功耗、面积在排序前后的变化
(a) SER 和功耗对比；(b) SER 和面积对比

为了更好地量化排序的效果，在这里定义一个量化指标——平均斜率差 (average slope difference，ASD)来表示曲线的平滑度，该指标表示连接曲线上两个相邻点的线段斜率之差的平均值，数学上可表示为

$$ASD = \frac{\sum_{i=1}^{N}|K_i - K_{i+1}|}{N} \tag{5.10}$$

式中，N 表示曲线中点的总个数；K_i 表示第 i 条线段的斜率。不难看出，ASD 越小，曲线越光滑。

表 5.4 比较了两类二维设计参数的 ASD，可以发现，经过基于两翼包围算法的排序操作后，其曲线的光滑度有显著的下降趋势。对于面积和软错误率、功耗和软错误率，ASD 分别为 44%和 40%，表明排序效果较为明显。

表 5.4　排序前后两类二维设计参数的平均斜率差对比

分类	未排序	排序后	平均斜率差(%)
SER 和功耗	14415.134	8656.165	40
SER 和面积	21.223	11.868	44

2) 贝叶斯优化结果的精确度与效能分析

在该多目标优化框架中，第二步为通过贝叶斯多目标优化获得 POF 解，获得的 POF 解的精确度对整个多目标优化框架至关重要。在这里，将 S 度量(也称为 "超体积(hypervolume，HV)")作为精确度比较的量化指标，如图 5.32 所示。假设在二维性能空间内通过某一帕累托优化算法搜寻到一组帕累托最优点(Pareto optimal points)，即图中的黑点。其中，有一个参考点 R(图 5.32(a)中右上角点)作为性能最差并且远离搜寻到的最优点的点。接下来，根据搜寻到的点和参考点即可计算勒贝格测度(Lebesgue measure)，即图 5.32(a)中阴影区域，超立方体积也就被定义为该勒贝格测度的面积。类似地，HV 可以扩展到三维平面，在本章研究的多目标优化中，其优化目标为三类(面积、功耗和软错误率)，因此三维 HV 恰好适用于本优化问题的精确度比较，HV 指标越大，其优化的精确度也就越高。

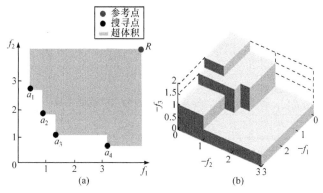

图 5.32 超体积(HV)评价指标的定义
(a) 二维平面的 HV 示意图；(b) 三维平面的 HV 示意图

如图 5.33 所示，基于三个基准电路(s5378、s9234 和 s13207)对三种优化方法进行 HV 指标的比较。其中，比较的搜寻点(found points)分别为由本章提出的优化方法搜寻到的最优点、由 BP-MOEA 优化方法搜寻到的最优点，以及从输入至

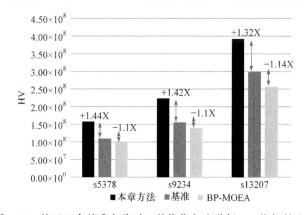

图 5.33 基于三个基准电路对三种优化方法进行 HV 指标的比较

BNN 训练的数据库中随机选择的点。这里将从数据库中随机选择的点的 HV 作为基准。从图中可以看到，基于贝叶斯优化的多目标优化方法精确度比基准提高了 44%左右，BP-MOEA 优化方法的精确度相较于基准降低了约 10%。一方面，这证明了 BP-MOEA 优化方法对较大的电路不具备可扩展性，导致在大规模电路中精确度会大大降低；另一方面，基于贝叶斯优化的多目标优化框架，由于进行了数据降维处理以及黑盒优化，从而更加适用于大规模容软错误电路的多目标优化设计，其搜寻到的 POF 解(寄存器替换解)的精确度也更高。

3) 基准电路的优化结果分析

为了获得本章提出的多目标优化框架对电路优化的效果，对 ISCAS 基准电路中三个电路的三个设计参数(面积、功耗和软错误率)展开了多目标优化，其优化结果如表 5.5 所示。由于该多目标优化框架产生了多个 POF 解，因此这里选择 SER 减小量更大且可接受的面积开销和功耗开销的解作为最终的优化结果。该表可以说明，软错误率(SER)平均降低了 71%，面积和功耗分别增加了 73%和 120%，其电路的可靠性大大增加。

表 5.5 ISCAS 基准电路的多目标优化结果 　　　　　　　　(单位：%)

电路	SER(−)	面积(+)	功耗(+)
s5378	80	81	146
s9234	70	68	120
s13207	64	70	94
平均	71	73	120

可以看到，最终的优化结果中面积开销和功耗开销都较大，这主要是由 TMR 寄存器本身的特点造成的。它的三份复制的结构特点导致大面积开销，以及动态功耗的增加。选择 TMR 寄存器的原因在于其简单性、稳定性以及广泛的应用。提出的优化框架独立于所选择的寄存器加固方法。除 TMR 寄存器外，其他寄存器加固方法也带有面积和功耗的额外开销，因此也同样适用于本优化框架。

5.5.2 组合电路多目标优化加固方法

门尺寸调整(Gate-Sizing)和三模冗余(TMR)是两种广泛应用于逻辑电路软错误加固的经典加固方法。Gate-Sizing 加固方法通过调整逻辑门尺寸来提高逻辑门抵抗粒子攻击的能力。较小尺寸的逻辑门具有较低的临界电荷，在受到辐射粒子攻击后更容易产生 SET 脉冲，如图 5.34(a)所示。较大的逻辑门具有足够大的存储电荷量，其固有惯性可以抑制 SET 脉冲的产生。但与此同时，较大尺寸的逻辑门会一定程度放大经其传播的 SET 脉冲，较小尺寸的逻辑门会一定程度缩小经其传播的 SET 脉冲，如图 5.34(b)所示。总的来说，增大逻辑门尺寸能抑制 SET 脉冲产生，减小逻辑门尺寸能抑制 SET 脉冲传播。

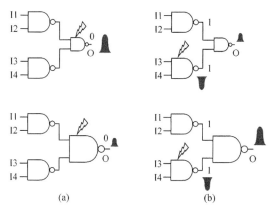

图 5.34　逻辑电路中门尺寸变化对 SET 的影响
(a) SET 脉冲产生；(b) SET 脉冲传播

  TMR 加固方法的具体实现方法如图 5.35 所示，先将目标电路复制成三份，再将三个电路的输出连接到一个表决器(voter)，最后用复制后的电路以及表决器这个整体替换原来的目标电路。表决器的真值表如图 5.35(b)所示，显然，表决器的输出状态是由表决器输入的多数状态决定的。TMR 加固方法就是利用表决器的多数表决功能，实现了复制后三个电路中任意一个电路出现错误时依旧能产生正确的输出。

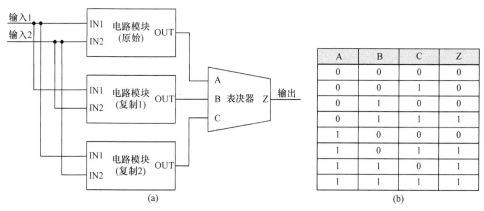

A	B	C	Z
0	0	0	0
0	0	1	0
0	1	0	0
0	1	1	1
1	0	0	0
1	0	1	1
1	1	0	1
1	1	1	1

图 5.35　TMR 加固方法的具体实现方法
(a) 三模冗余结构；(b) 表决器真值表

  TMR 加固方法因其高可靠性和易用性在工程和研究中被广泛应用。在过去大多数研究中，TMR 加固方法的应用方式都是将目标电路进行整体冗余，根据 TMR 加固原理能轻易地发现，这种整体冗余的应用方式必将带来巨大的面积开销。为了在降低 TMR 面积开销的同时利用 TMR 的高可靠性，Mahdiani 等[41]提出了一种根据电路功能利用电路内在错误容忍能力的加固方法。该方法确实能降低 TMR 应用带来的面积开销，但该方法严重依赖电路功能和结构，缺乏通用性和灵活性。Benites 等[42]提出了一种结合多种粒度的 TMR 加固方法和 Gate-Sizing 加固方法的综合加固架构，该加固架构能根据可靠性和面积开销灵活选择加固方法。然而，该加固架构的最细粒度的 TMR 加固方法依旧是整个组合电路。

　　因此，考虑研究一种通用的加固方法，该加固方法能对组合电路进行灵活的部分 TMR 加固，这样就能在利用 TMR 高可靠性的同时，减少 TMR 带来的过高面积开销。然而，在组合电路内部进行部分 TMR 加固时，大概率会在一个组合电路中产生多个 TMR 模块，从而引入多个表决器。例如，图 5.36 为待加固的原始电路，其中逻辑单元 B、D、E 和 G 为被选择加固的目标单元。如果对目标单元直接进行 TMR 加固，如图 5.37 所示，则需要在电路中增加四个表决器。然而，表决器被辐照粒子攻击后同样会产生 SET，并且表决器也会带来面积开销和延时开销。因此，如图 5.37 中为了加固 4 个逻辑单元而引入 4 个表决器是不可接受的。因此，如何在组合逻辑电路加固中保证灵活性的同时尽量减少表决器的数目是需要解决的关键问题。

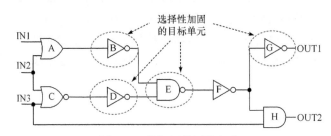

图 5.36　待加固的原始电路

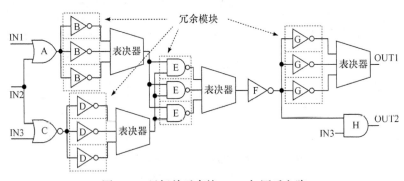

图 5.37　目标单元直接 TMR 加固后电路

　　本小节提出了一种通用高效的 TMR 加固方法(general efficiency TMR，GE-TMR)。GE-TMR 加固方法是 TMR 加固方法在组合电路中的细粒度拓展，实现了在组合电路内部进行灵活部分 TMR 加固，以适应多样化的设计裕量条件。GE-TMR 加固方法通过图论中最大连通子图(component)原理实现了表决器最少化。具体的 GE-TMR 加固方法的加固流程如图 5.38 所示。其中，图 5.38(a)为原始电路的图 $G_o(V, E)$，G_o 中的顶点 V 包含目标电路中所有的逻辑门和输入输出端，G_o 中的边 E 包含目标电路中所有逻辑门与逻辑门、逻辑门与输入输出端之间的连线。图 5.38(b)中，图 $G_H(V_H, E_H)$ 为图 G_o 基于所有待加固逻辑门构成的顶点集合($V_H = \{B,D,E,G\}$)得到的导出子图。根据最大连通子图的定义"在图 G 中存在若干子图，如果其中每个子图中所有顶点之间都是连通的，但在不同子图间不存在连通顶点，那么称图 G 的这些子图为最大连通子图"，图 G_H 中存在两个最大连通子图 component 1 和 component 2。接着，基于 G_H 中的两个最大连通子图，可以由每个最大连通子图中包含的逻辑门和连线构成两个独立的子电路。这样，如图 5.38(c)所示，便能将所有待加固逻辑门分成两个独立目标子电路。最后，以目标子电路为对象进行 TMR 加固，加固后电路如图 5.38(d)所示。可以发现，加固后电路只需添加 2 个表决器，相较于图 5.37 减少了一半。总的来说，GE-TMR 通过图论中最大连通子图原理，利用待加固逻辑单元间的电学连接关系，最大化地使待加固逻辑门共用表决器，增加了表决器的利用效率，减少了表决器数量。

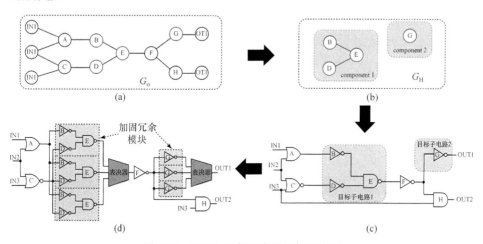

图 5.38　GE-TMR 加固方法的加固流程
(a) 原始电路的图；(b) 加固图及其最大连通子图；(c) GE-TMR 加固方法加固后的电路；(d) 加固逻辑单元分组

5.5.2.1　多目标优化

在实际的集成电路设计中，一个电路通常存在多个设计指标，往往不同设计指标的变化规律是有较大差异的，甚至是相反的。设计工程师常常需要根据设计要求和设计裕量对电路的多个指标进行权衡，选择最佳的设计策略。因此，电路设计往往是一个多目标优化问题。组合电路的软错误加固设计同样如此。组合电路的 3 个重要指标包括软错误率(SER)、面积和延时。本小节将以这 3 个指标为目标，设计多目标优化算法，并应用到 GE-TMR 和 Gate-Sizing 加固方法中，获得两种加固方法的最优解集。对比 2 种加固方法的最优解集，可以获知 2 种加固方法在不同设计指标上的优化特征，并帮助设计工程师在不同设计裕量下选择合适的加固策略。本小节采用的 SER 计算方法参考了 Chang 等[43]提出的 CASSER 算法，面积根据标准单元库中提供的标准单元面积计算获得，延时则由组合电路的最长路径延时(LPD)来量化。

5.5.2.2　SDON 多目标优化算法

基于经典的 NSGA-II 多目标优化算法设计了一款专门针对组合逻辑电路软错误加固优化的多目标优化算法——SDON 算法。SDON 算法改进了 NSGA-II 算法容易陷入局部收敛的问题。

图 5.39 为 SDON 多目标优化算法流程图。SDON 多目标优化算法通过向种

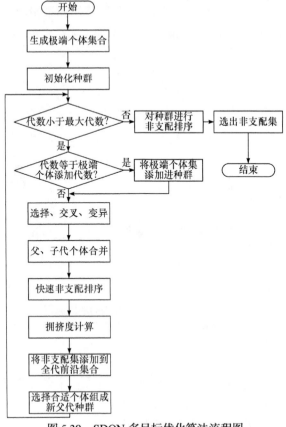

图 5.39　SDON 多目标优化算法流程图

群中添加极端个体方案(EXS)来改善种群的分布情况。EXS 可理解为对某种加固方法的最小加固方案(MinHS)和最大加固方案(MaxHS)，如表 5.6 所示。因为每个 EXS 在某 1 个或 2 个指标上都处于或近似处于极端最优值或最劣值，所以这些 EXS 均处于或接近整个帕累托(Pareto)最优前沿面的不同边缘处。因此，在种群中添加多个 EXS 能有效维持种群的全局性，以避免最终的 Pareto 解集陷入局部收敛。但是，将 EXS 过早地添加进种群中有可能会使种群受 EXS 的优势基因所支配，使种群陷入局部最优，劣化种群在解空间中部分解的质量。

表 5.6　GE-TMR 和 Gate-Sizing 加固方法的极端加固方案

极端加固方案	GE-TMR	Gate-Sizing
MinHS	不加固	所有逻辑单元选择最小尺寸
MaxHS	整个电路 TMR 加固	所有逻辑单元选择最大尺寸

图 5.40 展示了 SDON 算法在不同极端个体方案添加策略下对 GE-TMR 和 Gate-Sizing 加固方法的优化结果，每个优化结果均由 SDON 算法迭代 400 代后获得。图中目标电路为 ISCAS'85 中的基准电路 C2670。图中 SER 开销(overhead)、LPD 开销和面积开销的计算方法为

$$\text{Fitness Overhead}=\frac{C_v-O_v}{O_v} \tag{5.11}$$

式中，Fitness Overhead 为 SER 开销或 LPD 开销或面积开销，用于描述加固后电路相较于原始电路在某个指标上的变化量；O_v 为原始电路的 SER 值或 LPD 值或面积值；C_v 为加固后电路的 SER 值或 LPD 值或面积值。图 5.40 所示对比结果证

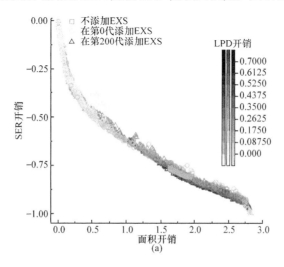

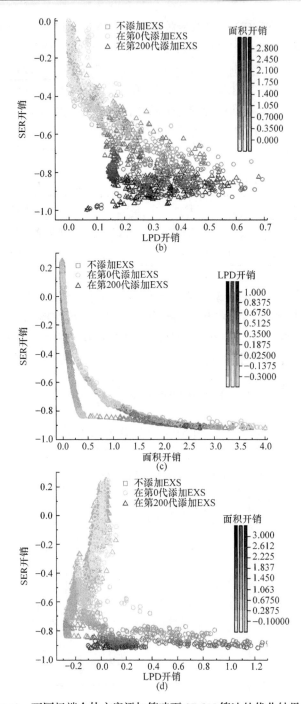

图 5.40　不同极端个体方案添加策略下 SDON 算法的优化结果对比

(a) GE-TMR: SER 开销和面积开销；(b) GE-TMR: SER 开销和 LPD 开销；(c) Gate-Sizing: SER 开销和面积开销；
(d) Gate-Sizing: SER 开销和 LPD 开销

明了 EXS 添加策略会显著影响 SDON 算法获得的最优解集的分布情况和解质量。当采用第 200 代添加 EXS 的策略时 SDON 算法能获得最佳的优化效果。因此，后续 SDON 算法的应用均采用第 200 代添加 EXS 的策略，一共迭代 400 代。

5.5.2.3　SDON 多目标优化算法应用

首先，基于 65nm CMOS 工艺和 ISCAS'85 基准电路，将 SDON 多目标优化算法应用于 GE-TMR 和 Gate-Sizing 加固方法中，获得的优化结果如图 5.41 所示。从图 5.41 中能够发现，当面积开销<1.5 时，Gate-Sizing 相较于 GE-TMR 有更低的 SER 和 LPD(在可靠性和延时上有更好的表现)；当 1.5 <面积开销< 2.0 时，GE-TMR 在可靠性优化能力上开始赶上 Gate-Sizing，但延时依旧明显大于 Gate-Sizing；当面积开销> 2.0 时，GE-TMR 的可靠性增益开始超过 Gate-Sizing，延时也逐渐接近 Gate-Sizing。这个结果证明，GE-TMR 相较于 Gate-Sizing 更适合大量组合逻辑门需要被加固的情形(有较大面积裕量时，面积开销>2.0)。Gate-Sizing 则更适合在较小面积裕量条件下使用(面积开销< 0.5)，并且 Gate-Sizing 在大多数情况下都能一定程度降低电路延时。

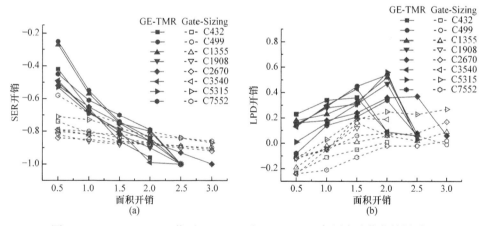

图 5.41　65nm CMOS 工艺下 GE-TMR 和 Gate-Sizing 加固方法优化结果对比
(a) SER 开销和面积开销；(b) LPD 开销和面积开销

1) GE-TMR 和 Gate-Sizing 混合加固

由于在面积开销> 0.5 时，Gate-Sizing 的可靠性优化能力明显不足，而在面积开销<2.0 时，GE-TMR 的优化能力较差且延时开销高，因此可以考虑在(0.5, 2.0)的面积开销区间内通过采用同时使用 GE-TMR 和 Gate-Sizing 的方法来寻找更佳的加固方案。

考虑到直接将 GE-TMR 和 Gate-Sizing 混合应用到 SDON 算法中会使解空间过大，使得算法难以在有限时间内收敛。因此，采用先进行 GE-TMR 加固，在得到的解集中挑选一个加固方案，再在这个方案的基础上进行 Gate-Sizing 加固的方法来同时使用两种加固方法，称该方法为 MIX 加固方法，其优化架构如图 5.42 所示。在 MIX 加固方法中，GE-TMR 加固优化解集中面积开销等于 Area_rate 的解将作为 Gate-Sizing 加固优化过程的初始电路。

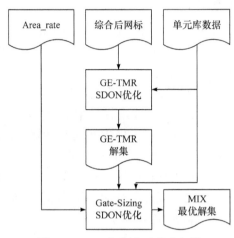

图 5.42　MIX 加固方法优化架构

表 5.7 和图 5.43 呈现了 65nm CMOS 工艺下 GE-TMR 单独加固、Gate-Sizing 单独加固和 Area_rate =0.25 及 Area_rate =0.5 的 MIX 加固优化结果。从图 5.43 可以发现，MIX 加固方法在 1.0 < 面积开销 < 2.0 范围内确实能够提供比 GE-TMR 独立加固和 Gate-Sizing 独立加固更高的可靠性增益，通过图 5.43 也能发现 MIX 加固方法在该范围内的延时开销明显小于 GE-TMR 单独加固。这证明 MIX 加固方法是非常有效的加固方法，同时证明综合应用多种加固方法确实是有价值的加固方案。

表 5.7　65nm CMOS 工艺下 GE-TMR、Gate-Sizing 和 MIX 应用到 ISCAS'85 基准电路的平均优化结果

面积开销	GE-TMR		Gate-Sizing		MIX 0.25		MIX 0.5	
	LPD 开销	SER 开销	LPD 开销	SER 开销	LPD 开销	SER 开销	LPD 开销	SER 开销
0.5	0.12	−0.43	−0.17	−0.76	0.13	−0.57	0.17	−0.37
1.0	0.24	−0.64	−0.06	−0.80	0.10	−0.83	0.05	−0.81
1.5	0.33	−0.78	0.07	−0.83	0.20	−0.88	0.17	−0.88
2.0	0.37	−0.88	0.09	−0.85	0.19	−0.92	0.28	−0.92
2.5	0.11	−0.99	0.07	−0.87	0.11	−0.94	0.23	−0.95
3.0	0.06	−1.00	0.11	−0.89	—	—	0.18	−0.97

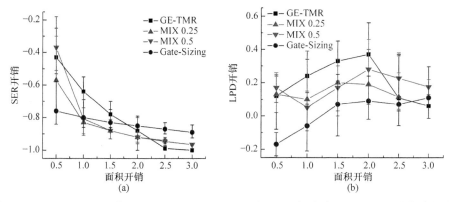

图 5.43　65nm CMOS 工艺下 GE-TMR、Gate-Sizing 和 MIX 应用到 ISCAS'85 基准电路的平均

优化结果对比

(a) SER 开销与面积开销；(b) LPD 开销与面积开销

2) 工艺对 GE-TMR 和 Gate-Sizing 加固方法的影响

在不同的工艺条件下，逻辑单元有着不同的器件结构，对辐射粒子的敏感性也完全不同。因此，探究工艺变化对 GE-TMR 和 Gate-Sizing 加固方法具体加固特征表现的影响是十分必要的。因此，本小节对比了 GE-TMR 和 Gate-Sizing 在 65nm 和 28nm 两种工艺下的加固优化结果。

图 5.44 为 28nm 和 65nm 工艺下 GE-TMR 和 Gate-Sizing 两种加固方法的优化结果。从图 5.44(b)可以发现，GE-TMR 整体的延时开销在 28nm 工艺下更低，这应该得益于工艺自身的器件性能提升。从图 5.44(a)可以发现，Gate-Sizing 在 28nm 工艺下的可靠性增益普遍比 65nm 工艺下更高(SER 开销更小)；GE-TMR 则与此相反，在 28nm 工艺下的可靠性增益反而变小了。通过仔细分析实验数据发现，GE-TMR 优化能力下降的主要原因来自于工艺对表决器的影响。因为本章所

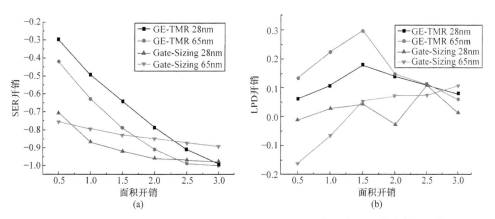

图 5.44　28nm 和 65nm 工艺下 GE-TMR 和 Gate-Sizing 加固方法的优化结果比较

(a) SER 开销和面积开销；(b) LPD 开销和面积开销

有实验中采用的表决器均由标准逻辑器件搭建而成，而同样类型的器件单元随着工艺尺寸减小，其敏感性显著增强，为了使表决器的 SER 不至于比电路中逻辑单元更大，在 28nm 工艺中使用了比 65nm 工艺中更大尺寸型号的器件来搭建表决器。这就使得 28nm 工艺中表决器与电路逻辑单元的面积之比明显大于 65nm 工艺。因此，想要在 28nm 工艺中获得和 65nm 工艺相同的可靠性增益，需要更大的面积开销。

为了验证表决器对 GE-TMR 加固优化效果的影响，将剔除表决器面积后 GE-TMR 优化结果加入了比较，如图 5.45 所示。结果表明，剔除表决器面积后，在相同面积开销时，28nm 和 65nm 工艺电路中采用 GE-TMR 加固方法，SER 优化能力是接近的。这证明了表决器面积和 SER 确实是影响 GE-TMR 加固方法加固效果的关键因素。因此，通过定制小尺寸且可靠性高(对辐射粒子不敏感)的表决器可以有效提高 GE-TMR 加固方法的加固效果。

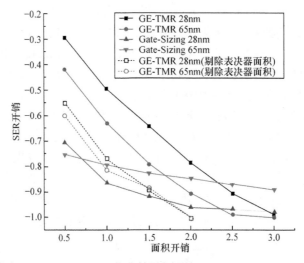

图 5.45　剔除表决器面积后 GE-TMR 优化结果与原始 GE-TMR、Gate-Sizing 优化结果对比

5.6　本章小结

本章提出了单粒子效应时空特征的概念和内涵，介绍了纳米电路单粒子时空特征的测量分析方法，给出了实验结果，总结了纳米电路单粒子时空特征的尺度和一般规律，为纳米电路的单粒子加固提供了数据和方法支撑。本章提出并着重介绍了考虑单粒子加固的多目标优化方法，并分别针对时序电路和组合电路提供了优化设计策略，为纳米大规模抗辐射集成电路的综合优化设计提供了重要方法和手段。

参 考 文 献

[1] GADLAGE M J, AHLBIN J R, NARASIMHAM B, et al. Scaling trends in SET pulse widths in sub-100nm bulk CMOS processes [J]. IEEE Transactions on Nuclear Science, 2010, 57(6): 3336-3341.

[2] YUE S, ZHANG X, ZHAO X, et al. Single-event transient pulse width measurement of 65-nm bulk CMOS circuits[J]. Journal of Semiconductor, 2015, 36 (11): 115006 (1-4).

[3] AHLBIN J R, MASSENGILL L W, BHUVA B L, et al. Single-event transient pulse quenching in advanced CMOS logic circuits[J]. IEEE Transactions on Nuclear Science, 2009, 56(6): 3050-3056.

[4] GLORIEUX M, EVANS A, FERLET-CAVROIS V, et al. Detailed SET measurement and characterization of a 65nm bulk technology[J]. IEEE Transactions on Nuclear Science, 2017, 64(1): 81-88.

[5] 李同德, 赵元富, 王亮, 等. 28nm 体硅工艺组合逻辑电路单粒子瞬态脉冲宽度研究[J]. 现代应用物理, 2022, 13 (1): 105-109.

[6] LIU J, ZHAO Y, WANG L, et al. High energy proton and heavy ion induced single-event transient in 65-nm CMOS technology [J]. Science China Information Sciences, 2017, 60: 120405(1-3).

[7] CHI Y, SONG R, SHI S, et al. Characterization of single-event transient pulse broadening effect in 65nm bulk inverter chains using heavy ion microbeam[J]. IEEE Transactions on Nuclear Science, 2017, 64(1): 119-124.

[8] 孙雨. 22 纳米 FDSOI 数字集成电路单粒子瞬态效应研究[D]. 北京: 中国运载火箭技术研究院, 2022.

[9] QIN J, CHEN S, LIANG B, et al. Voltage dependency of propagating single-event transient pulsewidths in 90-nm CMOS technology [J]. IEEE Transactions on Device and Materials Reliability, 2014, 14(1): 139-145.

[10] HOFBAUER M, SCHWEIGER K, ZIMMERMANN H, et al. Supply voltage dependent on-chip single-event transient pulse shape measurements in 90-nm bulk CMOS under alpha irradiation[J]. IEEE Transactions on Nuclear Science, 2013, 60(4): 2640-2646.

[11] CHEN S, LIANG B, LIU B, et al. Temperature dependence of digital SET pulse width in bulk and SOI technologies [J]. IEEE Transactions on Nuclear Science, 2008, 55(6): 2914-2920.

[12] GADLAGE M J, AHLBIN J R, NARASIMHAM B, et al. Increased single-event transient pulsewidths in a 90-nm bulk CMOS technology operating at elevated temperatures [J]. IEEE Transactions on Device and Materials Reliability, 2010, 10(1): 157-163.

[13] NASEER R, DRAPER J. DF-DICE: A scalable solution for soft error tolerant circuit design[C]. IEEE International Symposium on Circuits and Systems, Kos, Greece, 2006: 3890-3893.

[14] 王亮, 岳素格, 孙永姝. 一种单粒子翻转机制及其解决方法[J]. 信息与电子工程, 2012, 10 (3): 355-358.

[15] WANG L, LI Y, YUE S, et al. Single-event effects on hard-by-design latches[C]. European Conference on Radiation and its Effects on Components and Systems, Deauville, France, 2007: 1-4.

[16] WANG L, YUE S, ZHAO Y, et al. An SEU-tolerant programmable frequency divider[C]. Proceedings of 8th International Symposium on Quality Electronics Design, San Jose, USA, 2007: 899-904.

[17] NAN H, CHOI K. Low cost and highly reliable hardened latch design for nanoscale CMOS technology [J]. Microelectronics Reliability, 2012, 52(6): 1209-1214.

[18] POPP J. Developing radiation hardened complex system on chip ASICs in commercial ultra deep submicron CMOS processes [OL]. Denver: IEEE NSREC Short Course, 2010.

[19] LEE H H K, LILJA K, BOUNASSER M, et al. LEAP: Layout design through error-aware transistor positioning for

soft-error resilient sequential cell design [C]. IEEE International Reliability Physics Symposium, Anaheim, USA, 2010: 203-212.

[20] ZHOU Q, MOHANRAM K. Transistor sizing for radiation hardening [C]. Proceedings 2004 IEEE International Reliability Physics Symposium, Phoenix, USA, 2004: 310-315.

[21] ZHAO Y, YUE S, ZHAO X, et al. Single-event soft error in advanced integrated circuit[J]. Journal of Semiconductors, 2015, 36(11): 1-14.

[22] CASEY M C, BHUVA B L, BLACK J D, et al. HBD using cascode-voltage switch logic gates for SET tolerant digital designs[J]. IEEE Transactions on Nuclear Science, 2005, 52 (6): 2510-2515.

[23] 王亮. 通过互补偏置晶体管(CBT)减轻 CMOS 逻辑中的单粒子翻转和单粒子瞬态[C]. 2019 年航天科技九院学术交流会, 北京, 中国, 2019: 1-4.

[24] BALASUBRAMANIAN A, BHUVA B L, BLACK J D, et al. RHBD techniques for mitigating effects of single-event hits using guard-gates[J]. IEEE Transactions on Nuclear Science, 2005, 52(6): 2531-2535.

[25] LIU L, YUE S, LU S, et al. A four-interleaving HBD SRAM cell based on dual DICE for multiple node collection mitigation[J]. Journal of Semiconductors, 2015, 36(11): 97-100.

[26] WHITAKER S, CANARIS J, LIU K, et al. SEU hardened memory cells for a CCSDS reed-solomon encoder[J]. IEEE Transactions on Nuclear Science, 1991, 38(6): 1471-1477.

[27] LIU M N, WHITAKER S. Low power SEU immune CMOS memory circuits[J]. IEEE Transactions on Nuclear Science, 1992, 39 (6): 1679-1684.

[28] BESSOT D, VELAZCO R. Design of SEU-hardened CMOS memory cells: The HIT cell[C]. Radiation and its Effects on Components and Systems, Saint Malo, France, 1993: 563-570.

[29] JAGANNATHAN S, LOVELESS T D, BHUVA B L, et al. Single-event tolerant flip-flop design in 40-nm bulk CMOS technology[J]. IEEE Transactions on Nuclear Science, 2011, 58(6): 3033-3037.

[30] 王亮, 赵元富, 岳素格, 等. 两个低开销抗单粒子翻转锁存器[J]. 微电子学与计算机, 2007, 24(12): 221-224.

[31] LYU W, YANG F, YAN C, et al. Multi-objective bayesian optimization for analog/RF circuit synthesis [C]. 2018 55th ACM/ESDA/IEEE Design Automation Conference (DAC), San Francisco, USA, 2018: 1-6.

[32] Design Compiler NXT [OL]. [2021-08-25]. https: //www. synopsys. com/implementation-and-signoff/rtl-synthesis-test.

[33] HOLCOMB D, WEN C, SESHIA S A. Design as you see FIT: System-level soft error analysis of sequential circuits [C]. Automation Test in Europe Conference Exhibition Design, Nice, France, 2009: 785-790.

[34] LU Z, PU H, WANG F, et al. The expressive power of neural networks: A view from the width[J]. Neural Information Processing Systems, 2017, 30: 6231-6239.

[35] NEAL R M. Bayesian Learning for Neural Networks [M]. Berlin: Springer, 1996.

[36] KUCUKELBIR A, BLEI D M, GELMAN A, et al. Automatic differential variational inference [J]. JMLR, 2017, 18(1): 430-474.

[37] ISCAS89 Sequential Benchmark Circuits [OL]. [2021-08-27]. https: //filebox. ece. vt. edu/~mhsiao/ iscas89. html.

[38] CUSTÓDIO A L. Recent developments in derivative-Free multiobjective optimisation[J]. Computational Technology Reviews, 2012, 5(1): 1-31.

[39] RAO R R, BLAAUW D, SYLVESTER D, et al. Soft error reduction in combinational logic using gate resizing and flip flop selection [C]. 2006 IEEE/ACM International Conference on Computer Aided Design, San Jose, USA, 2006: 502-509.

[40] RAJI M, SABET M A, GHAVAMI B, et al. Soft error reliability improvement of digital circuits by exploiting a fast gate sizing scheme[J]. IEEE Access, 2019, 7: 66485-66495.

[41] MAHDIANI H R, FAKHRAIE S M, LUCAS C. Relaxed fault-tolerant hardware implementation of neural networks in the presence of multiple transient errors[J]. IEEE Transactions on Neural Networks and Learning Systems, 2012, 23(8): 1215-1228.

[42] BENITES L A C, KASTENSMIDT F L. Automated design flow for applying triple modular redundancy(TMR)in complex digital circuits[C]. 2018 IEEE 19th Latin-American Test Symposium (LATS), Sao Paulo, Brazil, 2018: 1-4.

[43] CHANG A C C, HUANG R H M, WEN C H P, et al. CASSER: A closed-form analysis framework for statistical soft error rate[J]. IEEE Transactions on Very Large Scale Integration(VLSI) Systems, 2013, 21(10): 1837-1848.

[44] 谭驰誉, 李炎, 程旭, 等. 三模冗余与门尺寸调整在不同工艺中的加固特征比较[J]. 现代应用物理, 2022, 13 (1): 157-163.

第6章 重离子辐照实验技术

6.1 引　言

单粒子效应的实验研究方法主要包括在轨实验和地面模拟实验[1]。在轨实验需要在太空中搭载电子元器件进行实验，数据准确、环境真实，但成本极高、实验机会极少[2]。因此，国际上较常用的研究方法是利用地面加速器的离子束流来模拟空间的辐射环境，通过地面辐射试验获取器件在不同 LET 值下的效应截面曲线，结合空间辐射环境模型预估器件的在轨错误率[3]。该研究方法具有成本相对较低、更换实验条件相对简单、模拟空间辐射环境相对真实的优点，但与真实的空间辐射环境仍有一定差距，主要体现在真实环境中的辐射粒子能量更高、能量分布更广、粒子种类更多等。

地面模拟实验主要包括微束和宽束两种辐照方式，微束辐照侧重于单粒子效应的微观机理研究，宽束辐照侧重于器件的宏观性能评估。本章以重离子微束辐照为主，对其中的关键技术和各项应用进行详细介绍，同时介绍宽束辐照的相关内容作为补充。6.2 节介绍重离子辐照实验技术的一些基本概念和装置，以及不同类型辐照技术的区别和应用范围；6.3 节介绍重离子微束辐照中的关键技术和实验方法，包括辐照平台搭建、单粒子瞬态测试技术和单离子辐照实验方法等；基于上述实验技术和方法，微束辐照和宽束辐照在各自擅长的领域都有广泛应用，在6.4 节对此进行详细介绍；6.5 节给出新型微束技术的研究进展和发展前景，新型微束技术可以弥补传统微束技术的一些不足之处；6.6 节对本章进行总结。

6.2 重离子辐照实验技术概述

为了深入研究单粒子效应的微观物理机制，确保抗辐射加固芯片的设计更具针对性，采用束流尺寸与芯片特征尺寸相当的重离子微束进行辐照实验研究是最有效的手段之一[4]。传统的基于加速器常规束流的单粒子试验方法一般使用较大面积的束斑(毫米或厘米量级，一般称为"宽束")照射整个芯片，从宏观上获取反应截面等信息，这样测量得到的器件响应是所有受到辐照的结区以及电路的综合效应，因此可以对器件的整体抗辐射性能进行有效评估。与传统宽束试验方法相比，重离子微束是在微米及更小尺度上定位器件单粒子效应的敏感区，从而直接获得截面数据，同时微束还能帮助人们理解电荷产生、输运和收集的微观机制。

具体来说，重离子微束的目的就是找出单粒子效应的细节。其应用主要体现在三个方面。第一是单粒子效应的具体过程。有时离子辐照器件后产生的收集电荷并不足以引起翻转等单粒子效应，但足够引起瞬态电流和收集电荷等过程量的变化，这些变化可能会导致后续翻转等现象的产生，开展微束实验可以加深对单粒子效应发生过程的理解。第二是对单元内部或结区内部的"敏感位置"进行研究。例如，6T SRAM 器件发生单粒子翻转(SEU)时，传统 SEE 宽束试验方法或许可以根据地址转换关系指出翻转单元的位置，但每个单元由 6 个晶体管构成，并不能找到具体是单元内部的哪一个晶体管导致的翻转，微束实验则可以协助定位这个晶体管的准确位置，从而为翻转的原因提供物理解释。第三是对芯片整体"敏感区域"的划分。芯片功能复杂，一般由多个区域或模块组成，使用重离子微束对不同区域进行扫描辐照，就可以找出哪些区域对单粒子效应更为敏感，获得这些区域的单粒子效应截面，从而提出有针对性的加固措施。因此，利用重离子微束开展单粒子效应研究具有重要意义，可以为深刻理解单粒子效应机理，提高抗辐射芯片加固的设计水平、工艺研究水平以及加固性能评估水平提供技术支撑。除了在辐射效应领域，微束技术在材料分析、质子束刻写和细胞辐射响应等其他领域也有大量跨学科应用[5]。

重离子辐照装置产生微束的方法主要有两种：聚焦型微束——利用电磁元件(如磁四极透镜组)将束流聚焦成微米或亚微米束；针孔型微束——利用针孔准直器将大部分入射粒子挡住，仅让极少粒子通过狭小针孔辐照样品以限制束流。两种方法各有优缺点。聚焦型微束的优点是对能量较低(一般用 keV 或 MeV 作单位)、质量较小(质量数< 50)的离子有强聚焦能力，能够将束斑聚焦至纳米量级。但是，聚焦型微束建造难度大、周期长，对束流品质和束流光学的要求十分苛刻，尤其是对于单粒子效应地面模拟试验中最常用的中高能重离子而言，聚焦型微束难以将束斑缩小至微米量级以下。针孔型微束的优点是设备投资少、见效快、重离子的质量和能量不受限制，缺点是碍于针孔工艺，尺度很难达到微米量级以下。

最早报道的离子微束研究发生在 1953 年，美国芝加哥大学的研究人员首次获得了 1MeV 的质子微束并开展了细胞辐照实验，束斑的尺寸为 2.5μm[6]。早期的微束装置主要使用低能离子或质子，后来随着技术的发展，重离子微束装置也逐渐建立起来。1980 年德国率先建立了世界上第一台重离子微束装置，并在 1990 年首次将其应用于单粒子效应研究[7]。目前国际上有 50 多个实验室拥有加速器微束装置，主要在美国、欧洲、日本等发达国家和地区。国内应用于单粒子效应研究的微束装置主要有两台，分别是中国原子能科学研究院基于 HI-13 串列加速器建立的针孔型重离子微束辐照装置和中国科学院近代物理研究所基于

HIRFL 建立的聚焦型重离子微束装置(LIHIM)。表 6.1 给出了国际上用于单粒子效应研究的部分微束装置。国内外研究人员利用上述微束辐照装置开展了较为深入的单粒子效应研究，在电荷收集[8]、多位翻转[9]、瞬态脉冲[10]、单粒子效应敏感区定位[11]等方面取得了多项研究成果。

表6.1　国际上用于单粒子效应研究的部分微束装置

所属机构	微束类型	束斑尺寸(μm)
德国亥姆霍兹重离子研究中心(GSI)	聚焦型微束	约1
日本原子能研究所(JAERI)	聚焦型微束	约1
日本大阪国家工业研究所(GIRIO)	聚焦型微束	10
澳大利亚墨尔本大学离子束微束技术实验室(MARC)	聚焦型微束	4
美国 IBM 研究实验室	针孔型微束	2.5
美国海军研究实验室(NRL)	针孔型微束	2.5
美国北得克萨斯州大学	针孔型微束	1.8
美国圣地亚国家实验室(SNL)	聚焦型微束	约1
中国原子能科学研究院	针孔型微束	1～2
中国科学院近代物理研究所	聚焦型微束	1～2

6.2.1　聚焦型重离子微束辐照

聚焦型微束的基本原理如下所述，束流经过物狭缝和像狭缝整形，形成一根很细的束流，再经过四极透镜的聚焦，将微米级束斑聚焦在样品上，见示意图 6.1。图中，C 为光阑，实线束流为微束的水平方向示意图，虚线束流为微束的垂直方向示意图，L 为四极透镜，将束流从水平方向和垂直方向聚焦至样品。从四极透镜边缘到样品的距离约为 10cm。实际的聚焦型微束装置中还会有偏转磁铁、开关磁铁、荧光屏和法拉第筒等一系列束流控制和束流诊断工具。

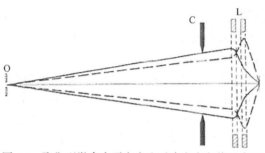

图 6.1　聚焦型微束水平方向和垂直方向包络示意图

中国科学院近代物理研究所基于 HIRFL 建造的微束辐照装置 LIHIM 是典型

的聚焦型微束装置，其结构如图 6.2 所示。该微束可以使用 HIRFL 扇聚焦加速器
(SFC)输出的束流和能量更高的经过分离扇加速器(SSC)加速的束流，离子种类从
C 到 U，离子能量为 7～100MeV·u^{-1}。该装置是目前国际上已经建成的能量最高
的微束装置，可同时应用于器件和生物辐射效应，目前取得的较好成果是将总能
量为 1GeV 的 C 离子在大气中聚焦为 1μm×2μm(流强半高宽)的束斑，达到国际
先进水平。目前该装置的配套系统正在不断完善，并开展了一系列交叉学科研
究工作[12]。LIHIM 束线由水平段和垂直段两部分组成，经过两次聚焦。束流从
水平段引入微束束线，经过初级聚焦组合后依次通过物狭缝、二极铁偏转以及消
色差处理，之后进入垂直段束线。垂直段束流经过抗散射狭缝后，用终端聚焦磁
铁组合对束流进行二次聚焦，最后在出口位置获得微米尺寸的束斑。微束装置的
设计指标是束斑直径在真空环境下达到 1μm，在大气环境下达到 2μm[12]。

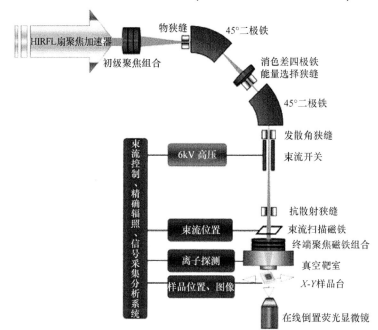

图 6.2　LIHIM 聚焦型微束装置结构示意图[5]

　　LIHIM 装置依托 HIRFL 加速器，离子的射程大、LET 值选择范围宽，具备
完善的单粒子效应分析系统，具有待测器件(DUT)定位、离子辐照、信号采集分
析等功能，为国内外研究人员开展单粒子效应辐照实验以及物理机制研究提供了
良好的条件[12]。

6.2.2　针孔型重离子微束辐照

　　针孔型微束结构如图 6.3 所示。平行束流从左至右入射，穿过针孔后形成微

束，针孔后放置样品进行辐照。针孔前可先放置尺寸较大的预准直孔对束流进行初步限制和定位，针孔的位置固定，通过样品运动的方式来完成扫描。

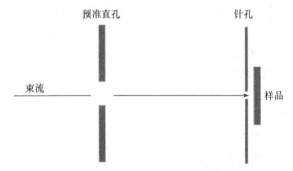

图 6.3 针孔型微束结构示意图

由于针孔型微束是束流通过针孔形成的，因此微束的形状和尺寸主要由针孔性能决定。目前市场上的商用针孔，采用的工艺有激光打孔和电火花打孔，激光打孔的尺度更小。但是，商用针孔均非理想的圆柱形，而为漏斗形。例如，Newport 公司标称直径 1μm、厚 12.5μm 的激光针孔，实际仅出口孔径为 1μm，入口孔径为 2.5μm。离子束穿过出入口直径不一致的针孔后能量会发生改变，同时散射的离子也会使准直束的尺寸增加，不能满足辐照需求。因此，尺度更小的针孔只能通过人工定制或自行研制的方式获得。另外，在其他研究领域，如细胞辐射生物学领域，也有研究人员使用毛细玻璃管的方式实现了微束辐照。

中国原子能科学研究院依托 HI-13 串列加速器建成的微束辐照装置是典型的针孔准直型微束装置，研究人员使用不锈钢片自行研制的针孔，其最小尺度为 1.5~2.5μm，是目前同类型装置中的最高水平[4]。图 6.4 和图 6.5 分别为该装置的结构示意图和实物图。

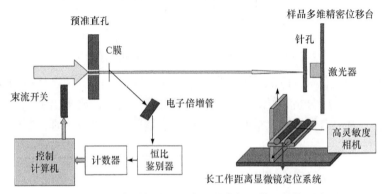

图 6.4 HI-13 串列加速器重离子微束辐照装置结构示意图

图 6.5　HI-13 串列加速器重离子微束辐照装置实物图

　　整个装置主要由微束产生装置、微束定位装置、束流注量监测装置、样品多维精密位移台和后端可集成的单粒子效应测试装置组成。各个装置均安装在相互独立的移动平台上，各平台的移动可由计算机进行远程控制。微束产生装置首先由毫米量级的预准直孔进行初步限制，然后使用不同尺寸的微米级针孔对束流进行限制，获得最小达微米量级的束斑；微束定位装置使用长工作距离显微镜定位系统和高灵敏度相机对针孔和样品进行准直和定位；束流注量监测装置通过间接测量方法，对离子注量率进行实时监测；样品多维精密位移台为聚对苯二甲酸乙二醇酯(polyethylene terephthalate，PET)膜、芯片等实验样品预留了安装位置，同时装有金硅面垒探测器和用于辅助定位的激光器。

　　基于此针孔型微束装置，研究人员开展了 SRAM 敏感区定位[13]、SoC 芯片敏感区域分布[14]、瞬态脉冲机理[15]等一系列研究，有力促进了人们对单粒子现象的深入理解。

6.2.3　重离子宽束辐照

　　传统的单粒子效应实验大都是通过宽束辐照的方式开展的。纵观单粒子效应的发展历史，重离子微束技术其实是后来人们为了更深入研究单粒子效应的机理而提出的一种高精度、偏重研究性和前沿性的实验方法，而宽束辐照则发展得更早、更成熟、更偏重工程性和规范性，相应的术语和实验流程等在国内外都已经具备了成体系的国家级标准(如 GB/T 34956—2017《大气辐射影响航空电子设备单粒子效应防护设计指南》、GJB 7242—2011《单粒子效应试验方法和程序》等)。因此，地面模拟实验通常被称作"地面模拟试验"，以表达研究方法的整体性和规范性。

　　宽束辐照装置一般需要达到以下几个要求：①束斑尺寸足够大且可调节。

与针对性辐照的微束技术不同，宽束辐照的目的是覆盖整个待测器件，因此需要大面积的束斑。有时更大的束斑还可以一次辐照多个待测器件，获得更高的实验效率。尺寸可调则是为了满足不同尺寸的芯片辐照。②束流注量率准确可调。由于宽束辐照的目的是获取器件在辐照下的错误率截面，与注量率直接相关，注量率测量的准确性直接关系到截面数据的准确性。另外，辐照试验本质上是一种加速试验，其束流注量率远高于空间环境中的实际注量率，因此可调的注量率意味着研究人员能够高效率地对器件及设备进行有针对性的选择。③束流能量足够高。由于空间中的高能重离子能量覆盖范围极大，从每核子兆电子伏到每核子上百吉电子伏，因此加速器提供的高能重离子是地面模拟的必要条件。当然，地面加速器设施无法提供和空间粒子完全匹配的极高能量，只需在一定范围内满足即可。④离子种类丰富且更换速度快。为了获得完整的 LET 值-截面曲线，单粒子效应试验需要多个不同种类的粒子来提供不同的 LET 值。因此，研究者需要选择多种粒子开展试验，不同粒子之间的快速切换可以大大提高试验效率。

　　国外从 20 世纪就开始建设可应用于单粒子效应研究的大型硬件设施，美国、日本和欧洲等国家和地区目前均有大量的专用/兼用于单粒子效应试验的加速器装置，如美国布鲁克海文国家实验室单粒子翻转试验装置、芬兰辐射效应设施实验室重离子加速器、劳伦斯-伯克利(Lawrence Berkley)88in 回旋加速器等，它们可以提供粒子种类丰富、能量范围宽广(每核子 1～1000MeV)的重离子束流用于单粒子效应研究。国内虽然对于单粒子效应的研究起步较晚，但也建立了一系列大型装置。例如，中国原子能科学研究院基于 HI-13 串列加速器建设的重离子单粒子效应试验装置(如图 6.6 所示)，为我国抗辐照微电子器件的研制和考核提供了大量的束流机时。

图 6.6　HI-13 串列加速器重离子单粒子效应试验装置

6.3　重离子微束辐照实验的关键技术和实验方法

6.3.1　辐照平台搭建

实验平台的搭建是微束辐照实验的基础。一个完整的重离子微束辐照实验平台包含硬件装置和配套的软件系统。由于微束是以极小的束斑依次扫描待测器件，研究人员需要控制束斑辐照的精确位置和离子注量率(离子数)，因此需要高精度的微束定位系统和离子注量率测量系统，最后还需与获取效应数据的单粒子效应测试系统相互结合。此外，自动化控制及防碰撞控制系统也是微束装置的必要组成部分。

6.3.1.1　微束定位系统

在样品定位和辐照过程中，聚焦型微束装置通常需要移动微束，针孔型微束装置通常需要移动器件，二者均需配备精确的定位系统。

中国科学院近代物理研究所的聚焦型微束装置 LIHIM 由于具备高能条件，适合进行大气环境下的单粒子效应辐照实验。束流从厚度200nm、边长1.5mm的正方形氮化硅薄膜真空窗引出大气，待测器件与真空窗的距离为 1mm。聚焦离子束在穿透真空窗时能量损失很小，在空气中穿行时横向展宽对定位精度的影响有限[12]。

LIHIM 微束装置的光学定位系统由两台显微镜和两个三维位移平台组成，如图 6.7 所示。定位过程如下：首先利用位移平台 1 和倒置荧光显微镜，用荧光靶对微束束流位置作标定，其次利用位移平台 1 和倒置荧光显微镜将荧光靶移动到金相显微镜视野标定荧光靶上被束流照射过的位置(利用两台显微镜观察荧光靶上的同一参照物)，再次保持位移平台 2 和金相显微镜不动，以标定的束流照

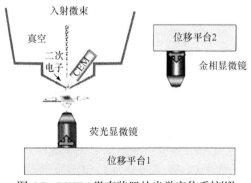

图 6.7　LIHIM 微束装置的光学定位系统[12]

CEM 为单通道电子倍增管

射位置作为真实束流的参考点，将待测器件安装在倒置荧光显微镜的载物台上，此时金相显微镜视野中束流参考点的位置就是将来器件被定点辐照的位置，最后将位移平台 1 移回之前的位置。LIHIM 微束装置可以进行最大为 1.5mm² 范围的区域定位辐照分析，最优定位精度在 5μm 左右[12]。

中国原子能科学研究院的针孔型重离子微束装置在真空环境下工作，在束流照射前首先通过准直望远镜依据估计的束流中心位置对器件进行预定位：准直望远镜是根据以往经验固定位置的，其中心代表了束流中心的预估位置。首先将针孔与准直望远镜的中心对准，待测器件置于针孔准直器后样品移动平台的样品架上。然后将显微镜的十字叉丝对准针孔，再移开针孔平台，使待辐照的芯片指定位置和显微镜十字叉丝重合，确定样品移动平台芯片辐照位置坐标，再移回针孔平台，从而实现离子束流、微米级针孔、芯片指定辐照位置的共轴重合，即实现待测器件的预定位。在实验开始后再依据束流和荧光屏对器件的辐照位置进行精确定位，其具体过程如图 6.8 所示。

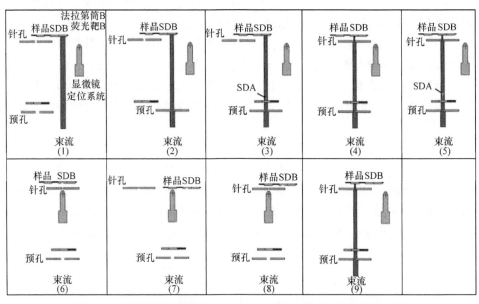

图 6.8　中国原子能科学研究院针孔型重离子微束装置定位示意图

6.3.1.2　离子注量率测量系统

和传统的宽束试验方法一样，微束实验时也需要对离子注量率进行监测，国内外微束装置中一般较常用的测量仪器有金硅面垒探测器(如图 6.8 中的 SDA 和 SDB)、单通道电子倍增管(CEM)等。下面以中国原子能科学研究院微束装置中的二次电子监测系统为例，介绍离子注量率的实时监测方法。

二次电子监测系统已包含在图 6.4 所示的整个微束辐照装置中，这部分的详细结构如图 6.9 所示。重离子穿过 C 膜时与 C 原子的核外电子发生非弹性碰撞，造成大量二次电子发射。C 膜的二次电子发射系数较高，厚度很薄(7～14nm)，以减小离子穿透后的能量衰减。单通道电子倍增管放置在 C 膜旁边，以探测发射出来的二次电子，为了不阻挡束流，与束流方向成一定角度，同时确保较高的探测效率。单通道电子倍增管探测到二次电子信号后，经过电子学插件进行计数，根据已知的二次电子数与入射离子数之间的比例系数 K 即可反推穿过 C 膜的离子数目，从而起到束流监督作用[16]。

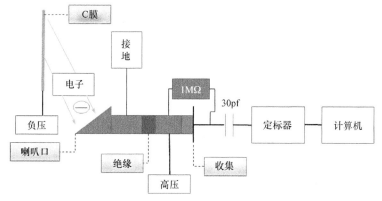

图 6.9 二次电子监测系统示意图

实验时需要先离线测量比例系数 K，使用金硅面垒探测器测量入射离子数，然后与二次电子数相比得到 K。这种间接测量方法能够稳定工作的前提是 K 值保持恒定，因此实验时可测量多组 K 值观察其波动情况，待波动稳定时再进行实验，表 6.2 是不同时间段的 K 值波动情况。对表中数据进行处理后得到，两组计数率的相对标准差为 3%，可以认为在 4h 内 K 值基本保持恒定，表明这种离子注量率的间接测量方法是准确可靠的。

表 6.2 不同时间段的 K 值波动情况[17]

轮次	K
1	1.24×10^{-4}
2	1.26×10^{-4}
3	1.21×10^{-4}
4	1.20×10^{-4}
5	1.18×10^{-4}
6	1.22×10^{-4}

基于注量率测量系统，研究人员可以随时获得入射到器件上的离子数。这样，当离子数满足实验要求时即可关闭束流开关，从而精确控制每次入射的离子数。由于微束面积极小，一般仅为数平方微米，因此离子数可以被控制到极低的水平，这是重离子微束装置的主要优势之一。虽然单位时间内的入射离子数很少，但其注量率可能很高。这是因为，微束是将离子限制在实验人员需要的微米级区域内。

特别地，如果每次入射的离子数能够被限制到仅有 1 个，这种技术就被称作单离子辐照(SIH)实验方法。单离子辐照实验方法是重离子微束中的关键技术之一，在 6.3.3 小节中会对 SIH 技术进行更详细的介绍。

6.3.1.3　自动化控制及防碰撞控制系统

使用微束辐照待测器件时往往需要扫描指定区域或者定点多次扫描，因此对重离子微束装置而言，自动化辐照是有效提升实验效率的方法，也是微束试验的基本需求之一。同时，微束装置的位移平台较多，相比宽束试验而言操作较为繁琐，各个位移平台的行程之间存在交叉区域，有相互碰撞的风险，若在实验中未及时发现或人为误操作，就会造成实验暂停或设备损坏的严重后果，因此防碰撞功能也是必要的。

为了提升串列加速器微束实验平台的效率及可靠性，简化实验人员工作，保证实验稳定、可靠、高效运行，中国原子能科学研究院研究人员对针孔型微束装置进行了自动化控制及防碰撞控制系统开发，其中自动化辐照的流程如图 6.10 所示。自动化程序运行时应首先设置参数，如样品平台的初始辐照位置、辐照点的个数、各点间的距离、二次电子事件的触发阈值等关键参数。点击"开始"按钮后，样品平台将会向目标位置移动。根据样品平台反馈的位置信息，判断样品平台是否到达目标位置。判断结果为"是"后，打开快门，并读取二次电子监测系统的计数。判断二次电子监测系统计数是否达到触发的阈值，若判断结果为"是"，则关闭快门。随后判断是否辐照完最后一个点，若为"否"则运行第二步，移动样品平台至待辐照位置；若为"是"则结束循环，储存数据[16]。

研究人员在自动化控制的基础上进一步实现了防碰撞控制，利用 LabVIEW 语言开发了各平台控制程序模块，实现相应的控制功能；整合了各平台控制程序模块，严格按照单粒子效应实验流程设计平台之间的防碰撞程序，避免区域交叉，建立平台实时状态显示和控制程序，最终集成为自动化控制及防碰撞控制系统。选用两块摩莎(MOXA)公司生产的 4 端口 RS-232 PCI 串口卡作为部分平台的主通信控制板，用于通过计算机串口通信方式与各平台收发指令信息。对于样品平台的程序控制，利用计算机自带网口采用 TCP/IP 网口模式进行通信，无需增加通信设备。整个自动化控制及防碰撞控制系统的构成如图 6.11 所示，主要包

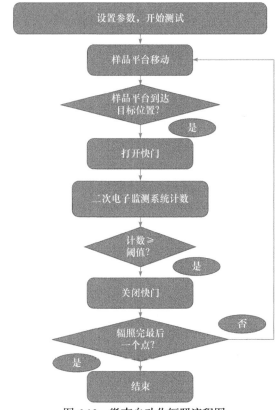

图 6.10 微束自动化辐照流程图

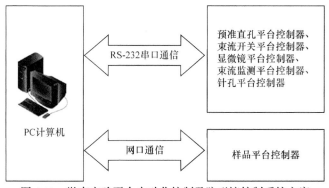

图 6.11 微束实验平台自动化控制及防碰撞控制系统方案

括装有 LabVIEW 软件的 PC 计算机、两路 4 端口 RS-232 PCI 串口卡、网口通信线。首先编写各平台控制程序模块，其次将已编写好的各平台控制程序模块进行集成，采用页面选择的方式进行设计，最后将各平台之间的防碰撞安全区域坐标作为是否移动平台的判据，若实验时所移动平台坐标位置在安全区域内，则可移动，否则给出警告，且不予运行平台。

6.3.2　单粒子瞬态测试技术

由于微束特有的可以精确辐照器件的特点，研究人员可利用微束辐照单个晶体管的敏感结区，研究收集电荷随时间的演化过程，即单粒子瞬态(SET)，从而获得单粒子效应产生源头的信息。因此，单粒子瞬态测试技术经常和重离子微束结合在一起，促进对单粒子效应物理机制的研究。

在微米工艺时代，微电子器件的工作频率较低，SET信号较难被捕捉到，因此对器件的影响是有限的，但随着半导体特征尺寸减小至纳米尺度，电子器件的工作频率快速提升，器件电路中SET造成的影响也在不断扩大。收集电荷变化产生的单粒子瞬态在电路中传播后，会使得器件的电流或电压发生相应的瞬时扰动，进一步诱发器件产生其他类型的单粒子效应。通常单粒子瞬态对采用不同工艺制备的电子器件的损伤程度也不同。SET对运算放大器、锁相环以及接口电路等模拟电子元器件的主要影响是参数漂移。当它们沿着相关路径进行传播时，发生漂移变化的这些参数可能会被电路中的放大器进行放大，进而造成模拟型电子器件功能中断。单粒子翻转是单粒子瞬态脉冲对数字型电子器件的主要影响。当高能粒子轰击电路中敏感位置时，将形成一个具有触发信号功能的瞬态脉冲，进而使得整个电路发生翻转等逻辑功能紊乱。

图6.12是一个典型的SET波形示意图，可用双指数函数模型近似。纵坐标是节点处的电流，也可以是收集电荷或者节点电压，其本质是一样的。依据时间长短可分为快速收集过程和缓慢收集过程。快速收集过程一般发生在PN结的耗尽区和漏斗区，主要由漂移电荷导致，持续时间非常短，约为皮秒量级。缓慢收集过程主要由扩散电荷导致，因此持续时间较长，通常在纳秒量级，是图中瞬态电流尾部的主要成分。

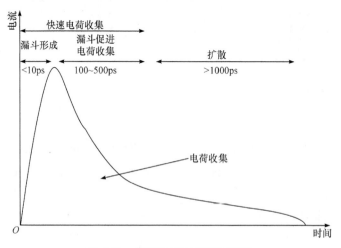

图 6.12　典型的 SET 波形示意图

单粒子瞬态脉冲由于频率很高、幅度很小的特性，测试难度较大。对于结构较为简单的器件(如单管器件)来说，一般可以使用高带宽、高采样率的示波器进行采样，对于复杂的芯片电路来说，往往需要在片上设计专门的测试电路来获取SET信息。

1) 示波器直接采样法

示波器直接采样法是利用高性能示波器对器件产生的单粒子瞬态脉冲信号进行直接采样记录，包括了瞬态波形的上升时间、下降时间和幅度等所有信息，最初由美国圣地亚国家实验室开发，被称为时间相关性电荷收集测试(TRIBICC)系统[18]，如图 6.13 所示。

待测器件的偏压由 Bias-Tee 提供，示波器与被测器件之间的传输电缆不能太长，防止信号在传输中受到外部干扰和损耗影响。测量时需要保证波形失真尽量小，所有传输介质、示波器需满足高频信号传输要求，线缆之间需要通过阻抗匹配的方式来减少 SET 高频信号的反射现象。

2) 自测试电路测试法

芯片电路较为复杂，内有多种信号干扰，很难直接被探测到，因此科研人员建立了一种通过在器件内部构建自测试电路用于单粒子瞬态脉冲测量的方法，此方法可以在芯片上将单粒子瞬态脉冲产生、处理及捕捉等相关单元模块集成在一起，使器件单粒子瞬态脉冲测量变得十分方便。

早期的集成电路中组合逻辑单元较小，瞬态脉冲主要在单粒子瞬态脉冲形成的单元模块中的锁存器、存储器等相关时序逻辑电路中产生，故锁存器等时序电路是自测试电路中脉冲产生模块的主要部分；随着器件工艺尺寸迅速减小，SET

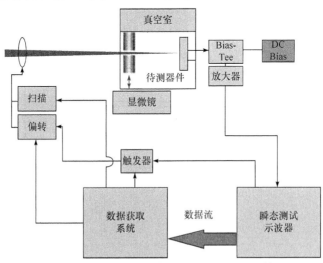

图 6.13　美国圣地亚国家实验室 TRIBICC 系统[18]

DC Bias 为 DC 电源

对组合逻辑电路具有越来越显著的影响，一些情况下比对时序电路的影响更加严重，故瞬态脉冲产生模块通常包含各种组合逻辑电路。

实际应用中，只有当瞬态脉冲超过某一固定宽度时才会对器件的功能产生影

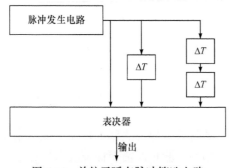

图 6.14　单粒子瞬态脉冲筛选电路

响，因此大幅提高研究效率的主要途径包括对一些潜在的瞬态脉冲进行完整捕捉。基于该现象，测试电路中通常应设置用于单粒子瞬态脉冲宽度筛选的相关电路，以便剔除不足以影响器件正常工作且宽度较窄的单粒子瞬态脉冲。时间三路冗余电路是单粒子瞬态脉冲筛选电路最为常见的实现方式，具体结构如图 6.14 所示。

在该电路中，辐照形成的脉冲信号经三路不同的 ΔT 延迟后传输至表决器，表决器从三个信号中筛选出居于多数的信号状态作为输出状态。如果输入信号脉冲宽度比 ΔT 小，三个脉冲输入信号在同一时间最多只有一路输出，故表决器不会有输出。若输入信号脉冲的宽度比 ΔT 大，在 ΔT 时间后到 ΔT 加上脉冲宽度这段时间前，表决器将有不少于两路的瞬态脉冲输出，因而表决器将输出延迟了 ΔT 且与输入信号相同的脉冲。

脉冲宽度筛选电路能够用于剔除来自脉冲产生电路或其内部宽度比 ΔT 小的瞬态脉冲。若输入脉冲信号宽度比 ΔT 大，瞬态脉冲将在后续电路中被捕捉，同时使输出端形成翻转。倘若试验过程中监测到输出端有翻转发生，则表明捕捉到的单粒子瞬态脉冲将会对电路产生潜在威胁。

单粒子瞬态研究工作中通常要求对单粒子瞬态脉冲宽度进行测量。借助多级锁存器的串联特性可以将输入信号转换为锁存器的状态参数，该方法能够对单粒子瞬态脉冲宽度进行准确标定。图 6.15 展示了一种单粒子瞬态脉冲宽度测试电

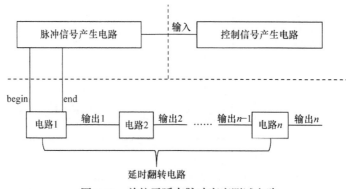

图 6.15　单粒子瞬态脉冲宽度测试电路

路，此电路主要包括脉冲信号产生电路、控制信号产生电路和延时翻转电路等相关部分。

RS 触发器、反相器和与非门等组成了该电路中的控制信号产生模块，可以用"begin"和"end"两个信号的电平变化分别表示输入脉冲信号的开始端和结束端。当有脉冲信号的始端经过时，begin 信号初始状态的 1 将会改变为 0；当有脉冲信号的尾端经过时，end 信号初始状态的 0 会改变为 1。

多级 RS 触发器通过串联组成信号的延时翻转电路。每级电路的使能端是 end 信号，当 end 信号为 1 时，begin 信号通过每级 RS 触发器传输，并使每一级的输出信号变成 1；当 end 信号从 1 变为 0 时，每级 RS 触发器的输出信号将不再发生改变。这时整个信号已全部通过控制信号产生电路，并借助延时翻转电路转换为各个输出端的二进制信号。若每一级 RS 触发器的内部延时为 T，且延时电路中 RS 触发器的输出信号有 N 个为 1，此时就可以快速计算出脉冲信号的宽度约为 NT。

自测试电路不仅大大降低了单粒子瞬态脉冲检测对高频示波器等相关设备的依赖性，而且测试系统将会更少依赖于电路拓扑结构和制造工艺，同时是现阶段单粒子瞬态脉冲宽度标定的较为理想的方法。

将多个相同的测试电路并联形成测试阵列，可大大提高测试电路中瞬态脉冲产生和俘获的概率。这样，通过提高单粒子瞬态脉冲的产生概率和加密俘获点，就能够大幅提升后续电路俘获 SET 的概率。

目前自测试电路的改进空间仍然较大，为了实现单粒子瞬态脉冲宽度的精确测量，需要尽可能地减小俘获电路中每一级延时翻转电路的延时，同时延时翻转电路的级数应相应地增加。这样，俘获电路在芯片中的面积占比也会增加，某些情况可与脉冲产生电路的面积相当。另外，自测试电路中，尚未考虑俘获电路中触发器发生翻转的情况，这可能导致标定产生误差甚至发生误判，因此亟须在相关方面做出改变。

6.3.3　单离子辐照实验方法

单离子辐照是重离子微束中的关键技术之一，可以帮助人们研究单个离子的径迹、电荷扩散等因素对器件的影响范围，也可以排除多个离子同时入射造成的伪多位翻转(fake MCU)情形，提高实验的准确性[19]。精确控制入射离子数目给微束辐照装置提出了一些新的挑战，因此国内外不少拥有微束装置的实验室对原有系统进行了升级改进，实现了单离子辐照功能。

德国 GSI 基于重离子微束辐照装置实现了对单个离子入射的精确控制，图 6.16 为德国 GSI 单离子辐照装置示意图[20]。

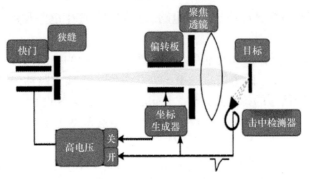

图 6.16　德国 GSI 单离子辐照装置示意图[20]

　　束流依次穿过快门、狭缝、偏转板和聚焦透镜后辐照待测器件。首先打开束流开关开始辐照器件，当探测器探测到单个入射离子产生的二次电子后，会迅速向控制束流开关的高压电源发送信号，切断束流，避免后续离子打在器件上。同时，探测器也会向坐标生成器发送信号，控制偏转板迅速将微束移动到下一个辐照坐标，然后开始辐照。通过计算机自动化控制程序重复上述过程，即可实现单离子的多次快速辐照。

　　GSI 利用其微束装置系统，结合自动化程序以及离子入射监督模块构成的单离子辐照系统，取得了较好的实验效果。GSI 利用 CR-39 核孔膜开展了束流逐点扫描工作，形成了清晰的单离子辐照点阵，如图 6.17 所示。

图 6.17　GSI 单离子辐照点阵[20]

　　辐照形成的 10×10 点阵采用 $4.8\text{MeV} \cdot \text{u}^{-1}$ 的 C 离子进行，辐照完成后将 CR-39 核孔膜置于 6.25 n 40℃ NaOH 溶液中腐蚀 20h 形成。从图 6.17 可以看出，大约有 0.5% 的离子出现了双离子辐照或者丢失，证实了该装置单离子辐照过程中的稳定性。

　　日本原子能研究所(Japan Atomic Energy Research Institute，JAERI)建立了单离子辐照系统用于器件单粒子辐射效应研究以及细胞生物学研究，该装置如图 6.18 所示，该装置建立在 3MeV 串列加速器辐照试验终端[21-23]。由于该装置系统的可靠性取决于单离子探测效率，因此需要以低噪声方法检测样品中每个单离子的注入效率和误计数率。为此，研究者开发了一种单离子探测器，它由一个超薄的碳箔构成二次电子发射器，同时配备一对微通道板(MCP)。系统能探测到二次电子并完成取样。最后，通过两个 MCP 信号的符合检测信号来消除噪声影响。经评估，利用单个 15MeV Si 或者 Ni 离子进行辐照的检测效率与采用硅表面势垒探测器相当，噪声比采用单个 MCP 进行探测低 4 个数量级。该装置空间分辨率达到 0.9µm。

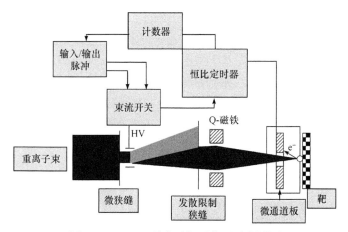

图 6.18 JAERI 单离子辐照装置示意图[21]

除上述国外微束装置外，国内中国原子能科学研究院针孔型重离子微束装置和中国科学院近代物理研究所 LIHIM 装置也都实现了单离子辐照功能。LIHIM 单离子辐照系统如图 6.19 所示，主要组成单元有离子探测器、束流开关、高压脉冲发生器、面向仪器系统的外围组件互连扩展(PXI)平台[12]。

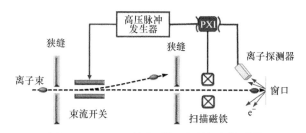

图 6.19 LIHIM 单离子辐照系统示意图[12]

国内外各微束装置实现 SIH 的基本思路都是类似的，即利用了束流开关功能和离子数监测功能的相互结合。微束中的单离子辐照功能既实现了精确的位置控制，也实现了精确的数目控制，对单粒子效应的深层物理机制研究有着重要作用。

6.4　重离子辐照实验技术的应用

6.4.1　重离子微束辐照实验技术的应用

6.4.1.1　单粒子效应微观过程分析

SEE 最基本的产生过程包括电荷的产生、输运和收集，电荷被收集后继续在电路中传播引起不同类型的单粒子效应。因此，SEE 微观过程的研究主要集中在电荷收集上，如果考虑到电荷随时间的变化，则还需包括单粒子瞬态脉冲。

1981 年，Hsieh 等[24]首先基于微束辐照研究了 α 粒子辐照硅半导体 PN 结的电荷收集瞬态特性，并结合有限元法进行了模拟计算。研究发现当 α 粒子穿透 PN 结时，产生的载流子会极大地扭曲结场。在 α 粒子穿透后，原本局限于耗尽区的电场沿着α粒子径迹向下延伸到体硅中，大大增加了电荷收集量。图 6.20 为微束线性扫描 CMOS SRAM 后电荷收集随离子入射位置的变化，较高的能量对应较多的电荷收集。

1982 年，Campbell 等[8]研究了电荷收集效率的测量，该研究基于美国海军研究实验室 5MV 范德格拉夫(van de Graaff)加速器直径 2.5μm 的针孔型微束，使用 ^{4}He 和质子束辐照 MOS 和扩散结器件，利用 Ortec H242A 电荷灵敏型前放、Ortec 572 主放和多道程序分析电荷收集量。研究结果表明，扩散结中均存在漏斗效应，在 500Å(1Å=0.1nm)栅氧化层厚度的 MOS 器件中观察到了漏斗效应的部分证据，在 1000Å 栅氧化层厚度的 MOS 器件中没有观察到漏斗效应。

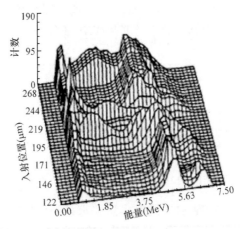

图 6.20　微束线性扫描 CMOS SRAM 后测得的电荷收集谱[24]

1984 年，Knudson 等[25]对体硅和外延硅分层结构中的收集电荷进行了测量。他们的研究基于美国圣地亚国家实验室的针孔准直型微束装置。研究结果表明，在同一个节点上可能出现两种极性的脉冲，且多层结构的电荷收集过程更复杂，必须使用至少纳秒级时间分辨率的测量系统来观察重离子穿透后引起的瞬态电流。

单粒子瞬态脉冲信号包含了时间信息，有助于加深对电荷收集过程的理解。1998 年，SNL 研究人员建立了皮秒级分辨率的 TRIBICC[26]。该研究利用 0.5μm 的聚焦型微束装置和高带宽测试仪器，成功测得了 12MeV C 离子辐照 0.5μm 工艺 N 沟道晶体管后产生的 SET 波形，研究了不同辐照位置处 SET 波形的变化(图 6.21)，并和 DAVINCI 模拟计算结果进行了对照。

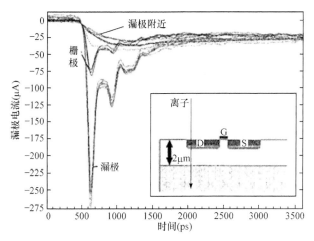

图 6.21　微束辐照不同位置时的 SET 波形[26]

2006 年，Ferlet-Cavrois 等[27]利用 SNL 的聚焦型微束装置和改进后的 TRIBICC 系统，使用 35MeV Cl 离子微束开展了 SOI 和体硅工艺器件的 SET 研究，对测得的大量 SET 信息进行了统计处理。图 6.22 的结果表明，作为敏感区域的漏极，其收集电荷总量、SET 峰值、SET 宽度均大于非敏感区的源极和栅极。

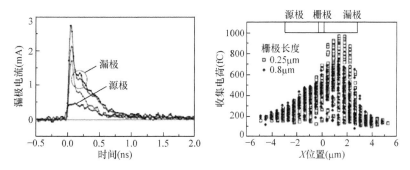

图 6.22　不同离子入射位置产生的 SET 波形对比(左)和收集电荷对比(右)[27]

2009 年，Hirao 等[28]使用自行设计搭建的离子束致瞬态(transient ion beam induced current，TIBIC)测试系统研究了 Si PIN 光二极管产生的瞬态脉冲。本研究在日本原子能研究所的高崎先进辐射应用离子加速器(Takasaki ion accelerators for advanced radiation applications，TIARA)上进行，该加速器可提供能量为 6～18MeV、直径为 1μm 的聚焦型微束。通过该系统，研究人员成功观察到了 Si PIN 光二极管的 SET 分布情况，如图 6.23 所示。

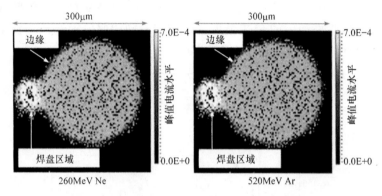

图 6.23　TIBIC 测试系统得到的 SET 分布情况[28]

2012 年，Hofbauer 等[29]基于德国联邦物理技术研究院(PTB)微束辐照装置，开展了直接片上脉冲形状测量研究。研究测量了 8MeV α 离子入射单个 90nm 工艺体硅 CMOS 反相器产生的瞬态脉冲，及其对供电电压的依赖性。实验结果显示，供电电压对瞬态脉冲的高度、宽度以及形状均有很大影响。图 6.24 所示为绝对脉冲高度随数字供电电压的变化。

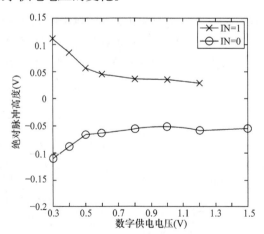

图 6.24　绝对脉冲高度随数字供电电压的变化[29]

微束不仅可应用于 SET 的产生机理研究，也可应用于 SET 的传播特性研究。

2007 年，Ferlet-Cavrois 等[30]使用激光微束辐照反相器链电路的不同位置，研究了不同反相器链长度对脉冲展宽效应(propagation induced pulse broadening，PIPB)的影响。实验使用美国 NRL 的 1.2μm 激光微束辐照不同参数的 0.13μm 工艺 SOI CMOS 反相器链。图 6.25 所示结果表明，SET 在沿反相器链传播时逐渐变宽，且每一级反相器链都对展宽起了促进作用，而宽束重离子辐照检测到的瞬态宽度的大范围分布正是由离子辐照反相器链的随机位置引起的。最接近输出端的反相器处测到的 200ps 脉宽最接近未失真的初始 SET 脉宽。辐照节点处小于 200ps 的瞬态在反相器链电路中会逐级展宽至纳秒量级，其展宽程度取决于晶体管设计和传播长度。

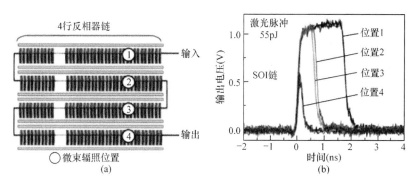

图 6.25　微束辐照反相器链不同位置处的 SET 展宽对比[30]

(a) 不同辐照位置；(b) SET 展宽对比

2010 年，Ahlbin 等[31]使用美国 SNL 的聚焦型微束辐照装置(聚焦后的微束尺寸为 0.7μm×0.5μm)，辐照 65nm 体硅 CMOS 工艺反相器链，发现了脉冲截止(pulse quenching)现象的存在。实验结果和模拟结果均表明，和分立 N 阱相比，共 N 阱设计中 SET 脉冲截止现象更普遍，其 SET 的宽度也更短，测得的 SET 截面也更小(图 6.26)。因此，脉冲截止可以更好地降低 SET 对反相器链电路的影响。

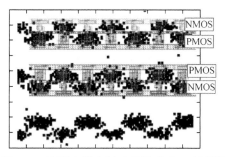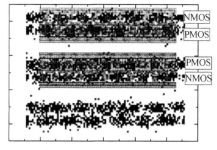

图 6.26　两种电路布局(左图为分立 N 阱设计，右图为共 N 阱设计)微束扫描后得到的芯片
SET(>25ps)分布二维图

6.4.1.2　单元内部敏感位置定位

离子打在不同位置时，对器件产生的影响不同，产生的收集电荷量和瞬态脉冲波形也不同。因此，要想深入了解单粒子效应发生的原因，往往需要知道它们发生的位置。实际上，6.4.1.1 小节中的许多国内外研究都已包含对器件内部的敏感位置进行定位的内容。需要指出的是，这里的"敏感位置"是指较为微观单元(包括 PN 结、MOS、CMOS 等)内部的敏感位置，和 6.4.1.3 小节中芯片较为宏观的"敏感区域"进行区分。

1993 年，美国 SNL 首次建立了 SEU 成像系统[32]和更具广泛性的电荷收集(IBICC)系统[33]，如图 6.27 所示。Horn 等[33]基于 SNL 的聚焦型微束装置研究了 2μm 工艺 TA670 SRAM 芯片在离子轰击下的电荷收集和 SEU 的关联。离子为 24MeV Si^{6+}，使用束斑尺寸为 1μm 的微束进行扫描，获得了单元内部 SEU 敏感位置分布图像，如图 6.28 所示。

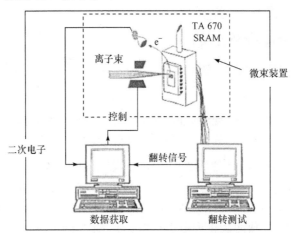

图 6.27　基于微束的 IBICC 系统结构示意图[33]

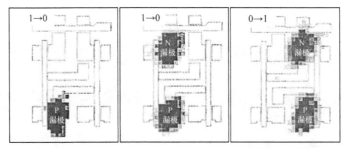

图 6.28　TA 670 SRAM 芯片单元内部 SEU 敏感位置分布图像[33]

图 6.28 给出了 TA670 SRAM 单个存储单元的版图，共有四个晶体管。当该单元存储数据为 1 时，敏感位置为左下角 PMOS 的漏极区域，逐渐增大剂量率

后，NMOS 漏极区域也变得敏感；当存储数据为 0 时，敏感位置为右侧 NMOS 和 PMOS 的漏极区域。这些实验结果有力地佐证了 SRAM 敏感区域为 OFF 状态晶体管的漏极区域。

2005 年，西北核技术研究所、中国原子能科学研究院核物理所、中国电子科技集团公司第四十七研究所三家单位联合协作，在国内首次开展了针对 2k SRAM 的重离子微束单粒子效应研究，获得了 SRAM 单元内部的灵敏位置，研究了单粒子翻转的物理机制[34]。2011 年，中国原子能科学研究院研究人员重新改进了测试系统，对相同的芯片再次进行了单粒子翻转二维图案测试，验证了实验结果[13]。在硬件方面，研究人员将重离子微束辐照技术与 SRAM 测试技术结合，重新改进了 SEU 二维成像测试系统；在软件方面，采用基于 NI 公司虚拟技术的 LabVIEW 进行编写，利用虚拟仪器软件结构(virtual instrument software architecture，VISA)及数据获取(data acquisition，DAQ)等模块，针对实验需求编写了软件程序。最后，对系统硬件和软件进行了集成。图 6.29 所示为 SEU 二维成像测试系统工作界面。目前利用该系统可以对 2kbit～1Mbit 的 SRAM 芯片进行 SEU 测试。

图 6.29　SEU 二维成像测试系统工作界面[13]

基于此测试系统，研究人员进行了实验测试。使用能量为 145MeV 的 ^{79}Br 离子，针孔尺寸为 2μm × 3μm，辐照芯片为中国电子科技集团公司第四十七研究所研制的体硅工艺 2k SRAM，采用 1.5μm 硅栅 CMOS 加固工艺设计。通过单粒子翻转与微束辐照位置之间的关系确定了存储器存储单元内部的 SEU 敏感区位置和面积，按地址与翻转方式设置为不同颜色，并与芯片版图进行了比较[13]，如

图 6.30 所示。

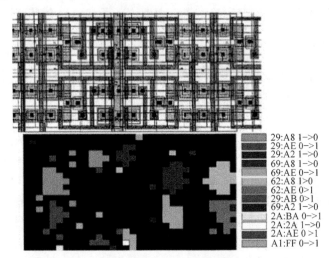

29:A8 1->0
29:AE 0->1
29:A2 1->0
69:A8 1->0
69:AE 0->1
62:A8 1>0
62:AE 0>1
29:AB 0>1
69:A2 1->0
2A:BA 0->1
2A:2A 1->0
2A:AE 0>1
A1:FF 0->1

图 6.30　2k SRAM 版图(上)与 SEU 成像(下)对照情况[13]

　　结果表明，单元内部处于关断状态的 NMOS 管漏极区域和 PMOS 管漏极区域发生了翻转，NMOS 管漏极区的敏感面积大于 PMOS 管，这与理论分析和之前实验数据保持一致。实验共扫描了 4 个存储单元，用时 40min，仅为 2005 年手动测试时间的 1/4。因此，该系统的建立为 SRAM SEU 物理机制研究提供了高效可靠的技术手段。

　　除单粒子翻转外，微束也广泛应用于包括 SEB、SEL 在内的其他单粒子效应敏感区定位研究[35,36]。Haran 等[35]首次利用 GSI 的 Xe 和 Ar 重离子微束装置研究了功率 MOSFET 的 SEB 敏感区定位，结果表明 SEB 是由寄生双极晶体管导致的，功率 MOSFET 的沟道和源极对 SEB 最敏感。图 6.31 给出了功率 MOSFET SEB 敏感位置的分布。

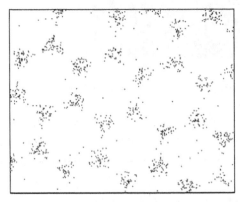

图 6.31　功率 MOSFET(正六边形结构)SEB 敏感位置的分布[35]

6.4.1.3　芯片整体敏感区分布

随着半导体工艺的发展，芯片的集成度越来越高，功能也越来越复杂，许多芯片都由多个功能模块组成，各功能模块协同工作，如 FPGA 就包含了可配置逻辑模块、存储模块、输入输出模块等，不同功能模块对单粒子效应的敏感度是不同的，使用微束辐照对芯片不同区域进行辐照即可获得芯片整体的敏感区分布，从而为抗辐照加固提供参考。

2017 年，中国原子能科学研究院联合西安交通大学，基于针孔型重离子微束装置对 28nm Xilinx SoC 器件进行了辐照实验[37]。芯片为 28nm 高 K 金属栅极互补金属氧化物半导体工艺，其结构如图 6.32 所示。它集成了两个主要模块：处理系统(PS)和可编程逻辑(PL)。PS 包括最高频率为 667GHz 的双核 ARM cortex-A9 处理器、252KB 的存储器(OCM)、512KB 的 L2 缓冲存储器、32KB 的 L1D 缓冲存储器和 I 缓冲存储器、直接存储器访问控制器(DMA)、定时器、看门狗和其他外设接口。实验中测试了 PS 的五个重要功能模块，包括 OCM、算术逻辑单元(ALU)、D 缓冲存储器、浮点处理单元(FPU)和外围设备。

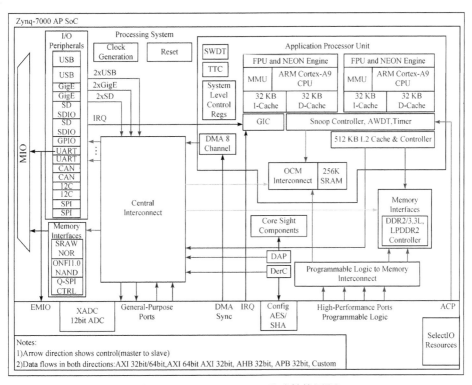

图 6.32　28nm Xilinx SoC 芯片结构图[37]

　　利用 145MeV ^{35}Cl 离子通过 30μm 针孔以 30μm 的步长扫描处理系统 PS 左上角的三块区域 A、B、C，如图 6.33 所示。A 的面积为 1900μm×580μm，进行 OCM 模块测试；B 的面积为 1200μm×2800μm，进行 D 缓冲存储器与 ALU 测试；C 的面积为 1000μm×2800μm，进行 FPU 与外围设备测试。

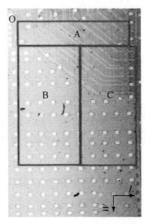

图 6.33　28nm Xilinx SoC 芯片 PS 不同辐照区域分布[37]

　　测试得到的 SEE 截面如表 6.3 所示，SoC 芯片敏感区分布如图 6.34 所示。实验中总共发生并记录了 306 个 SEE 事件，均为软错误。截面数据显示辐照区域 B 中 D 缓冲存储器的 SEE 截面约是 FPU 的 196 倍，这可能是因为其占空比比其他模块高，增加了 SEE 的发生概率，同时缓存一出错就刷新数据，增加了数据处理量和 SEE 的发生概率，这导致缓冲存储器难以运用到航天器中。敏感区分布图中同样反映了 D 缓冲存储器 SEE 在区域 B 中分布密度较大，易于发生。参照电路布局，OCM 的 SEE 分布相对规则。

表 6.3　各模块的 SEE 截面

功能模块	注量率 (cm^{-2} · s^{-1})	入射离子数	SEE 事件数	截面(cm^2)
OCM	3.72×10^6	46930	38	9.14×10^{-6}
D 缓冲存储器	2.14×10^6	83700	229	9.03×10^{-5}
ALU	2.86×10^6	111600	25	8.73×10^{-6}
FPU	1.86×10^6	60450	1	4.61×10^{-7}
外围设备	2.86×10^6	92100	13	4.22×10^{-6}

　　通过微束实验首次获得了 28nm Xilinx Zynq-7020 SoC 处理系统中 OCM、D 缓冲存储器、ALU、FPU 和外围设备五个模块在 145MeV ^{35}Cl 辐射下的 SEE 敏感区分布，并获得了不同模块区域的 SEE 截面。结果表明，五个模块中最敏感的

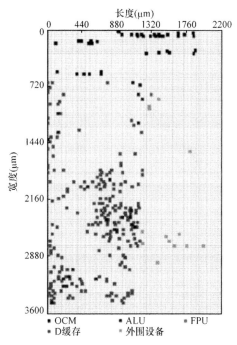

图 6.34　SoC 芯片敏感区分布图[37]

模块是 D 缓冲存储器，最不敏感的是 FPU，OCM、ALU 和外围设备的 SEE 灵敏度处于同一水平，因此整个芯片的 SEE 敏感区分布主要由 D 缓冲存储器模块控制。研究人员通过微束辐照实验得到了最敏感的模块，为揭示 SEE 在不同模块间的传播规律以及未来的抗辐射加固提供了重要参考。

6.4.2　重离子宽束辐照实验技术的应用

如前文所述，重离子宽束在芯片的宏观特性研究中有着广泛的应用，借助宽束辐照，研究人员可以对各种类型的电子元器件进行多角度、全方位的深入研究。接下来以存储器、功率器件、图像传感器等几种典型器件为例，给出宽束在器件性能研究中的一些应用。

6.4.2.1　存储器

单粒子翻转是最早发现的单粒子效应，而 SRAM 作为一种常见存储器，是研究单粒子翻转应用最多的一种载体。SRAM 在航天微电子系统中有着广泛应用，常见的一种标准 CMOS SRAM 结构如图 6.35 所示。

SRAM 单元发生单粒子翻转的基本过程：存储二进制数据的单元由两个互锁的 CMOS 组成，M1 和 M2 为 NMOS，M5 和 M6 为 PMOS。当带电离子打在存

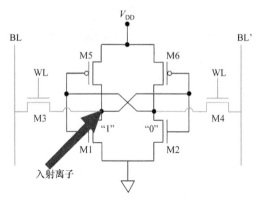

图 6.35　标准 CMOS SRAM 结构示意图

BL 为位线；WL 为字线

储"1"的节点附近时，会产生大量电子-空穴对。在电场的作用下大量电子被电极收集，"1"节点的电压快速下降。此时随着电压的降低，M5 的空穴电流应该自动流入进行补偿。但由于互锁结构，"1"节点的压降也会导致另一侧"0"节点的 M6 导通，M2 关断，导致本来关断的 M1 开始导通。因此，一旦"1"节点上的 M5 无法在此之前完成压降补偿，SRAM 单元存储的数据将发生 1→0 的变化，即发生了单粒子翻转。

　　如前文所述，使用不同种类重离子对 SRAM 器件进行宽束辐照后，研究人员就可以获得翻转截面-LET 值的关系曲线。根据空间各种离子的通量分布，就可以根据截面-LET 值曲线对航天器件的错误率进行预估，从而为星载器件的正常运行和器件抗辐照加固提供重要参考。

　　加速器装置可以提供种类丰富的重离子束流，适合开展宽束辐照试验。国内中国原子能科学研究院、西北核技术研究所、中国科学院近代物理研究所、西安交通大学等多家单位和高校，基于 HI-13 串列加速器和 LIHIM 等装置，开展了多次 SRAM 辐照试验。贺朝会等[38]对 IDT71256、IDT7164 和 HM628512、HM628128 等型号 SRAM 芯片进行了宽束辐照，基于存储器单粒子效应长线测试系统获得了 SRAM 在不同 LET 值重离子辐照下的翻转阈值和饱和截面；高丽娟等[39]对日本瑞萨公司生产的商用 0.15μm 工艺 SRAM 进行了宽束辐照，发现在截面曲线接近饱和区的部分，高能离子翻转截面低于低能离子(图 6.36)，并使用蒙特卡罗模拟对该现象进行了物理解释；蔡莉等[40]基于宽束辐照装置建立了单粒子效应样品温度测控系统，测量了 215～353K SRAM SEU 截面随温度的变化曲线(图 6.37)，表明 SRAM SEU 截面随温度的升高而增加，与理论预期结果一致。

6.4.2.2　功率器件

　　和存储器一样，功率半导体器件也是航天器中的核心元件，主要应用于电

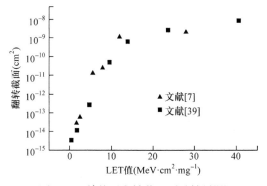

图 6.36　单粒子翻转截面测试结果[39]

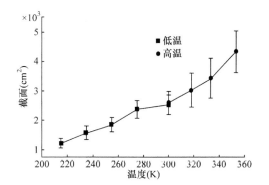

图 6.37　SRAM SEU 截面随温度的变化[40]

源系统。太空环境中的高能粒子辐射会使其发生功能失效。功率半导体器件的辐射效应及抗辐射加固具有重要研究意义。抗辐射功率器件是航天应用中核心元器件自主可控的重要保障，是国内半导体领域的研究热点，也是国家重点支持方向之一[41]。

从 20 世纪 70 年代后期开始，国际上开始对功率半导体器件的辐射效应进行系统性研究，主要研究器件包括硅基垂直双扩散金属氧化物半导体场效应晶体管(VDMOS)器件、功率二极管和功率三极管等。进入 21 世纪后，随着新材料新器件的出现，开始对槽栅 MOSFET、IGBT，以及第三代宽禁带半导体 SiC、GaN 以及 Ga_2O_3 器件的辐射效应进行研究[42]。

功率器件的基本结构如图 6.38 所示，其涉及的单粒子效应主要是单粒子烧毁和单粒子栅穿。单粒子烧毁的基本过程：由于功率器件通常包含较厚的轻掺杂外延层，在关断状态使器件耗尽区扩展，以承受较高的阻断电压，当单粒子入射时，外延层中的电场强度较高，使电子-空穴对以大电流从耗尽层流出，导致雪崩效应，从而使得器件发生烧毁。单粒子栅穿的基本过程：重离子入射 VDMOS 产生的大量电子-空穴对在电场作用下朝两个方向移动，其中，向上移动的空穴在颈区的 Si/SiO₂ 界面累积，使得颈区上方的栅氧化层电场强度增大，当栅氧层质量较差时，较大的电场将导致单粒子栅穿，发生栅穿后栅极漏电流增大，使得器件发生功能失效。

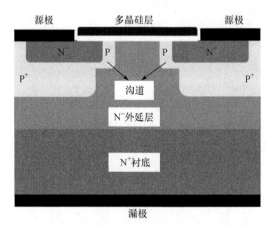

图 6.38　功率器件的基本结构示意图

　　SiC 器件通常应用于 600V 以上的中高压领域，抗总剂量效应和位移损伤能力较强。但 SiC 器件外延层的电场强度较大，受到粒子轰击后，电子和空穴快速分离被电极收集，因此抗单粒子效应能力比较差，尤其是单粒子烧毁[41]。一个典型的重离子入射 SiC MOSFET 烧毁显微图像如图 6.39 所示。实验表明，随着偏置电压升高，SiC MOSFET 发生烧毁所需的粒子注量不断下降，效应截面逐渐增加。同时，SiC 器件在受到离子辐照后会出现漏电流增加的现象，图 6.40 展示了 MOSFET 和二极管的 SEB 阈值电压随重离子 LET 值的变化[43]。目前，SiC MOSFET 重离子辐射效应研究仍以实验现象为主，对失效的物理机制还缺乏统一解释[42]。

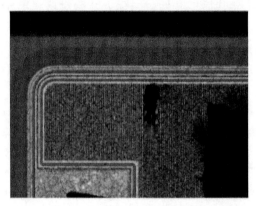

图 6.39　重离子入射 SiC MOSFET 的烧毁显微图像[42]

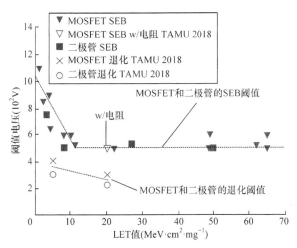

图 6.40　SEB 阈值电压随重离子 LET 值的变化[42]

GaN 器件和 SiC 器件也属于宽禁带半导体，击穿电压高。同时，GaN 器件还具有特殊高电子迁移率晶体管(HEMT)结构，有更低的导通电阻，在 600V 以下中低压器件中有显著优势[41]。GaN 器件没有氧化层，具备较强的抗总剂量效应能力，因此 GaN 器件的辐射效应研究主要是位移损伤和单粒子效应两个方面。低能粒子主要通过核能损与 GaN 器件发生相互作用，位移损伤是导致器件电学性能退化的主要因素。对于中高能重离子而言，强电子激发效应导致的材料结构损伤是导致器件性能退化的关键因素。重离子辐照引入缺陷，引起 AlGaN/GaN 异质结界面态陷阱电荷密度增大，导致 GaN 器件性能退化、饱和漏电流减小、阈值电压正向漂移等退化现象[42]。图 6.41 展示了 Transphorm 公司 TP90H180PS 型 GaN 器件发生 SEB 效应的情况[43]，可以看到共源共栅结构中的耗尽型 GaN HEMT 出现了 SEB 现象，且主要发生在叉指结构的金属布线层上。根据金相显微镜图像分析提取的被烧毁区域的细节，可以看到器件金属布线层中栅极和漏极之间出现了明显的烧毁。

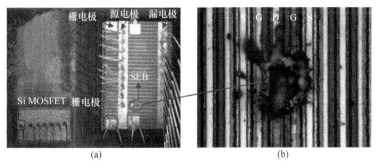

图 6.41　TP90H180PS 型 GaN 器件发生 SEB 效应实物图[43]
(a) SEB 敏感区域；(b) SEB 局部区域

　　单粒子烧毁和单粒子栅穿属于不可逆的单粒子效应，会导致器件功能完全丧失。同时，由于功率器件主要应用于电子系统的电源部分，因此器件失效后可能会使整个系统无法供电，造成严重后果。在航天和卫星等高可靠系统中，必须要求器件发生单粒子烧毁和单粒子栅穿效应的概率极低。利用重离子宽束辐照试验平台不仅能够为功率器件辐射失效机理研究提供实验条件，而且能为功率器件的性能评估提供考核条件。

6.4.2.3　图像传感器

　　电荷耦合器件(CCD)和互补金属氧化物半导体(CMOS)图像传感器是空间光学载荷的核心器件，空间辐射环境会对其造成辐射损伤[44]。目前，国内外研究人员基于加速器宽束辐照，对图像传感器的抗辐射性能评估和加固开展了深入研究。

　　图像传感器包含了一系列微电子中常见的电路结构，因此被离子辐照后可以发生各种单粒子效应，包括单粒子瞬态、单粒子翻转、单粒子功能中断及单粒子闩锁等，其中最常见的是单粒子瞬态造成的光斑。美国国家航空航天局(NASA)戈达德太空飞行中心的 Marshall 等[45]利用德州农工大学的回旋加速器设施对 4 组不同抗辐照设计的 0.35μm CMOS 工艺的 CMOS 图像传感器(CMOS image sensor，CIS)进行了重离子辐照试验，产生的瞬态亮斑如图 6.42 所示。试验结果表明，亮斑中电荷数量和大小与采集用像素设计参数有关。由于入射角度越大，粒子径迹越长，会收集到更多的电荷，因此在所有 4 个象限中检测到的总信号随着 Ar 入射角度的增加而增加；中国科学院新疆理化技术研究所蔡毓龙等[46]利用兰州 HIRFL 对商用 0.18μm CMOS 工艺的科学级 CIS 进行了重离子辐照实验，通过设置不同的积分时间获得了不同的瞬态亮斑形状，如图 6.43 所示。

　　单粒子翻转也是常见的一种发生在图像传感器中的效应。中国航天科技集团有限公司汪波等[47]利用中国原子能科学研究院的 HI-13 串列加速器重离子辐照终

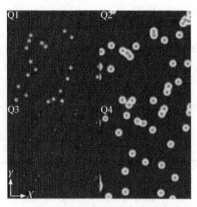

图 6.42　15MeV · u⁻¹ ⁴⁰Ar 垂直入射 4 种传感器结构产生的瞬态亮斑[44]

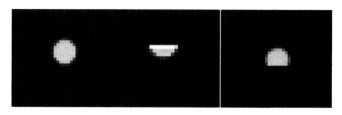

图 6.43　不同积分时间下的瞬态亮斑形状[45]

端对比利时 CMOSIS 公司生产的 CMV4000 型 8T 全局曝光 CIS 进行了试验研究，获得了不同功能寄存器及译码器发生单粒子翻转时的异常图像表现形式，并给出了加固建议；中国科学院新疆理化技术研究所蔡毓龙等[46]利用兰州 HIRFL 和中国原子能科学研究院的 HI-13 串列加速器重离子辐照终端对 0.18μm CMOS 工艺 4T-CIS 进行了试验研究，通过对重离子辐照损伤图像进行分析，并辅以激光定位功能，识别得到了数字外围电路的敏感区域，行解码器发生 SEU 后的图像损坏如图 6.44 所示。

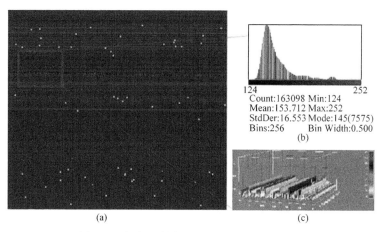

图 6.44　行解码器发生 SEU 后的图像损坏[47]
(a) 图像异常情况；(b) 异常区域灰度值分布；(c) 异常区域灰度值三维分布

除 SET 和 SEU 外，SEL 会导致 CIS 工作电流升高、采集图像异常、器件功能失效，因此 SEL 是对 CIS 危害最严重的一种单粒子效应之一。Hopkinson[48]先后对欧洲航天局(ESA)开发的用于星跟踪器和激光追踪器的 CIS 传感器、抗辐射型 STAR-250 CIS 进行了重离子单粒子闩锁评估研究，给出了影响因素及闩锁阈值。北京空间机电研究所张旭辉等[49]利用中国原子能科学研究院的 HI-13 串列加速器重离子辐照终端开展了 CCD 视频信号处理器件辐照试验研究，结果表明器件对重离子诱发的单粒子闩锁比较敏感，阈值为 $4.43\sim9.43\mathrm{MeV}\cdot\mathrm{cm}^2\cdot\mathrm{mg}^{-1}$。闩锁对光学遥感器成像任务的危害程度较高，必须采取一定的防护措施。

　　除上述典型器件外，宽束辐照在其他器件(如 FPGA、SoC 芯片)中也有广泛应用，在此不再赘述。

6.5　新型"微束"——二次粒子敏感区定位

6.5.1　概述

　　聚焦型微束和针孔型微束的技术思路都是缩小束斑尺寸，将束流用磁铁聚焦或用针孔限制至微米级尺度，然后通过扫描来获得器件的敏感区分布情况。随着现代芯片生产工艺飞速进步，芯片的集成度越来越高，特征尺寸已至纳米量级。面对芯片特征尺寸的迅速下降，现有重离子微束装置最小束斑尺寸约为 1μm，这主要是由于两种微束装置各自的技术因素限制。

　　二次粒子发射显微镜技术是近些年提出的一种区别于聚焦/针孔型微束等直接定位方法的、通过间接手段获得每个入射离子位置信息的敏感区甄别方法。这里的二次粒子可以是光子(IPEM)，也可以是电子(IEEM)。二次粒子发射显微镜技术的原理如图 6.45 所示，使用非聚焦离子束辐照整个器件，器件表面需要附着一层薄膜。一方面，离子撞击薄膜产生的二次粒子(光子或电子)的精确位置信息会被低照度相机或位置灵敏探测器采集；另一方面，离子穿透薄膜后会照射在待测器件上，待测器件产生的单粒子效应信号会被测试系统记录。这样，通过二次粒子信号与单粒子效应信号的同时符合，就可以得到单粒子效应发生的位置，即器件敏感区的二维图像。和 IPEM 相比，IEEM 在系统组成上更为复杂、技术要求和成本都更高，目前的研究较少，主要由意大利国家核物理研究院(INFN)开展[50]。

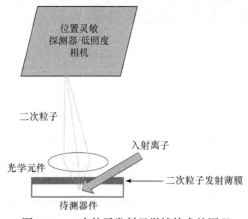

图 6.45　二次粒子发射显微镜技术的原理

　　理想情况下，二次粒子发射显微镜技术既可以达到和微束相同的敏感区定位作用，而且在测试时无需移动芯片或束流，一次就可以获取芯片的敏感区分布情况。它不需要复杂的大型磁聚焦透镜和极其精微的针孔制备技术，对束流调试的要求也低了很多。但是，二次粒子发射显微镜技术也面临着很多难点和挑战，如如何提高装置的探测效率和空间分辨率等关键问题，目前真正应用在器件上的案例也较少。

6.5.2　IPEM 研究

美国 SNL、日本原子能研究开发机构(JAEA)和中国原子能科学研究院等单位都对 IPEM 技术展开了研究[51]，其中以美国 SNL 的工作最具代表性，下面对 IPEM 技术的研究进展进行详细的叙述。

6.5.2.1　美国 SNL

目前美国SNL已建成三台IPEM装置，分别是桌面式IPEM装置(或α-IPEM)、依托美国 SNL 串列加速器建立的真空型 IPEM 装置、依托美国劳伦斯伯克利国家实验室(LBNL)回旋加速器建立的大气 IPEM 装置。

1) 桌面式 IPEM 装置

2006 年，SNL 为了验证 IPEM 技术的可行性，建立了第一代 IPEM 装置，称为桌面式 IPEM 或α-IPEM，如图 6.46 所示[52]。研究人员利用活度 62μCi Po-210 α源(1Ci = 3.7×10^{10}Bq)，以 PIN 二极管为载体，采用 Bicron 公司的 BC400 塑料闪烁体作为发光材料，首次完成了 IPEM 的原理论证(proof-of-principle)实验。为了便于观察，发光材料上又覆盖了一层 TEM 网格，将 PIN 二极管引出的沉积电荷信号与位置灵敏探测器测得的光信号进行符合，获得了沉积电荷的二维分布，如

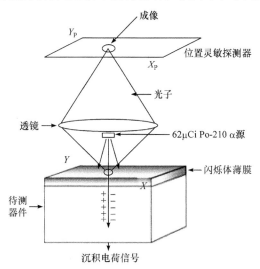

图 6.46　桌面式 IPEM 装置示意图[52]

图6.47所示，图(a)、(b)为发光测试观察到的桌面式IPEM装置的TEM网格IBIL和IBIC电荷收集图像。通过实验图像分析可知，桌面式IPEM装置的空间分辨率约为10μm。

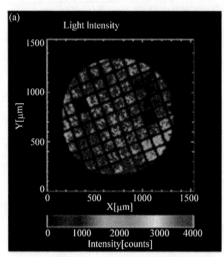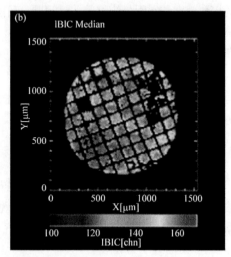

图6.47　桌面式IPEM装置的TEM网格IBIL和IBIC电荷收集图像[52]

IBIL为离子束诱导发光；IBIC为离子束诱导电荷沉积

2) 基于串列加速器的真空型IPEM装置

在α-IPEM基础上，SNL后续在其串列加速器上建立了真空环境中的IPEM装置，如图6.48所示[53]。采用5μm厚GaN闪烁体薄膜作为发光材料，仍以PIN二极管为实验载体，使用7.5MeV He离子束进行了IPEM实验。根据显微镜的透射效率、立体角以及位置灵敏探测器的探测效率，整个IPEM系统的光子探测总效率为1‰。

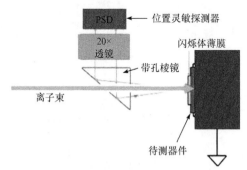

图6.48　SNL串列加速器端IPEM装置示意图[54]

PSD为光子探测器

图6.49为聚焦型微束和IPEM的PIN结电荷收集对比图。根据该图，聚焦型微束的分辨率略好于IPEM系统，约为0.5μm，而IPEM系统获得的分辨率约为2.5μm，相比桌面式IPEM装置已有了显著提升。

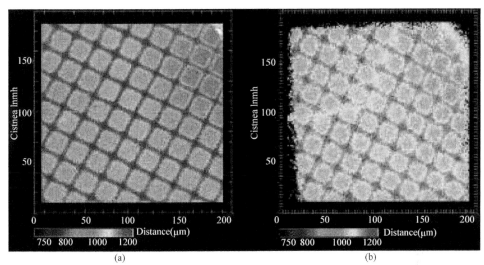

(a)　　　　　　　　　　　　　(b)

图 6.49　聚焦型微束和 IPEM 的 PIN 结电荷收集对比图[54]

(a) 聚焦型微束实验结果；(b) IPEM 实验结果

3) 基于回旋加速器的大气 IPEM 装置

为了将 IPEM 装置置于大气环境
下，研究人员在 LBNL 的 88in 回旋加
速器上建立了大气 IPEM 装置，并对
原有方案进行了一些改进，如图 6.50
所示[55]。具体内容：在透镜与光子探
测器(PSD)之间增加了一段过滤管，
只允许波长 450nm 以上的光通过，排
除了非真空环境下离子束致空气电离

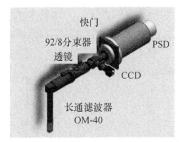

图 6.50　回旋加速器 IPEM 光学系统原理图[55]

发光的影响。同时，考虑了发光材料的衰减时间，使发光材料的波长范围与探测
器的探测灵敏波长范围一致，研究了不同掺杂浓度的 N 型 GaN、GaN/InGaN 量子
阱结构等发光薄膜材料在 IPEM 中的应用。

尽管采取了上述措施，但由于重离子的离子束致空气电离发光现象比轻离子
严重许多，因此大气 IPEM 装置测得的二维分布结果不够好。使用 $10MeV \cdot u^{-1}$
的 Ne 离子获得的 IPEM 空间分辨率明显大于 $5\mu m$[55]。

4) 发光材料研究

SNL 对应用于 IPEM 系统的各种发光材料进行了性能测试，研究的材料包括
塑料闪烁体、半导体薄膜、量子阱结构、掺杂型陶瓷闪烁体和纳米闪烁体，测试
内容包括光致发光、阴极发光、离子束诱导发光、发光衰减时间和辐射损伤[56]。
结果表明，YAG(Ce)无机闪烁体是目前 IPEM 系统研究的理想材料。发光材料及
其光学性质如表 6.4 所示。

表 6.4　发光材料及其光学性质[56]

材料种类	材料名称	IBIL 发射波长范围(nm)	IBIL 发射波长峰值(nm)	抗辐照程度	发光衰减时间
塑料	BC400	410~480	423	低	1.4ns
	BC430	540~610	580	低	12.5ns
半导体	n-GaN	480~700	555	中等	—
	InGaN/GaN	410~700	430,555	中等	4.25ns,1300μs
无机	$Y_2SiO_5(Ce)$	370~480	400	高	47ns
	YAG(Ce)	490~620	530	高	58ns,1.1μs
	$KGdTa_2O_7(Eu)$	560~640	610	高	1.6ms
	$Y_2O_3(Eu)$	500~650	550	高	950μs
	$Y_4Al_2O_9(Eu)$	580~710	615	高	2.4ms
	$ZnSiO_4(Mn)$	480~580	525	高	—

6.5.2.2　JAEA

2012 年、2013 年，JAEA 也对 IPEM 技术开展了研究[57,58]。研究人员将含氮空位(NV)中心的金刚石用作发光材料搭建了 IPEM 系统，在 JAEA 的回旋加速器上进行了 IPEM 实验。JAEA IPEM 装置测量系统如图 6.51 所示。使用 150MeV

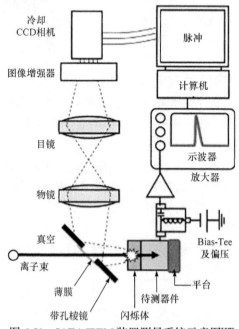

图 6.51　JAEA IPEM 装置测量系统示意图[57]

的 Ar 离子束，对 ZnS(Ag)、YAG:Ce、金刚石三种类型的材料进行了测试。结果表明，ZnS(Ag)薄膜(厚度为 20μm)的空间分辨率最差，为 16μm；含氮空位(NV)中心的金刚石与 YAG:Ce 的空间分辨率较好，分别为 3.8μm、2.9μm，其中金刚石的信噪比更高。

6.5.2.3   中国原子能科学研究院

2017 年，中国原子能科学研究院在 HI-13 串列加速器单粒子效应专用辐照终端上建立了 IPEM 装置[59]，如图 6.52 所示。使用 15μm 厚的 ZnS(Ag)薄膜作为发光材料，离子束为 167MeV 的 Cl 离子，从硅二极管引出的单粒子脉冲信号与 CCD 探测到的光信号符合后，得到 SEE 的二维分布图，空间分辨率约为 6μm。

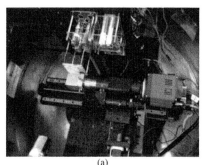

(a)

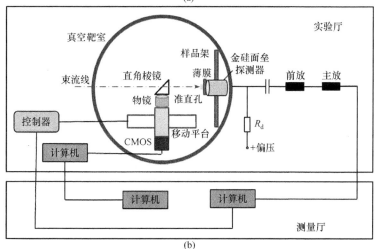

(b)

图 6.52   中国原子能科学研究院 IPEM 装置[59]

(a) 实物图；(b) 示意图

2020 年、2021 年，中国原子能科学研究院继续对该 IPEM 装置进行了改进，包括位移平台的添加、CCD 相机替换为 CMOS 相机(PCO. panda 4.2bi)等。实验以硅二极管为载体，研究了不同材料、不同厚度、不同形态闪烁体材料对 IPEM 性能的影响[60]。最终在 10μm 厚的 ZnS(Ag)粉末材料上获得了约 2.8μm 的空间分辨率。同时，闪烁体的厚度越小，IPEM 系统的空间分辨率越好。160MeV 的 Cl 离子穿透 10μm 和 20μm 厚的 ZnS(Ag)闪烁体形成光斑图像和光斑灰度分布的高斯拟合结果如图 6.53 所示，空间分辨率分别为 2.8μm 和 4.8μm，表明降低成像屏的厚度有利于提升系统的空间分辨率。

目前，大部分 IPEM 技术研究仍处于探索阶段，并未开始大量应用于器件敏感区定位。基于二次电子的 IEEM 技术除文献[51]以外报道很少。但总的来说，二次粒子敏感区定位技术依旧有较好的发展前景。

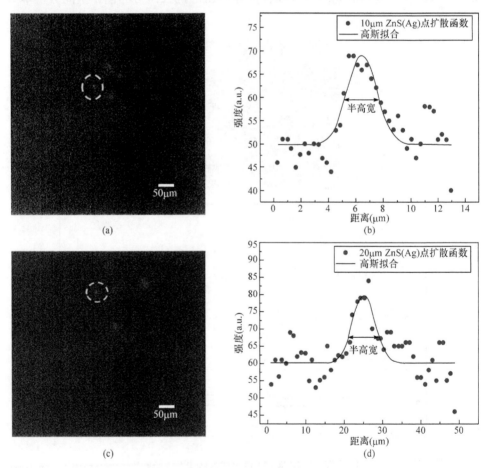

图 6.53　160MeV 的 Cl 离子穿透不同厚度 ZnS(Ag)闪烁体形成的光斑图像和光斑灰度分布的高斯拟合结果

(a)、(b)：厚度 10μm；(c)、(d)：厚度 20μm

6.6　本 章 小 结

本章从重离子辐照技术的简介和发展历史出发，以重离子微束为主、重离子宽束为辅，介绍了其中涉及的主要技术和实验方法，并从多个方面阐述了微束和宽束在单粒子效应研究中的应用场景，最后介绍了用二次粒子进行敏感区定位的新型"微束"研究作为补充。不难看出，重离子微束仍旧是单粒子效应研究中不可或缺的组成部分，在单粒子效应物理机制研究中扮演着重要的角色。

近些年，随着基础设施逐渐老化，以及单粒子效应地面测试和抗辐照加固的需求逐渐增加，传统的基于加速器的重离子实验资源越来越难以获得。因此，有不少研究人员积极探索其他方法来满足单粒子效应测试的需求，如激光微束和聚焦 X 射线微束[61]。与重离子微束相比，这两种方法的试验机会更多。激光微束的空间控制能力较强，但是穿透金属层的能力十分有限，并且其尺寸无法突破光的波长限制。聚焦 X 射线微束既有较强的空间控制能力，也可以穿透典型金属层，但会引起显著的局部总剂量效应，对器件造成辐照损伤。最核心的问题在于，激光和 X 射线在器件内产生载流子的机理和重离子有着根本上的区别，三者的产生电荷分布曲线存在差异。因此，基于加速器的重离子源测试依旧是最接近真实太空环境的试验方法，是辐射效应测试的黄金标准。最后，包括各种类型微束、IPEM、IEEM 在内的上述所有测试方法，它们之间并非相互替代的关系，而是相互补充的关系，共同帮助研究人员提升探索单粒子效应物理机制的能力。

参 考 文 献

[1] FLEETWOOD D M. Radiation effects in a post-moore world[J]. IEEE Transactions on Nuclear Science, 2021, 68(5): 509-545.

[2] 王长河. 单粒子效应对卫星空间运行可靠性影响[J]. 半导体情报, 1998, 35(1): 1-8.

[3] 邵翠萍. 面向数字 SoC 芯片的单粒子效应探测技术研究[D]. 深圳: 中国科学院深圳先进技术研究院, 2019.

[4] 惠宁, 许谨诚, 郭刚, 等. 重离子微束辐照装置中针孔的改进[J]. 中国原子能科学研究院年报, 2010, (1): 121-122.

[5] 杜广华. 离子微束技术及其多学科应用[J]. 原子核物理评论, 2012, 29(4): 371-378.

[6] ZIRKLE R E, BLOOM W. Irradiation of parts of individual cells[J]. Science, 1953, 117(3045): 487-493.

[7] FISCHER B E, SPOHR R. Heavy ion microlithography—A new tool to generate and investigate submicroscopic structures[J]. Nuclear Instruments and Methods, 1980, 168(1-3): 241-246.

[8] CAMPBELL A B, KNUDSON A R. Charge collection measurements for energetic ions in silicon[J]. IEEE Transactions on Nuclear Science, 1982, 29(6): 2067-2071.

[9] EVANS A, ALEXANDRESCU D, FERLET-CAVROIS V, et al. Techniques for heavy ion microbeam analysis of FPGA SER sensitivty[C]. 2015 IEEE International Reliability Physics Symposium, Monterey, USA, 2015: SE. 6. 1-SE. 6. 6.

[10] SCHONE H, WALSH D S, SEXTON F W, et al. Time-resolved ion beam induced charge collection in micro-

electronics[J]. IEEE Transactions on Nuclear Science, 1998, 45(6): 2544-2549.

[11] HORN K M, DOYLE B L, SEXTON F W, et al. Ion beam induced charge collection (IBICC) microscopy of ICs: Relation to single event upsets [J]. Nuclear Instruments and Methods in Physics Research Section B: Beam Interactions with Materials and Atoms, 1993, 77(1-4): 355-361.

[12] 郭金龙. 基于兰州重离子微束装置的单粒子效应分析系统开发[D]. 兰州: 西北师范大学, 2018.

[13] 史淑廷, 郭刚, 王鼎, 等. 单粒子翻转二维成像技术[J]. 信息与电子工程, 2012, 10(5): 608-612.

[14] YANG W, DU X, HE C, et al. Microbeam heavy ion single event effect on Xilinx 28nm system-on-chip[J]. IEEE Transactions on Nuclear Science, 2018, 65(1): 545-549.

[15] 武斌. 重离子致 pn 结单粒子瞬态电流脉冲测试系统的研制[D]. 北京: 中国原子能科学研究院, 2009.

[16] 高熠. 重离子微束辐照装置自动化控制系统研制[D]. 北京: 中国原子能科学研究院, 2019.

[17] 沈东军. 重离子微束辐照装置的研制[D]. 北京: 中国原子能科学研究院, 2004.

[18] BREESE M B H, VITTONE E, VIZKELETHY G, et al. A review of ion beam induced charge microscopy[J]. Nuclear Instruments and Methods in Physics Research Section B: Beam Interactions with Materials and Atoms, 2007, 264(2): 345-360.

[19] WIRTHLIN M, LEE D, SWIFT G, et al. A method and case study on identifying physically adjacent multiple-cell upsets using 28-nm, interleaved and SECDED-protected arrays[J]. IEEE Transactions on Nuclear Science, 2014, 61(6): 3080-3087.

[20] FISCHER B E, HEISS M, CHOLEWA M. About the art to shoot with single ions[J]. Nuclear Instruments and Methods in Physics Research Section B: Beam Interactions with Materials and Atoms, 2003, 210: 285-291.

[21] KAMIYA T, UTSUNOMIYA N, MINEHARA E, et al. Microbeam system for study of single event upset of semiconductor devices[J]. Nuclear Instruments and Methods in Physics Research Section B: Beam Interactions with Materials and Atoms, 1992, 64(1-4): 362-366.

[22] KAMIYA T, SUDA T, TANAKA R. High energy single ion hit system combined with heavy ion microbeam apparatus[J]. Nuclear Instruments and Methods in Physics Research Section B: Beam Interactions with Materials and Atoms, 1996, 118(1-4): 423-425.

[23] SAKAI T, HAMANO T, SUDA T, et al. Recent progress in JAERI single ion hit system[J]. Nuclear Instruments and Methods in Physics Research Section B: Beam Interactions with Materials and Atoms, 1997, 130(1-4): 498-502.

[24] HSIEH C M, MURLEY P C, O'BRIEN R R. A field-funneling effect on the collection of alpha-particle-generated carriers in silicon devices[J]. IEEE Electron Device Letters, 1981, 2(4): 103-105.

[25] KNUDSON A R, CAMPBELL A B, SHAPIRO P, et al. Charge collection in multilayer structures[J]. IEEE Transactions on Nuclear Science, 1984, 31(6): 1149-1154.

[26] SCHONE H, WALSH D S, SEXTON F W, et al. Time-resolved ion beam induced charge collection (TRIBICC) in micro-electronics[J]. IEEE Transactions on Nuclear Science, 1998, 45(6): 2544-2549.

[27] FERLET-CAVROIS V, PAILLET P, GAILLARDIN M, et al. Statistical analysis of the charge collected in SOI and bulk devices under heavy Ion and proton irradiation—Implications for digital SETs[J]. IEEE Transactions on Nuclear Science, 2006, 53(6): 3242-3252.

[28] HIRAO T, ONODA S, OIKAWA M, et al. Transient current mapping obtained from silicon photodiodes using focused ion microbeams with several hundreds of MeV[J]. Nuclear Instruments and Methods in Physics Research Section B: Beam Interactions with Materials and Atoms, 2009, 267(12-13): 2216-2218.

[29] HOFBAUER M, SCHWEIGER K, DIETRICH H, et al. Pulse shape measurements by on-chip sense amplifiers of single event transients propagating through a 90nm bulk CMOS inverter chain[J]. IEEE Transactions on Nuclear Science, 2012, 59(6): 2778-2784.

[30] FERLET-CAVROIS V, PAILLET P, MCMORROW D, et al. New insights into single event transient propagation in chains of inverters—Evidence for propagation-induced pulse broadening[J]. IEEE Transactions on Nuclear Science, 2007, 54(6): 2338-2346.

[31] AHLBIN J R, GADLAGE M J, BALL D R, et al. The effect of layout topology on single-event transient pulse quenching in a 65nm bulk CMOS process[J]. IEEE Transactions on Nuclear Science, 2010, 57(6): 3380-3385.

[32] HORN K M, DOYLE B L, SEXTON F W. Nuclear microprobe imaging of single-event upsets[J]. IEEE Transactions on Nuclear Science, 1992, 39(1): 7-12.

[33] HORN K M, DOYLE B L, SEXTON F W, et al. Ion beam induced charge collection (IBICC) microscopy of ICs: Relation to single event upsets (SEU)[J]. Nuclear Instruments and Methods in Physics Research Section B: Beam Interactions with Materials and Atoms, 1993, 77(1-4): 355-361.

[34] 罗尹虹, 郭红霞, 陈伟, 等. 2k SRAM 重离子微束单粒子翻转实验研究[G]. 第十三届全国核电子学与核探测技术学术年会论文集 (下册), 西安, 中国, 2006: 536-542.

[35] HARAN A, BARAK J, DAVID D, et al. Mapping of single event burnout in power MOSFETs[J]. IEEE Transactions on Nuclear Science, 2007, 54(6): 2488-2494.

[36] FISCHER B E, SCHLÖGL M, BARAK J, et al. Simultaneous imaging of upset-and latchup-sensitive regions in a static RAM[J]. Nuclear Instruments and Methods in Physics Research Section B: Beam Interactions with Materials and Atoms, 1997, 130(1-4): 478-485.

[37] YANG W, DU X, GUO J, et al. Preliminary single event effect distribution investigation on 28nm SoC using heavy ion microbeam[J]. Nuclear Instruments and Methods in Physics Research Section B: Beam Interactions with Materials and Atoms, 2019, 450: 323-326.

[38] 贺朝会, 李永宏, 杨海亮. 单粒子效应辐射模拟实验研究进展[J]. 核技术, 2007, 30(4): 347-351.

[39] 高丽娟, 郭刚, 蔡莉, 等. 离子径迹结构对 SRAM 单粒子翻转截面的影响[J]. 原子能科学技术, 2014, 48(8): 1496-1501.

[40] 蔡莉, 刘建成, 范辉, 等. 加速器单粒子效应样品温度测控系统研制及实验应用[J]. 原子能科学技术, 2015, 49(12): 2261-2265.

[41] 谭桢, 魏志超, 孙亚宾, 等. 功率半导体器件辐射效应综述[J]. 微电子学, 2017, 47(5): 690-694.

[42] 闫晓宇, 胡培培, 艾文思, 等. 重离子在 SiC, GaN, Ga_2O_3 宽禁带半导体材料及器件中的辐照效应研究[J]. 现代应用物理, 2022, 13(1): 90-104.

[43] 陈睿, 梁亚楠, 韩建伟, 等. 氮化镓基高电子迁移率晶体管单粒子和总剂量效应的实验研究[J]. 物理学报, 2021, 70(11): 116102-1-116102-8.

[44] 李豫东, 汪波, 郭旗, 等. CCD 与 CMOS 图像传感器辐射效应测试系统[J]. 光学精密工程, 2013, 21(11): 2778-2784.

[45] MARSHALL C J, LABEL K A, REED R A, et al. Heavy ion transient characterization of a hardened-by-design active pixel sensor array[C]. IEEE Radiation Effects Data Workshop, Phoenix, USA, 2002: 187-193.

[46] CAI Y L, GUO Q, LI Y D, et al. Heavy ion-induced single event effects in active pixel sensor array[J]. Solid-State Electronics, 2019, 152: 93-99.

[47] 汪波, 王立恒, 刘伟鑫, 等. 8T-全局曝光 CMOS 图像传感器单粒子翻转及损伤机理[J]. 光学学报, 2019, 39(5): 33-41.

[48] HOPKINSON G R. Radiation effects in a CMOS active pixel sensor[J]. IEEE Transactions on Nuclear Science, 2000, 47(6): 2480-2484.

[49] 张旭辉, 王媛媛, 董建婷. CCD 视频信号处理器件单粒子效应试验[J]. 航天返回与遥感, 2018, 39(6): 72-79.

[50] BERTAZZONI S, BISELLO D, GIUBILATO P, et al. Ion impact detection and micromapping with a SDRAM for

IEEM diagnostics and applications[J]. IEEE Transactions on Nuclear Science, 2009, 56(3): 853-857.

[51] 卢文力. 离子诱导光子发射显微镜搭建与空间分辨率研究[D]. 湖南: 湘潭大学, 2021.

[52] ROSSI P, DOYLE B L, AUZELYTE V, et al. Performance of an alpha-IPEM[J]. Nuclear Instruments & Methods in Physics Research, 2006, 249: 242-245.

[53] BRANSON J V, DOYLE B L, VIZKELETHY G, et al. The ion photon emission microscope on SNL's nuclear microprobe and in LBNL's cyclotron facility[J]. Nuclear Instruments and Methods in Physics Research Section B, 2009, 267(12-13): 2085-2089.

[54] DOYLE B L, KNAPP J A, ROSSI P, et al. Radiation microscope for SEE testing using GeV ions[R]. Sandia National Laboratories (SNL), 2009.

[55] BRANSON J V, HATTAR K, ROSSI P, et al. Ion beam characterization of advanced luminescent materials for application in radiation effects microscopy[J]. Nuclear Instruments and Methods in Physics Research Section B: Beam Interactions with Materials and Atoms, 2011, 269(20): 2326-2329.

[56] ONODA S, YAMAMOTO T, OHSHIMA T, et al. Diamonds utilized in the development of single ion detector with high spatial resolution[J]. Transactions of the Materials Research Society of Japan, 2012, 37(2): 241-244.

[57] ONODA S, ABE H, YAMAMOTO T, et al. Development of ion photon emission microscopy at JAEA[R]. Japan Atomic Energy Agency, 2013.

[58] ZHANG Y W, GUO G, LIU J C, et al. Ion photon emission microscope for single event effect testing in CIAE[J]. Chinese Physics Letters, 2017, 34(7): 073401.

[59] 卢文力, 孙浩瀚, 郭刚, 等. 用于离子诱导光子发射显微镜的闪烁体材料[J]. 现代应用物理, 2022, 13: 10801.

[60] RYDER K L, RYDER L D, STERNBERG A L, et al. Comparison of single-event transients in an epitaxial silicon diode resulting from heavy-ion-, focused X-ray-, and pulsed laser-induced charge generation[J]. IEEE Transactions on Nuclear Science, 2021, 68(5): 626-633.